大学教育研究 系列丛书 主编◎楼世洲

美国大学物理学科
教学、科研史研究（1876－1950年）

周志发◎著

华东师范大学出版社

本研究得到2010年度教育部青年
课题(EAA100359)资助

《大学教育研究系列丛书》总序

一

一百年前，中国的思想巨人梁启超在思考饱受列强欺凌的中国前途命运时，提出了振聋发聩的“少年强则中国强、少年智则中国智”时代强音。从1872年为祖国富强学习新技术的第一代留美幼童起，到当时求学于南开中学的未来的共和国总理周恩来执着于“为中华崛起而读书”；从清末民初的工程师詹天佑、教育家蔡元培等，到成为共和国“两弹一星”元勋的钱学森、邓稼先等，一代一代的中国人为中华之崛起而努力。

穿越时光的隧道，历史到了21世纪，一种叫“中国模式”的社会发展形态引起世人的密切关注。就是这样一个一百多年前积贫积弱的中国，一百年后已经是国民生产总值世界第二、外汇储备世界第一，并成为制造业规模最大的“世界工厂”。经过无数中国人的努力与奋斗，一个政治上独立、经济上繁荣、军事上日益强大的中国屹立在世界的东方。

二

然而，经济大国并不等于世界强国。中国如何从经济大国成为世界强国，是未来百年我们面临的机遇与挑战，有人曾对世界历史上的大国崛起进行了研究，发现一个真正意义上的大国一定是一个高等教育的强国，一定是有一些世界一流的大学。近代大学从英国发轫，英国就很快成为领导全球第一次工业革命的国家；研究型大学出现于德国，德国也很快成为第二次工业革命的强大国家；吸取英国博雅书院教育，德国研究型大学的优点并和自己独创的专业应用型学院结合，形成了美国大学体系，美国也成了第三次工业革命的领袖，世界也进入了“美国世纪”。（丁学良：《什么是世界一流大学》）著名的香港中文大学的金耀基教授在一次演讲中提到，很多人说21世纪是中国人的世纪，但是他认为如果华人社会没有一百间以上的第一流的大学，那很难想像21世纪会是华人的世纪（金耀基：

《大学的理念》)。因此,中国要真正崛起于世界民族之林,成为一个世界的强国和大国,首先一定要是一个教育的强国。而要成为一个教育的强国,那一定要有世界一流的大学和一流的大学教育。

中国人在致力于中华民族复兴的过程中,一直努力学习西方技术,也努力探讨和建设中国的世界一流大学,有的从器物层面,有的从制度层面。近十年来,我国对于大学教育的研究蔚为壮观。天下兴亡,匹夫有责,为此,我们一批有志于大学教育研究的同仁,集思广益,终于形成了这一期大学教育研究系列丛书,希望为中国的高等教育现代化尽一份绵薄之力。

三

首期大学教育研究系列丛书是由我校的四位青年学者的研究成果形成,按照从宏观到微观的研究逻辑,分别为周国华博士的《大学教师组织认同研究:影响因素及其建构基础》、冯典博士的《大学模式变迁研究:知识生产视角》、项建英博士的《近代中国大学教育学科研究》和周志发博士的《美国大学物理学科教学、科研史研究(1876—1950年)》四本专著。

周国华博士的《大学教师组织认同研究:影响因素及建构基础》一书,从大学教师的立场出发,探讨大学制度如何有利于学术创新与教学育人。长期以来,不少学者从制度的产生与发展,制度的社会性与文化性等多种角度考察我国大学制度存在的问题,探讨大学制度创新道路,也取得了不少的成绩。然而,周国华博士另辟蹊径,从教师与学校制度的认同关系视角出发,采用组织行为学的研究范式,把量化研究与质性研究方式结合起来并进行对话,形成一种多元整合的研究范式,探讨了我国大学教师对大学的制度认同关系。周国华博士的研究发现,大学教师对大学的认同既有自身的因素如年龄、性格或性别上的因素,也有学校的因素,如大学所在的自然环境、人文环境和制度环境,还有教师与学校相互关系所形成的特别因素,如教师所在一所大学的专业、职业合适性和事业的发展空间,以及教师在大学所知觉到的尊重,甚至是与其他大学相比较所产生的相对剥夺感。在所有这些影响对大学组织的认同的因素中,一所大学声望的好坏是非常重要的,也是最为重要的。除此之外,大学教师所知觉到的公平感及工作满意感也是影响教师对于大学组织认同的最为重要因素之一。研究还发现,如果大学教师认同于大学,就可能表现出良好的组织公民行为(一种自愿的奉献行为,而这正是教学育人的真谛所在!)。周国华博士的研究对于正在致力于世界一流大学建设,形成现代大学制度的我国大学发展政策制定,具有重要的参考价值。

大学模式变迁与知识生产的互动关系不仅是高等教育研究的基本理论命题,而且是关涉到大学发展问题的具有深刻时代意义的重大现实课题。冯典博士的《大学模式变迁研究:知识生产视角》一书,以知识生产为视角,考察了大学模式的历史变迁与知识生产的互动关系。观今宜鉴古,无古不成今。我们知道,大学自中世纪产生以来,一直作为文化的机构而存在,它始终与知识的生产、传播、传递和普及联系在一起,大学的兴盛与衰落和知识生产息息相关。不研究大学的知识生产不仅无法理解今天大学发展的状态,更无法把握未来大学的发展动向。从方法论上看,本研究突破了传统的"国家—市场—大学"或"政治—经济—文化"研究视野的局限,从知识生产的视角,力图构建大学模式研究的基本理论框架,厘清大学模式变迁的基本历程,勾勒大学模式变迁的地理路径,揭示大学模式与知识生产的关系机理。如果说周国华博士的研究是从当下来看大学发展存在问题,那么冯典博士的研究则是从历史的角度,探讨大学发展的成败,给我们未来的大学建设提供了宝贵的历史经验。

大学教育问题既需要从宏观的制度创新、学术范式等视角来观察,也需要从微观层面进行细究。项建英博士和周志发博士的研究就是深入到学科内部,具体探讨了大学学科发展问题。项建英博士在《近代中国大学教育学科研究》一书中,以近代中国不同类型的大学为纬,以其发展演变的历史为经,具体探讨了大学教育学科在中国的发展历程。以往学者对中国近代大学的发展进行过专门研究,也有学者侧重从理论层面考察了近代教育学科的发展历程,而对近代大学教育学科进行研究的专著、论文尚不多见。项建英博士通过研究,发现近代中国教育学科伴随着"西学东渐"而产生,从一开始就依附于学校,并先后借鉴日本、美国学校教育体制,不仅以"双轨制"运行在高等师范和国立综合性大学,而且还设置在教会大学、私立大学、独立教育学院和独立师范专科学校,出现了"多元化"格局。从 20 世纪初到 1949 年中华人民共和国成立,近代中国大学教育学科经过近半个世纪的发展,已在全国范围内形成了网络状结构,教育学科群已初步形成,学科建设已趋于制度化,近代中国大学教育学科体系遂基本形成。考察这一时段内各类大学教育学科建立和发展的历程，以及在师资建设、课程设置、教学内容与方法、学术研究、人才培养等方面积累的经验与教训，不仅有助于我们了解近代中国大学教育学科现代化的历程，而且对于今天中国大学学科建设仍是一笔值得借鉴的宝贵财富。

周志发博士的《美国大学物理学科教学、科研史研究（1876－1950年）》则从一个具体的学科发展的角度，探讨了大学学科教育发展独特的规律。研究发现，自1876年至1950年美国大学物理学科近八十年的发展史，是一个物理学科从世界边缘走向世界中心的历史。为顺应从牛顿经典物理学向现代物理学过渡的历史性变革，美国大学物理学科在师资、教学、课程、学科信念以及相应的制度和组织等方面做出了回应。20世纪30年代美国大学物理学科专业化达到了成熟期，首次创造的大物理学组织——以核物理学科为核心，以交叉学科为主要特征的新型组织，标志美国物理学科开始引领世界物理学的发展。美国物理学科发展的历史对于正在致力于学科建设的我国大学来说，是不无裨益的。

四

百年中国繁荣富强的历史，也是一个中国高等教育不断发展壮大的历史。回首百年大学教育发展的坎坷之路，高等教育研究同仁常为之叹，并期待早日实现高等教育强国梦。浙江师范大学与华东师范大学出版社共议，以定期或不定期方式，每期收录若干本少而精、对大学教育发展有独特思想的作品，集腋成裘，从历史与现实的角度充实对我国大学教育制度和思想演变的研究。作为主编，在此衷心感谢出版社领导、学界同仁的理解和支持。

文章千古事，得失寸心知，同时真诚期待各界朋友不吝赐教。是为序。

楼世洲

2011年4月26日于金华

目　录

第1章 导 言

1.1 问题的提出

自然科学与人文科学均是人类个体精神的产物，其产生的过程与组织并无必然的联系。有的科学之所以出现，源于少数几位学者的想象力。但现代科学的繁荣则需要有效的组织，它需要融入教育、工业和专业等组织组成的稠密网络之中。[①] 自19世纪初德国教育家威廉·洪堡(Wilhem von Humboldt)创办柏林大学以来，现代大学逐渐成为现代科学发展最重要的组织。19世纪下半叶，美国大学在吸收德国大学办学思想的基础之上，结合本土经验，创办了具有美国特色的现代大学。其中，从1876年吉尔曼(Daniel Coit Gilman)担任霍普金斯(Johns Hopkins)大学校长至1950年间，美国高等教育系统与科学发展之间的联系逐渐密切起来。

今天我们兴谈二战之后美国大学的繁荣，比如美国大学作为工业园的发展基地，它与政府之间的"融洽"关系，感慨美国大学在科学创新方面表现出的强势，但不能忘记美国这个民族为此努力奋斗了一百多年的历史。从1815年第一批美国留学生留学德国至1930年间，美国一方面依靠自身的努力，另一方面幸运地成为"智力移民"的避难所，最终迎来了科学的成熟期。这一切无疑与美国现代大学的发展密切相关。在这段时期，美国学者对大学的理解，或者说赋予大学何种使命，也是一个不断探索的过程，其中不乏保守势力的阻挠。幸运的是，许多颇有争议甚至被视为"异端邪说"的办学思想，比如20世纪20年代麻省理工学院(MIT)与工业合作的办学思想，[②]在这片自由的土地上各自找到了适合培育它们的

---

① John W. Servos, *Physical Chemistry From Ostwald to Pauling: the Making of a Science in America*, Princeton University Press, 1990, p. 46.

② 20世纪20年代，麻省理工学院采取这种密切企业与大学之间关系的方针是独一无二的，这在当时几乎是异端邪说。但它给波士顿地区的经济带来了好处，因此它是成功的。引自：[美]埃弗雷特·M·罗杰斯，朱迪斯·K·拉森. 硅谷热[M]. 范国鹰等译. 北京：经济科学出版社，1985. 297.

土壤,并且在实践之中不断地自我完善。

正如伯顿·克拉克(Burton R. Clark)所言:“自12世纪产生于意大利和法国以来,到被移植整个现代非欧洲世界为止,大学的含义和目的可以说是因时而异、因地而异……谁都在谈大学,但是大学作为学者进行教学、科研和从事社会服务的场所,我们只有在不同时代、不同地点的具体环境中才能弄懂大学的这些任务是什么。”[①]的确,我们需要在具体的历史情境中去认识美国大学形成和发展的历史。

而美国现代大学是在借鉴欧洲大学,特别是德国研究型大学的基础上,同时也是伴随着现代科学尤其是现代物理学的进步、发展并壮大起来的。科学史的发展表明,自欧洲文艺复兴以来,象征西方文明的科学中心像传递火炬一样在不同的国家交替出现。16世纪的意大利是世界的科学中心。至17世纪和18世纪早期,科学中心遂迁至英伦三岛。法国在18世纪晚期以及19世纪早期引领世界科学的发展。随后一百年的时间里,即从1830年至1930年间,德国大学成为世界科学发展的王国。[②] 20世纪30年代伊始,美国成为世界科学发展的中心。美国在某些应用科学领域的研究,早在1900年就与英国、法国和德国达到同等水平,但美国科学成就达到杰出的高度花费了一百多年的时间,大约在1815年到1930年之间。尤其是在二战之后,原子能的利用标志着国际科学共同体的重心迁移至美国。随后数十年的发展进一步表明,美国科学之所以“一览众山小”,并不是因为欧洲大陆对学问的破坏,也不是单纯因为欧洲杰出科学家到美国寻求政治避难,或者为了战争在科学研究领域制定应急性的方案。其根本原因是,美国大学在科学领域方面保持了强烈而持久的进取心。最终,科学史与美国大学史紧密缠绕在一起,彼此相互促进。

当然,美国发展成为世界科学中心的过程并非一帆风顺。在该过程之中,工业实验室、联邦政府实验室在科学方面亦颇有建树。尤其是工业

---

① [美]伯顿·克拉克. 高等教育新论——多学科的研究[M]. 王承绪等译. 杭州:浙江教育出版社,2001. 24.

② 根据西方国家的统计,在1820—1919年中,40%的医学发明是由德国人完成的;1820—1914年,生理学中65%的有创见的论文出自德国人;德国人在1821—1900年中在物理学(热、光、电子和磁)方面的发明超过英法两国的总和。转引自:陈洪捷. 德国古典大学观及其对中国的影响[M]. 北京:北京大学出版社,2006. 1.

实验室，比如贝尔实验室，在纯研究方面贡献卓著。但就整体而言，美国大学是美国最重要的科学研究基地。一方面，大学为工业发展培养人才；另一方面，大学在科学研究方面的成就远在工业实验室、联邦政府实验室之上。所以，本文重点研究美国大学与科学之间的关系。而大学作为一个学术组织，是通过基本的组织单位“学科”，与科学的发展相联系。学科是大学基本职能的承担者，教学、科研和服务也只有落实到学科层面才能真正实现。正是学科组织方式使得高等教育表现出初等教育和中等教育所不太具有的超越时间和空间及国际性的特点。① 因此，学科发展是现代大学发展的核心。

本书之所以关注大学物理学科的发展，主要有两个方面的原因。其一，19 世纪末 20 世纪初，科学史上发生了重要的范式变换，即从牛顿经典物理学发展到现代物理学，其标志是相对论和量子理论的诞生；其二，就其结果而言，美国大学的物理学科正是伴随着这次科学大发展，在制度、资金、课程和人员等诸多方面顺应这次变革，从而使美国逐渐成为世界科学的中心。因此，本书所要研究的核心问题是：在现代物理学的发展过程中，美国大学物理学科“教学与科研”如何从一个地方性的、处于世界科学边缘的学科，逐渐发展成世界一流的学科？在此过程之中，物理学科组织自身的发展规律，又如何改变整个大学学术组织的结构和办学思想？时间跨度是在 1876 年至 1950 年。该时间段总体可以分为两个发展时期，第一个发展时期是在 19 世纪下半叶至 20 世纪 30 年代初，美国大学物理学科的发展从世界物理学发展的边缘时期，逐渐走向国际舞台，并融入国际物理学共同体；第二个发展时期是在 20 世纪 30 年代初至 50 年代，物理学家开始深入研究原子核内部，标志着物理学科进入“大物理学(Big Physics)”阶段。在这一时期，美国大学物理学科首次创造了新的学科组织和学科信念，开始引领世界物理学科的发展。

具体来说，第一个历史发展时期，时间跨度是在 1876 年至 1932 年。众所周知，自 1876 年霍普金斯大学创立至 20 世纪初，美国研究型大学不断涌现，为美国物理学科迎接现代物理学的发展奠定了一定的基础。但

① 伯顿·克拉克. 高等教育系统——学校组织的跨国研究[M]. 杭州：杭州大学出版社，1994. 34.

总的说来,一方面在该历史阶段,物理学领域新知识的创造[①]与美国大学物理学科之间处于相互分离的状态,因而物理学科在世界科学舞台上被边缘化了;另一方面,美国科学共同体从未脱离欧洲科学界。那么,是什么原因阻碍了美国大学物理学科研究职能的实现?以至于物理学于19世纪末20世纪初变革得如此之快,美国大学的物理学科在新兴领域却贡献甚微?该问题涉及美国大学物理学科教学和研究的状况。比如物理学课程在美国大学的地位,美国大学对待物理学家的态度,物理学家在美国大学中的地位等方面。霍普金斯大学作为美国第一所研究型大学,它的创立对美国大学物理学科的教学、研究的影响是什么?19世纪末至20世纪初,大学以及大学物理学科的发展为20世纪物理学科的发展奠定了哪些基础?

物理学史表明,一战结束之后至1933年欧洲智力移民到美国之前,美国大学物理学科教学与科研经过十多年的发展,在量子理论领域获得诸多成就,赢得了欧洲大学及其研究所同行的尊重。智力移民的重要性虽然不言而喻,但美国大学的发展却并非单纯地依靠智力移民。在这一时期,本书关注的问题是:一战对美国大学物理学科教学与科研的影响如何?从一战至20世纪30年代智力移民到来之前,美国大学是如何促进物理学科走向成熟阶段的?其对大学整体的影响如何?或者说,为了促进学科的成熟,大学物理学科在办学思想、制度、组织、模式、培养目标、课程体系和教学方法等方面发生了哪些变化?

在第二个历史阶段内,曼哈顿工程的顺利竣工标志着美国成为世界科学发展的中心,这与美国大学物理学科的发展密切相关。在这一历史

① 美国大学各门学科的发展是不平衡的。早在1915年欧洲人就来到美国研究遗传学,地理杂志则在19世纪90年代中期享誉欧洲,而美国顶级的物理学杂志则迟至1927年间还被欧洲大陆某些物理研究所忽视。与其他学科相比较而言,美国大学物理学,尤其是理论物理学的发展较其他学科晚,发展之路更为曲折。遗传学方面的研究可参考:Charles E. Rosenberg, Factors in the Development of Genetics in the United States: Some Suggestion, *Journal of the History of Medicine*, 1967(22), pp. 27—47; Daniel J. Kevles, Genetics in the United States and Great Britain, 1890—1930: A Review with Speculation, *Isis*, 1980(71), pp. 441—445;地理学方面可参考:Mott T. Greene, *Geology in the Nineteenth century*, Ithaca, N. Y.: Cornell Univ. Press, 1982. 欧洲人对美国《物理评论》杂志的态度可参阅:Stanley Coben, The Scientific Establishment and the Transmission of Quantum Mechanics to the United States, 1919—32, *American Historical Review*, 1971(76), pp. 442—466.

阶段，本书主要关注以下三个重要的子问题。第一个子问题：大萧条如何影响美国物理学科的发展？第二个子问题：大物理学为什么会在美国大学出现，有哪些特点？① 第三个子问题：二战时期物理学的发展如何全面影响战后大学的发展？

就第一个子问题而言，大萧条时期，与其他科学学科类似，物理学科的发展遭遇了资金短缺的瓶颈。与此同时，物理学科却进入了大物理学的“昂贵”时期。在慈善基金会减少对大学的资助过程之中，物理学科试图改变传统的资助方式，求助于工业界或联邦政府。那么，新的资助方式如何影响物理学科的发展？

就第二个子问题而言，20 世纪 30 年代是大物理学诞生的时代，是以核物理学科发展为核心，重新整合各个学科之间的关系。与此同时，大物理学的发展改变了以往个体从事科学研究的特征，个体的兴趣与有组织的研究之间矛盾突出，因而势必影响大学学科的组织方式，甚至学术自由、学术自治在学科内部亦遭遇挑战。所以，大物理学为什么会在美国大学出现？它如何影响美国大学物理学科和相关学科的发展？与传统物理学科相比，它有哪些独特性？这些问题是本研究较为关心的。

就第三个子问题而言，二战对美国高等教育的影响是深远的，而物理学的发展在其中扮演了非常重要的角色。科学家尤其是物理学家全面推动了高等教育融入国家防御体系之中，对大学的办学思想，对学科和组织机构等方面，以及大学与社会、政府之间的关系产生了巨大的影响。所以，二战时期物理学的发展如何全面影响战后大学的发展，也是本研究颇为感兴趣的问题。

需要说明的是，美国研究型大学的出现，促使教学与研究的关系被重新界定：研究是有效教学的准备，教学被认为有助于研究。密歇根大学(University of Michigan)的 J·P·麦克莫瑞奇(J. P. Mcmurrich)认为，“研究者将被证明比非研究者是更合格的教师，简单的原因是他可能更善于与学科的进步保持同步，他传递的知识更是原创性来源，而不是易受影响的书本。”②所以说，研究美国大学物理学科“教学与科研”迈向世界一流

---

① 大物理学之“大”并不是说物理学家比以前懂得更多，而是说物理学与其他科学紧密相连.

② Julie A. Reuben, *The Marking of the Modern University: Intellectual Transformation and the Marginalization of Morality*, The University of Chicago Press, 1996, p. 68.

的过程,首先得研究该学科的师资如何成为世界一流。伯顿·克拉克在阐述现代大学中科研与研究生教育的关系时说道:“科研本身能够是一个效率很高和有效的教学形式。如果科研也成为一种学习模式,它就能成为密切融合教学和学习的整合工具。”①所以说,美国大学物理学科科研史也是一部教学史。

1.2 研究意义

本研究的实践意义:研究美国现代大学的发展,是建设我国世界一流大学的需要。而1876—1950年见证了美国大学从地方性学院走向世界一流大学的历史,对于当前我国建设世界一流大学尤其具有借鉴意义。

20世纪90年代伊始,我国高等教育逐渐强化了建设有中国特色的世界一流大学的信念。1992年,党的“十四大”提出发展教育是实现我国现代化的根本大计,教育成为国家发展的核心事业。1995年中共中央提出了科教兴国的战略决策,1997年党的“十五大”进一步阐述了科教兴国和可持续性发展战略。1998年5月4日,江泽民在庆祝北京大学建校100周年的大会上,提出了世界一流大学所应当承担的历史使命:“应当是培养和造就高素质的创造性人才的摇篮,应当是认识未知世界、探求客观真理、为人类解决面临的重大课题提供科学依据的前沿,应当是知识创新、推动科学技术成果向现实生产力转化的重要力量,应当是民族优秀文化与世界先进文明成果交流借鉴的桥梁。”②

随着高等教育大众化的推进,2005年底,我国高校在校生超过二千三百万人,毛入学率达到21%,实现了大众化的历史目标。但高等教育的质量问题并未得到有效的改进。2006年,温家宝总理在国务院第四会议室面对6位③并肩而坐的大学校长和教育专家说:“有几个问题,一直在我

---

① 伯顿·克拉克. 探究的场所——现代大学的科研和研究生教育[M]. 浙江:浙江教育出版社,1995. 287—292.

② 马万华. 从伯克利到北大清华——中美公立研究型大学建设与运行[M]. 北京:教育科学出版社,2004. 1.

③ 六位教育专家分别为:清华大学原校长王大中、四川大学原校长卢铁城、国家教育发展研究中心研究员谈松华、英国诺丁汉大学名誉校长杨福家、中国高等教育学会会长周远清和中国人民大学校长纪宝成.

脑海里盘旋。今天向大家求教。去年看望钱学森时,他提出现在中国没有完全发展起来,一个重要原因是没有一所大学能够按照培养科学技术发明创造人才的模式去办学,没有自己独特的创新的东西,老是'冒'不出杰出人才。我理解,钱老说的杰出人才,绝不是一般人才,而是大师级人才。学生在增多,学校规模也在扩大,但是如何培养更多的杰出人才?这是我非常焦虑的一个问题。"[①]的确,如何提高我国高等教育质量?高校如何办出自己的特色?是当前我国高等教育重要的课题。"如果你想要知道你要去哪儿,历史帮助你了解你曾去过哪儿。"[②]研究美国大学史的演变,从具体的学科入手,探求其创建一流学科的历史动因、路径,更具借鉴意义。

1876—1950年见证了美国大学从初创研究型大学,到跟踪欧洲科学的发展,乃至参与推动现代科学尤其是物理学以及相关科学的发展,最终确立其世界一流大学地位的过程。期间,不乏欧洲大批的智力移民帮助美国大学的发展,但更为重要的是,美国大学在促进本土科学家从事科学研究过程中所做的决定性贡献。通过研究这段时期美国大学如何促进科学,尤其是物理学的发展,以及物理学自身的发展,要求大学在制度、理念层面上做出反应,从而带动两者的共同发展,颇具实践意义。

而且,20世纪末至21世纪初我国的研究型大学,与19世纪末至20世纪初美国的研究型大学面临相似的难题:经济取得了相当大的发展,但是科学的中心并不在本土,需要派遣大批的留学生向他国学习先进的科学技术。对于美国来说,19世纪末至一战之间,德国大学就像圣徒心目中的"麦加",留德背景成了美国大学教师的"商标"。而对于20世纪末至21世纪初的中国,美国研究型大学取代了德国大学的地位,成为学生朝圣的殿堂。爱姆赫斯特学院(Amherst College)的科学史教授约翰·W·瑟维斯(John W. Servos)也认为,中国大学与一百年前的美国大学处境何其相似。[③]

---

① http://news.sina.com.cn/o/2006—11—28/045110614012s.shtml, 2006—11—28.

② 伯顿·克拉克. 高等教育新论——多学科的研究[M]. 王承绪等译. 杭州:浙江教育出版社,2001. 49.

③ 爱姆赫斯特学院(Amherst College)的科学史教授瑟维斯在E-mail中表达了他的观点:Studying the history of higher education in Europe was of keen interest to Americans in the late 19th and early 20th century, as this country was building its university system; I imagine that the history of higher education in America has some of the same relevance to you today-both for what was done well and less well.

本研究的理论意义:(1)自霍普金斯大学强调大学的研究职能至二战前后,美国大学发生了巨大的变化。其中,科学是如何改变大学,以及大学的办学思想、组织方式等如何影响科学的发展,从理论上就颇值得深入研究。而且,我国学者对美国大学的研究成果颇丰,尤其对美国大学办学理念方面的研究成果斐然,为进一步深入研究科学史与大学史之间的互动关系奠定了基础;(2)交叉学科的制度、组织层面的建设是当前我国各个高校的研究热点,而我们对美国大学交叉学科兴起的研究明显不足。大多数研究成果集中在二战之后交叉学科较为成熟的阶段,而对其孕育和逐渐成熟的过程中存在的经验教训不够重视。其结果是有的高等教育办学思想从一开始就不符合交叉学科发展的历史,或者只是重复20世纪二三十年代美国大学交叉学科建设中的经验教训而已。所以,厘清交叉学科在大学中的发展历史是非常有必要的;(3)教育史学科建设的需要。大学集教育机构、科学和学术机构于一体。因此,与普通教育机构相比,大学与社会的关联更为密切。大学史研究更多依赖于其他相关学科的支持。例如学术史、经济史、科学史、文化史等。[①] 通过对美国大学物理学科演变史的研究,进一步丰富教育史研究的内涵,扩大其研究的视野。

1.3　基本概念界定

本研究的主题是“美国大学物理学科教学、科研史研究”,基本概念主要包括知识、科学(物质科学)、物理学、学科、学科专业化和交叉学科(跨学科)。

1. 知识(Knowledge)被界定为“经过辩护的真信念(Justified True Belief)”,[②]其特征是以命题的方式陈述的。西方哲学界最先对传统知识的“命题逻辑”(propositional logic)全面提出质疑的是英国学者柯林武德(R. G. Collingwood)。柯氏首次提出新的知识概念:“知识不仅包括‘命题’、‘陈述’、‘判断’,或逻辑学家用来指明有关思想陈述规则的任何名称,而且还包括陈述、命题等所意欲回答的问题。”[③]柯氏认为,只有当命题

① 张斌贤、李子江. 大学:自由、自治与控制[M]. 北京:北京师范大学出版社,2005. 2.

② Edmund L. Gettier, Is Justified True Belief knowledge? Analysis, Vol. 23, 1963, pp. 121—123.

③ [英]柯林武德. 柯林武德自传[M]. 北京:北京大学出版社,2005. 33.

对问题作出回答时，命题才表现出矛盾或真假的特性，由此柯氏提出了"问答逻辑"(logic of question and answer)：每一个命题都回答一个与自身严格相关的问题，即问题和答案之间是严格相关的。[①] 柯林武德的"问答逻辑"指出了知识概念本身包含问题，并非单纯由命题构成。

对传统知识论作出最深刻批判的代表人物要数科学哲学家卡尔·波普尔(Karl Popper)。他从解决休谟的归纳法问题，提出了知识是一种猜想、假设，和传统的知识论"本质主义"倾向分道扬镳。他系统地论述了知识的一般理论，"知识的增长是借助于猜想与反驳，从老问题到新问题的发展：'…P1—TT—EE—P2…'"。[②] 问题(P1)引起人们试图用尝试性理论(TT)解决它，而且这尝试性的理论必须经过排除错误(EE)的批判过程。波普尔甚至认为，动物甚至植物也用竞争的尝试性解决和消除错误的方法来解决它们的问题。[③] 基于上述柯林伍德对知识的理解，可以认为知识是由"P1—TT—EE—"构成的，意思是说"问答逻辑"由"问题以及提出解决该问题的经过辩护的假设"构成。但"问答逻辑"还不足以表达出波普尔对知识的全部理解，知识的增长显然还包括另外一部分"答问逻辑"即"…P1"，即"问题以及支持问题为真的理由"构成另一种类型的知识。于是，波普尔关于知识的一般理论可以解读为知识的进步是通过"答问逻辑"和"问答逻辑"交替作用，从而推动知识的发展。[④] 基于两类基本知识"问答逻辑"和"答问逻辑"，"准"波普尔知识概念可定义为："知识是围绕问题提出的经过辩护的假设。"[⑤]准波普尔知识概念不仅认同柯林伍德将问题纳入到知识概念之中，而且还认为提出问题并能论证其为真，本身就可能是一种知识。在本研究之中，所提到的知识概念通常是符合传统内涵的，即知识是经过辩护的真信念，但作者却倾向于用准波普尔知识概念加以理解。

---

① [英]柯林武德. 柯林武德自传[M]. 北京：北京大学出版社，2005. 33－35.

② [英]卡尔·波普尔. 客观的知识：一个进化论的研究[M]. 舒炜光等译. 杭州：中国美术学院出版社，2003. 260.

③ [英]卡尔·波普尔. 客观的知识：一个进化论的研究[M]. 舒炜光等译. 杭州：中国美术学院出版社，2003. 148.

④ 周志发. 教学案例"新解"与"新课改"评估体系的改良——基于柯林武德、波普尔的知识论[J]. 教育科学. 2007. 2.

⑤ 周志发. 教学案例"新解"与"新课改"评估体系的改良——基于柯林武德、波普尔的知识论[J]. 教育科学. 2007. 2.

2. 科学(Science),通常指的是有组织的知识体系,尤其指的是通过观察和实验的方式,获得的关于物质世界、自然规律和社会的知识。科学可分为:物质科学(Physical Science)、生命科学(Biology Science)和社会科学(Social Science)。[①] 物质科学是研究自然界各种"无生命物质"的结构、性质、变化及其运动规律的自然科学,它包括物理学、化学、天文学、地矿学、新材料工程和新能源工程等领域;生命科学研究自然界各种"有生命物"的结构、功能、发生、发育、繁殖及遗传规律的自然科学,它包括动物学、植物学、生理学、医疗学、遗传学、基因工程等领域;社会科学是研究各种人文和社会现象的科学,它包括历史学、法学、经济学、伦理学、美学、文艺学、哲学等领域。

3. 物理学,[②]简称"物理",原词出于希腊文 physica,意即自然。在古代欧洲,物理学一词是自然科学的总称,随着自然科学的发展,它的各部门已分别形成独立学科,如天文学、生物学、地质学等。在现代,物理学是自然科学中的一个基础部门,研究物质运动最一般的规律和物质的基本结构。通常根据所研究的物质形态和具体对象的不同,分为力学、声学、热学与分子物理学、电磁学、光学、原子物理学、原子核物理学、固体物理学等部门,每一部门又包含若干分支学科。但分类并不十分确定,而且随着科学的发展不断发生变化,例如力学经历长期的发展已是独立的学科,并分为流体力学、弹性力学等分支;粒子物理学、凝聚态物理学等已迅速发展而形成新的学科。随着物理学在各个方面的广泛应用,又陆续形成了许多边缘学科(如物理化学、地球物理、海洋物理、天体物理、生物物理、量子化学、量子生物学等),并发展了许多最重要的尖端技术(如原子能、微电子技术以及激光等)。[③] 上述所说的物理学概念的内涵,是在二战之后形成的。本书研究的时间段是从1876—1950年,正是牛顿经典物理学演变至现代物理学的过程。因此,随着物理学领域的不断拓展,物理学这一概念的内涵始终处于不断变化之中。

---

① Noah Webster, *Webster's Dictionary*, the World Publishing Company, 1953, p. 810.

② 直到19世纪中期,自然哲学一直包含了物理科学。在富兰克林时代,哲学包含有用的知识,但现在的含义与之相反.

③ 辞海[Z]. 上海:上海辞书出版社,1999. 4108—4109; Noah Webster, *Webster's Dictionary*, the World Publishing Company, 1953, p. 1266. *Oxford Advanced Learner's Dictionary of Current English*, Oxford University Press, 1992, p. 672.

4. 学科(Discipline),对应的拉丁文为 disciplina,源于拉丁文动词"discere"(学习)以及由其派生出来的名词"discipulus"(学习者)。[1] 学科这一概念从形态上可以区分为知识形态的学科和组织形态的学科。所谓知识形态的学科存在是"形而上"的,按照《辞海》的解释,有两个方面的含义:一是学术上的分类,指一定的科学领域或一门科学的分支。如自然科学中的物理学、生物学,社会科学中的史学、教育学等;二是指教学的科目,是学校教学内容的基本单位。[2] 学科的这两层含义,都是从知识分类的角度加以描述的,是基于经验和事实、形式和结构的抽象,因而是"形而上"的。所谓组织形态的学科存在是"形而下"的。它是一个由学者、知识信息以及学术物质所组成的实体化了的组织体系。[3]

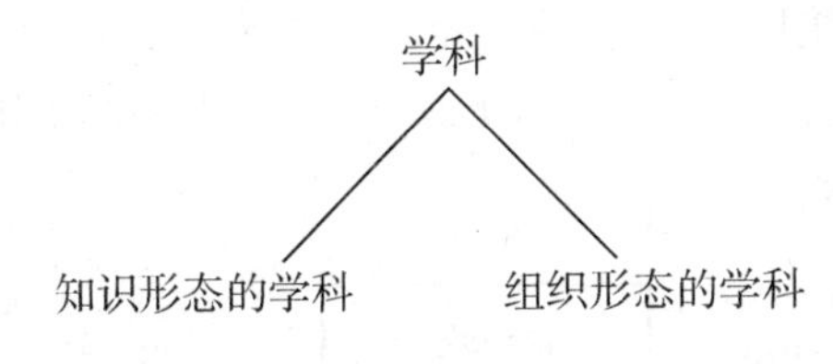

图1 学科分类

比利时交叉学科理论专家阿玻斯特尔(L. Apostel)教授对组织形态的学科概念的理解较为典型。他从贝尔纳科学社会学的观点出发,把科学看成一种动态的社会活动。他认为,要严格定义一门学科,必须具备以下几点:(1)P:一群人;(2)A:这些人进行一系列活动(观察、实验、思考);(3)I:这些人内部及这些人同另一些人的一系列相互作用或交流(文章、口头交流、书籍等);(4)E:通过某种带有教育性质的交流而使这些人更新的方法;(5)L:一套历史性学习的方法。[4] 这样的学科是由学者及其所需的学术物质基础,围绕知识进行的创造、传递、融合与应用的活动所组成的组织系统。因此,此处的学科是一种学术组织,与通常所讲的大学学科

① Noah Webster, *Webster's Dictionary*, the World Publishing Company, 1953, p. 495. 邹晓东的博士论文《研究型大学学科组织创新研究》(2003)、段丹的硕士论文《基于矩阵结构的大学学科组织结构创新研究》(2003)、庞青山的博士论文《大学学科结构与学科制度研究》(2004)均较为系统地谈到学科的概念.

② 辞海[Z]. 上海:上海辞书出版社,1999. 3194.

③ 宣勇. 论大学学科组织[J]. 科学学与科学技术管理,2002,(5).

④ 刘仲林. 现代交叉科学[M]. 杭州:浙江教育出版社,1998. 24－25.

是同一语义上使用的。①

基于上述对学科概念的理解,本书学科组织主要包括以下几个要素:(1)学科职能;(2)组织方式(系制还是讲座制);(3)参与主体:教师和学生;(4)教学内容(教材和课程);(5)教学法(实验、讲授和习明纳等);(6)学科信念(或称学科文化);(7)学术交流。学科的各个要素都不是孤立的。比如说,学科的研究职能要落实到师生以及教学内容和课程设置方面才能实现。确立学科研究职能的大学,更需要考虑为教师和学生提供学术交流机会,而学术交流影响到教师的研究方向和教学内容;学科信念的形成受到传统学科的影响,并对知识具有强烈的筛选作用,影响师生的研究方向,最终影响教学内容和课程设置。而且,这些学科要素同时受到外界的影响。笼统地说,学科的外界因素包括政治、经济和文化三方面,具体到美国,主要包括联邦政府,工业部门和以及独具美国特点的慈善基金会,如图2所示。

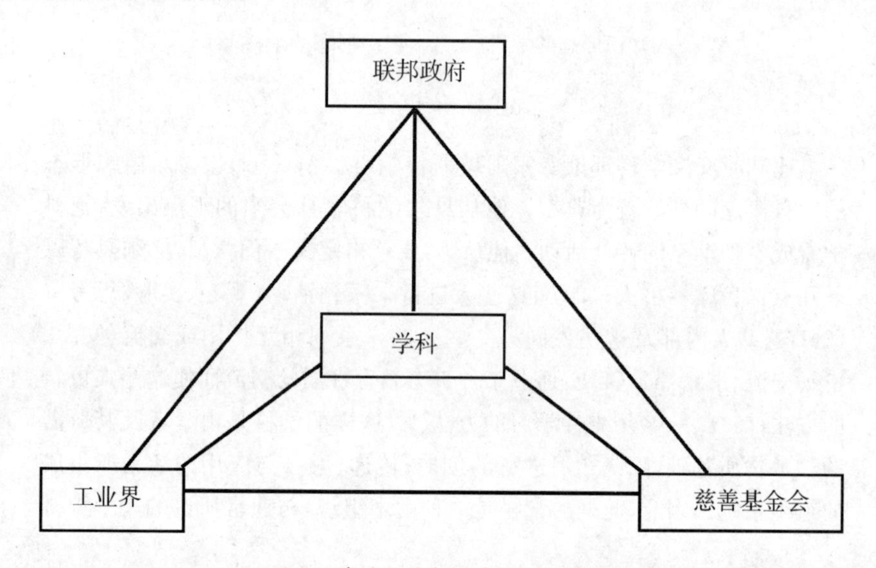

图2 学科与外部因素之间的关系

需要说明的是,大学校长和行政人员代表大学与工业界、联邦政府以及慈善机构合作研究或培养人才,最终要落实到学科层面才能履行各项职能。所以,学科才是大学与外界合作研究和培养人才的基础。当然,美

① 宣勇. 论大学学科组织[J]. 科学学与科学技术管理,2002,(5).

国大学各个学科组织和联邦政府、工业和慈善基金会的关系处于不断变化之中。此外,民众以及社会舆论对学科的发展也非常重要。

学科发展既受到内部各个要素的制约,也受到外部环境的影响,还需要一系列指标衡量学科发展的成熟度,也就是学科的专业化水平。专业化或职业化(Professionalization)原本是一个社会学概念,其基本指标包括:(1)以一套系统理论为基础;(2)具有为委托人认可的权威;(3)广泛的团体约束和对这些约束的认同;(4)具有一整套规范职业内部成员之间相互关系以及与委托人之间相互关系的伦理标准;(5)具有由正式职业协会支撑的专业文化。① 赵康在《专业、专业属性及判断成熟专业的六条标准——一个社会学角度的分析》中总结了专业成熟的六条标准:(1)一个正式的全日制职业;(2)专业组织和伦理法规;(3)拥有一个包含着深奥知识和技能的科学知识体系,以及传授或获得这些知识和技能的完善的教育和训练机制;(4)具有极大的社会效应和经济效应;(5)获得国家特许的市场保护;(6)具有高度自治的特点。而专业化的过程就是上述六个要素不断自我完善发展的过程。② 具体到大学某一科学学科专业化过程,上述两种对专业内涵的理解,在可操作性方面不如爱沃莱特·迈德森(Everett Mendelsohn)对学科专业化内涵的诠释。迈德森在借鉴社会学对专业化理解的基础之上,认为科学学科"专业化"发展的基本要素包括六个方面:第一,成立有组织的专业学会(Professional Society);第二,有专门为学科成员发表研究成果的期刊;第三,提供用于研究的物质条件;第四,支付充足的薪水让从业人员将大部分时间致力于科学研究;第五,通过奖品、奖状或承认同行的学术成果,以及被邀请到颇有声望的国际会议做讲座;第六,有抱负的年轻一代有充分的教育机会,进入该专业领域。③ 本文采纳迈德森对学科专业化概念的界定。

---

① Howard M. Vollmer and Donald L. Mills (ed.), *Professionalization*, Englewood Cliffs: Prentice-Hall, Inc., 1966, p. 9. 转引自:张斌贤. 学术职业化与美国高等教育的发展[J]. 北京大学教育评论,2004,(2);张斌贤. 教育是历史的存在[M]. 合肥:安徽教育出版社,2007. 170.

② 赵康. 专业、专业属性及判断成熟专业的六条标准——一个社会学角度的分析[J]. 社会学研究,2000,(5).

③ 迈德森对学科专业化的理解,是在借鉴社会学对专业化理解的基础上提出学科专业化的内涵。转引自:Katherine Russell Sopka, *Quantum Physics in America: the Years Through 1935*, Tomash Publisher, 1988, p. 48.

5. 跨学科或交叉学科。“跨学科”一词的英文为 interdisciplinary，是在 discipline(学科)的形容词基础上加前缀 inter(在……之间；一起；互相)构成的。《时代大辞典》对“interdisciplinary”一词的解释为，“涉及两门或更多的学术和艺术学科“，即“各个学科之间，科际整合”之意。《英华大辞典》中，“interdisciplinary”一词的解释为，“涉及两种以上训练的，涉及两门学科以上的。”[①]通常我们所说的交叉科学，英文即为“Interdisciplinary Science”，亦可译为跨学科科学。“跨学科”和“交叉学科”来自同一个英语词源，属于同一英文意义的不同汉语表达。就学术而言，跨学科或交叉学科，通常包含三层含义：(1)打破学科界线，把不同学科理论或方法有机地融为一体的研究或教育活动。国外学者 20 世纪 70 年代初对跨学科下的定义是，“跨学科是对那些处于典型学科之间的问题的一种研究。”(2)指包括众多的交叉学科在内的学科群，如边缘学科、横向学科和综合学科等；[②](3)指一门以研究跨学科的规律和方法为基本内容的高层次学科，可称为“跨学科学”或“科学交叉学”。[③] 本文中“交叉科学”概念指的是第一层含义。

1.4 文献综述

1.4.1 关于美国大学物质科学学科发展的研究(1876—1913年)

国内对 19 世纪下半叶至 20 世纪初的美国高等教育的研究成果已颇为丰富。这段时期是美国现代高等教育的初创时期，主要以哈佛大学、耶鲁大学的发展，霍普金斯、斯坦福、芝加哥、克拉克等研究型大学的创立和发展为主要研究对象；关于 1862 年《莫里尔法案》(Morril Act)对美国高等教育服务职能的影响，芝加哥大学创建初级学院以及对美国高等教育层次、服务功能影响的研究较多。其中，众多研究均论述了德国大学对美国大学创办的深远影响。在研究美国高等教育与科学的关系方面，国内学者主要集中在选修制对大学科学课程的影响，具体到物理学科的发展

① 刘仲林. 跨学科教育论[M]. 郑州：河南教育出版社，1991. 275—278.

② 边缘学科：在原有学科之间相互交叉、渗透而形成的学科；横向学科：以不同学科或领域中的某一共同属性或方面为研究对象的学科；综合学科：综合运用多门学科的理论和方法研究某一特定对象或领域的学科.

③ 刘仲林. 跨学科教育论[M]. 郑州：河南教育出版社，1991. 275—278.

与美国高等教育之间的关系，所做的研究甚少。

1.4.1.1 国内关于选修制促进科学课程进入美国大学的研究

19世纪下半叶科学课程之所以进入美国大学，与选修制在大学的确立密切相关。关于美国大学选修制发展的历史，我国学者在这方面研究得已较为深入。期刊方面，较早研究选修制的是赵中建的《哈佛大学的课程选修制》(1987)，该文将选修制追溯到洪堡提出的学术自由，分析了不同阶段的社会背景，认为选修制的成功与美国社会的自由竞争和浓厚的功利主义相联系，使得科学最终在大学的课程中得到反映。贺国庆教授在《近代德国大学思想对美国的影响》(1993)一文中，论述了德国学术自由与选修制之间的关系，解释了为什么是德国而不是英国、法国对美国大学的发展影响尤为深远。这篇文章探讨了选修制的引入对美国高等教育的意义，认为它打破了传统课程的垄断，有助于科学家摆脱喋喋不休的宗教争论而从事他们感兴趣的研究，有助于挣脱保守思想的束缚和控制。

李萍在《美国高校课程选修制发展探析》(1997)一文中，较为简洁地论述了自杰弗逊创建弗吉尼亚大学以来至20世纪70年代选修制在美国大学的状况，分析了19世纪上半叶选修制落败的原因。贺国庆教授在《美国高等教育现代化的奠基——南北战争后到1900年间美国高等教育的变革》(1998)一文中，所关注的问题是：从南北战争结束到1900年，短短的三十多年，美国高等教育究竟发生了哪些根本的变革？美国人把这段时间看作是本国高等教育发展的奠基时期，这种论断的依据是什么？对此，该文分析了美国南北战争前后的高等教育状况。内战前主要论述的是古典与现代教育之争，战后主要谈选修制在哈佛的推行，其次是德国模式在霍普金斯大学的实践，以及随后研究生院的兴起。易红郡在《美国高校选修制的确立及其影响》(2001)一文中，从四个方面分别论述了选修制在美国的产生、争论、确立以及影响。文中着重论述了《耶鲁报告》(Yale Report)的内容以及影响。王保星在《选修制的实施与美国现代大学的成长》(2002)一文中，较为详细地论述了选修制的发展，因其资料相当丰富，因而在一定程度上弥补了早期研究的一些不足之处。

此外，陈向明的《美国哈佛大学本科课程体系的四次改革浪潮》(1997)、刘贤红的《哈佛大学课程选修制的发展及其借鉴》(1998)、靳贵珍的《内战之前美国高教“课程设置”的沿革》(2000)、王慧青的《关于高校选课制的探讨》(2002)、施晓光的《19世纪美国大学改革的旗帜——查理斯·艾略特的高等教育理论与实践》(2003)、黎学平的《美国高校选修制的早期发展》(2003)、张凤娟的《“通识教育”在美国大学课程设置中的发展历程》(2003)、厉志红的《艾略特的课程选修制改革思想及其实践探析》(2003)、蔡先金的《大学学分制的生成逻辑》(2006)等文章,对选修制的发展历史均作了较好的论述。在专著方面,郭健较早的系统地研究了《哈佛大学发展史》(2000),主要围绕艾略特的办学思想,谈当时哈佛大学的改造,以及选修制对美国其他学院的影响。王英杰教授的著作《美国高等教育的发展与改革》(2002),第一章中论述了选修制对大学经典课程的冲击。

1.4.1.2　国内关于美国大学办学思想与物理学科发展之间关系的研究

19世纪下半叶,哈佛通过推行选修制促进了科学课程全面进入大学。而霍普金斯大学、耶鲁大学和芝加哥大学,[①]则成为美国发展物理学以及培养物理学家的重要基地,因此有必要了解这段时期国内对这三所大学研究的状况。

国内在期刊、论文和专著方面,直接对物理学科或者物理学家对上述三所大学影响所做的研究甚少,且大多采用“自上而下”的研究路径,也就是从学校的办学思想、制度入手论述美国高等教育的发展,关于教学、服务和科研三项功能是否在学科层面实现,学科内在发展的要求对大学制度层面的影响等方面的研究甚少。下面分别介绍国内对霍普金斯大学、耶鲁大学和芝加哥大学研究的基本状况和特点。

对霍普金斯大学的研究,较为典型的文章和论文有,白云的《博士后制度与高级科技人才的培养》(1995)、郭健的《约翰·霍普金斯大学的建立及影响》(1996)、郭志钦的《吉尔曼的教育思想及教育实践述评》(2002)、王绽蕊的《大学的理性——美国约翰·霍普金斯大学的文化品性解读》(2004)、施晓光的《创建真正意义上的美国大学——丹尼尔·吉尔曼的大学理念》(2004)、王英的博士论文《美国研究型大学早期发展研究——以约翰·霍普金斯大学创建为中心》(2006)、黄宇红的博士论文

---

① 霍普金斯大学有物理学家罗兰,耶鲁大学有物理学家吉布斯,芝加哥大学有1907年获得诺贝尔物理学奖的迈克尔逊,这三位是19世纪末至20世纪初美国最重要的物理学家.

《知识演变与美国现代大学的确立》(2004),上述文章和论文论述了霍普金斯大学的学术决策、办学理念、公共关系政策以及校园文化等方面的内容。在科学方面,它们介绍了吉尔曼致力于把科学引进大学,把科学研究看成是大学的基本任务,视其为大学的灵魂。但尚未深入到学科层面的研究。在物理学史方面,宋德生在《罗兰及罗兰实验在电磁学史中的地位》(1984)一文中,介绍了罗兰生平和其在电磁学发展过程中的贡献。王大明在《亨利·奥古斯特·罗兰(Henry Augustus Rowland, 1848—1901)——美国物理学的继往开来者》(2006)中,介绍了罗兰的生平、个人成就,以及在纯研究方面所做的贡献。

对耶鲁大学的研究主要集中在1828年的《耶鲁报告》,因其反对选修制而被视为保守主义的代表。王英杰教授在《论大学的保守性——美国耶鲁大学的文化品格》(2003)一文中,从四个方面精辟地论述了耶鲁大学的保守性,分别为:保守的文化品格、保守的管理、保守的教育理念及其合理性。张旺在《自由教育理念成就世界一流大学——浅析耶鲁大学的自由教育理念》(2006)一文中,论述了自由教育的内涵及演变。陈宏薇的著作《耶鲁大学》(1990),介绍了耶鲁的研究生教育,并较为简单地谈到物理学家吉布斯(Gibbs)的个人成就。王廷芳教授的著作《美国高等教育史》(1995),介绍了耶鲁大学18世纪及19世纪早期在科学方面的良好传统。物理学史方面,赵幕愚等在《不求闻达、唯求真知的一生——美国物理学家吉布斯传略》(1985)一文中,介绍了耶鲁大学物理学家吉布斯的生平和个性,分析了他为何没有得到当时美国物理学界承认的原因。杨建邺等在《吉布斯和他对科学的贡献》(1992)一文中,介绍了吉布斯的生平及物理学方面的主要成就。韩基新等在《吉布斯相律是怎样被埋没和发掘的?》(1992)一文中介绍了吉布斯工作的超前性,以及美国科学界无法理解其天才思考的原因。

关于芝加哥大学的研究,王英杰教授在《大学校长要有大智慧——美国芝加哥大学的建立与发展经验》(2005)一文中,围绕芝加哥两位校长威廉·哈珀(William Rainey Harper)和赫钦斯(Robert Hutchins),颇为详细地论述了芝加哥大学建校至20世纪50年代的发展历程。该文从科研、教师的聘请、学术自由、两段制本科教育和服务等五个方面,论述了哈铂校长的主要贡献。欧阳光华在《开放与包容——对芝加哥大学理念的解读》(2005)一文中,论述了芝加哥大学创建初期至20世纪30年代的发展,主要从组织、研究和教学等三个方面论述了芝加哥大学的特色。

舸昕的著作《从哈佛到斯坦福:美国著名大学今昔纵横谈》(1999)较为详细地论述了美国十所著名大学的发展历程,包括哈佛大学、耶鲁大学、普林斯顿大学、哥伦比亚大学、麻省理工学院、康奈尔大学、霍普金斯大学、加州理工学院、斯坦福大学和芝加哥大学。在第二章"耶鲁大学"中,论述了谢菲尔德学院(Sheffield School)成立的过程。第七章"霍普金斯大学",介绍了吉尔曼聘请数学家塞尔维特(James J. Sylvester)、物理学家罗兰(Henry Rowland)、化学家艾拉·雷姆森(Ira Remsen)、生物学家马丁(Henry N. Martin)、拉丁文及希腊文教授莫里斯(Charles Morris)的情况,尤其提到霍普金斯大学推行的研究生奖学金制度。

总体而言,19世纪下半叶至20世纪初这段时期,国内对美国大学的研究主要集中在办学思想、组织和管理层面,且已颇为系统,有利于对美国大学学科层面的进一步研究。因为,"高等教育的工作都是按学科(discipline)和院校(institution)组成两个基本的纵横交叉的模式。"[①]而众多的办学思想最终要落实到学科层面,才能真正实现大学的基本功能,即教学、科研与服务。所以,在当前已经基本厘清大学办学思想和制度的背景下,从大学的基本组织细胞"学科"入手,包括大学各个学科之间的互动关系,诠释美国大学的演变史,时机已经成熟。

1.4.1.3　国外关于美国大学办学思想对物理学科发展影响的研究

约翰·S·布鲁贝克(John S. Brubacher)和维利·鲁迪(Willis Rudy)的著作《美国高等教育的变迁史:1636—1956》(Higher Education in Transition, an American History:1636—1956, 1958),详述了19世纪以来选修制对美国高等教育系统的冲击,并最终使得科学课程于19世纪末在学院和大学之内占据主导地位,促进了大学以系而不是以讲座制为基本结构的发展。劳伦斯·R·维塞(Laurence R. Veysey)的著作《美国大学的出现》(The Emergence of the American University, 1965),论述了南北战争至20世纪初美国高等教育的发展。该书分为两个部分,第一部分依次论述了1865年至1890年间,美国主要高等教育哲学思想相互竞争的历史;第二部分论述了1890年以来学术结构的形成,年轻一代科学家的兴

---

① 伯顿·克拉克. 高等教育系统——学校组织的跨国研究[M]. 杭州:杭州大学出版社,1994. 6.

起以及学术结构对职业特性的影响。该书侧重于大学行政人员对大学科学发展的影响，尚未触及具体学术学科的发展。

戴尔·沃尔夫(Dael Wolfle)的《科学的基地：大学的作用》(The Home of Science: the Role of the University, 1972)，第五章、第六章论述了大学的组织形式如“去中心化”，以及竞争等方面的特征对科学发展的影响，同时也论述了科学发展全面影响了大学课程的组织、教职员工的雇佣和制度等方面，促使美国旧式学院的瓦解和现代大学的诞生。丹尼尔·J·凯乌勒斯(Daniel J. Kevles)教授的著作《物理学家们：现代美国科学共同体的历史》(The Physicists: The history of a Scientific Community in Modern America, 1978)，全景式地描述了南北战争至20世纪70年代美国物理学家群体的故事，其主线是美国物理学的兴起与为纯研究寻求赞助。书中前六章论述了南北战争至1910年间美国物理学的发展。第一章主要描述了南北战争之后美国物理学群体的数量和质量，说明了科学研究专业化的必要性。第二章至第四章主要论述了19世纪下半叶美国物理学存在的缺陷，尤其对纯研究或者说是基础研究重视不足。第五章第六章论述了19世纪末至20世纪初美国大学逐渐形成良好的科学氛围，在物理教学和研究方面取得巨大进步，但对欧洲新兴物理学的发展准备不足。

内森·莱尔德(Nathan Reingold)的《19世纪的美国科学：文献史》(Science in Nineteenth-Century America, 1979)，在“美国物理学的兴起”这一章中，收集了19世纪美国主要物理学家的通信，其中包括罗兰与霍普金斯大学校长吉尔曼之间的信件。内森·莱尔德主编的《美国背景下的科学：新的视角》(The Sciences in the American Context: New Perspectives, 1979)论文集第七章从课程、科学家的培养和就业等方面，论述了1820—1910年间，美国高等教育在培养科学家方面的贡献。

罗杰·盖格(Roger L. Geiger)的著作《增进知识：美国研究型大学的发展，1900—1940》(To Advance Knowledge: the Growth of American Research Universities, 1900—1940, 1986)，论述了美国研究型大学形成过程中促进了科学学科包括物理、化学和物理化学等学科专业化的发展，并阐述了美国研究型大学存在的各种弊端，包括美国新生入学前所受的教育、教学与科研时间的分配和研究型师资力量等方面的内容。

凯瑟琳·罗素·守帕克(Katherine Russell Sopka)的著作《美国的量

子物理:从1900到1935年》(Quantum Physics in America: the Years Through 1935, 1988),第一章将1870—1920年间美国物理学的发展状况分为两个阶段。第一个阶段是从1870年至1900年,美国物理学发展处于萌芽时期,但已经为其后的发展奠定了智力、制度两方面的基础。第二个阶段是从1900年至1920年,从职业协会、研究性刊物、实验条件和教育机会、国际交流和美国物理学家对旧量子理论的反应等方面,论述了美国大学物理学的发展状况。约翰·W·瑟维斯(John W. Servos)的著作《物理化学从奥斯特瓦尔德到鲍林的发展:美国科学的创建》(Physical Chemistry From Ostwald to Pauling: the Making of a Science in America, 1990),主要以麻省理工学院、哈佛大学为案例,论述了19世纪末至20世纪初,德国物理学家奥斯特瓦尔德培养的新一代美国物理化学家在美国大学中的成长,以及物理化学作为学科在大学中的生存状况。

期刊方面。亨利·罗兰(Henry A. Rowland)的《为纯科学请愿》(A Plea for Pure Science, 1883),阐述了物理学家罗兰的高等教育思想,指出美国科学当时存在的各种弊端,并从世界范围审视美国科学的未来,以及纯科学研究的重要意义。杜南·斯特德雷(Duane Studley)在《美国最伟大的物理学家》(American Greatest, 1949)一文中,介绍了吉布斯的生平及主要成就。查尔斯·克劳斯(Charles A. Kraus)1939年在耶鲁大学的演讲稿,题目为《乔塞亚·维纳德·吉布斯》(Josiah Willard Gibbs, 1939),分析了5位杰出物理学家的求学方式,质疑19世纪的学院在培养人才方面的能力。其中,重点分析了吉布斯的求学经历,及其在热力学方面的重要成就。约翰·斯通(John Johnston)在《对维纳德·吉布斯的赏识》(Willard Gibbs, an Appreciation, 1928)一文中,分析了吉布斯的个性和成就。较为独特的是,此文通过书信来呈现吉布斯从事科学研究的过程。物理学家的成长与大学之间的相互作用也有所涉及。卡尔·达罗(Karl K. Darrow)的《物质科学发展和它们在美国的应用》(Growth of the Physical Sciences and Their Applications in the United States, 1947),主要介绍了五位美国物理学家以及美国物理学在19世纪下半叶至20世纪初的发展状况。

拉里·布兰德(Larry I. Bland)在《美国在世界科学能力方面的增长,1840—1940》(The Rise of the United States to World Scientific Power, 1840—1940, 1977)一文中,论述了美国科学的发展主要受到三个方面的

影响:其一是科学专业化过程;其二是以鼓励科学研究的方式重建高等教育;其三是支持以竞争为特征的科学共同体资金的发展。在上述三方面的发展过程中,美国高等教育效法德国高等教育,并结合本国国情,从而发展出独特的高等教育系统。文中还分析了美国传统文化"实用主义"对基础科研正反两方面的影响。伯纳德·科恩(I. Bernard Cohen)在《对美国19世纪科学状态的反思》(Some Reflection on the State of Science in America During the Nineteenth Century, 1959)中,针对美国在19世纪缺乏伟大科学传统的观点提出了反驳,同时通过美国工程学的发展历程,质疑了把工程学而非纯科学视为美国传统。文中以化学家雷姆森和物理学家吉布斯为例,论述了霍普金斯大学成立之前美国大学对科学研究的态度,以及霍普金斯大学成立之后化学家西奥多·理查兹(Theodore W. Richards)的科研之路。文中特别提到1872年英国物理学家约翰·廷德尔(John Tyndall)在美国传播纯科学研究的思想。杰拉尔丁·琼斯(Geraldine Joncich)的《科学家与19世纪的学校:美国物理学家的案例分析》(Scientists and the Schools of the Nineteenth Century: The Case of American Physicists, 1966),选择物理学家作为研究对象,通过研究其传记,分析了美国科学黄金时代的35位物理学家在19世纪下半叶所接受的中学与大学教育。劳伦斯·巴戴(Lawrence Badash)的《19世纪科学的完成》(The Completeness of Nineteenth-Century Science, 1972),论述了19世纪末欧洲、美国的物理学文化,以及对年轻一代物理学家的影响。罗伯特·卡根(Robert H. Kargon)在《保守派:罗伯特·密立根和20世纪的物理学革命》(The Conservative Mode: Robert A. Millikan and the Twentieth-Century Revolution in Physics, 1977)一文中,论述了物理学家、教育家和政治家密立根在19世纪末至20世纪初在物理学领域的成长及所做的贡献。文中特别强调老一代物理学家迈克尔逊保守的观念如何影响他培养新一代美国物理学家。①

海曼·库利茨(Hyman Kuritz)在《19世纪美国科学的普及》(The Popularization of Science in Nineteenth-century America, 1981)一文中分析了美国大学科学发展的社会背景。该文认为美国共和制是建立在实用

---

① Duane Roller, Millikan's Influence on Undergraduate Teaching, *Review of Modern Physics*, 1948(20), pp. 26—30.

科学基础之上的，科学打破了欧洲传统的分层结构，使得不同阶层的人士通过科学得以交流，同时文中还探讨科学专业化过程。瑟维斯在《美国数学和物质科学》(Mathematics and the physical sciences in American, 1880—1930, 1986)一文中，通过数学与物理学之间的关系研究美国大学物理学落后的原因。该文认为，美国物理学之所以在20世纪初落后于欧洲物理学，其中非常重要的原因之一在于，美国物理学家在大学学习的过程中，数学知识准备不足；其次是数学学科在专业化的过程之中，没有顾及科学家的需要。查尔斯·毕晓普(Charles C. Bishop)在《约翰斯·霍普金斯大学的教学：第一代教师》(Teaching at Johns Hopkins: the First Generation, History of Education Quarterly, 1987)中，重点探讨了研究型大学中研究与教学两者间的关系。该文通过研究吉尔曼校长与同事的书信往来，发现霍普金斯大学在建立之初充分重视教学，质疑历史学家弗雷德里克·鲁道夫(Frederick Rudolph)在《美国学院与大学史》(The American College and University: A History, 1962)中的观点："在霍普金斯大学，美国教授教学角色的弱化被引进美国高等教育"。文中认为霍普金斯大学之所以被人们看做不强调教学的大学，原因之一是受到著名物理学家罗兰在大学中独特的教学方式和信念的影响。

1.4.2 关于旧量子论时代美国大学物理学科发展的研究(1914—1925年)

1.4.2.1 国内研究现状

关于一战前后美国大学的发展，以及一战期间美国大学与军事研究之间的关系，国内期刊、论文和专著已有较多的研究成果，而对旧量子论对美国大学发展的影响的研究相对较少。

期刊方面。蓝劲松的《小而精的学府何以也成功——对加州理工学院崛起的分析》(2003)，分析了加州理工学院跨越式发展的内外动因、特色和管理特征。谢秋葵在《基金会：美国高等教育发展的重要推动力》(2005)一文中，论述了自殖民地以来的私人慈善事业，乃至19世纪末至20世纪初基金会的成立。该文较好地论述了基金会对高等教育发展的重要作用，其视角主要集中在社会经济方面。李敏和周朝成的《精英教育：加州理工学院的文化性格分析》(2006)，从去功利主义思想、精英治校和学术自由、学术标准和师生共同参与、教学与科研结合四个方面，论述了加州理工学院精英文化的办学思想。孔颖在《美国私立高等精英教育的典范——加州理工学院》(2006)一文中,介绍了加州理工学院的众多成就,从办学宗旨、教学管理两方面论述了其办学特色。

物理学史方面。张炜的《密立根——杰出的物理学家和科学组织者》(1984)和程民治的《密立根——振兴美国科技与教育的著名物理学家》(2004),介绍了密立根的生平及在物理学方面的主要成就。张炜的文章中还谈到密立根与天文学家乔治·海尔(George Ellery Hale)一战期间所做的贡献,以及在战争中形成合作研究的思想。文中谈到密立根关于加州理工学院的办学思路、管理模式等方面的内容。

高云峰的硕士论文《美国研究型大学与军事研究》(2004),论述了美国研究型大学参与军事研究的四个发展阶段:一战、二战、冷战和后冷战时期,并概括了每一次战争对大学影响的主要特征。对于一战中美国大学在军事方面的贡献,此文以麻省理工学院和哈佛大学为例进行简要分析,并从三个方面总结了美国大学参与一战的特点:国家利益的需要、研究型大学群体的形成和精英大学研究实力的增强。同时,文中还总结了一战之后美国大学的发展走向。於荣的博士论文《冷战与美国大学的学术研究(1945－1970年)》(2006),第一章论述了科学和大学对一战的影响,重点介绍了天文学家海尔等科学家在战争中的卓越贡献。

舸昕的著作《从哈佛到斯坦福:美国著名大学今昔纵横谈》(1999),第三章"普林斯顿大学",介绍了物理学家量子电动力学的创始人费曼在普林斯顿物理系的求学与生活经历。其中,重点论述了费恩曼从事实验科学的经历。第四章"哥伦比亚大学"论述了著名物理学家拉比(Isidor. I. Rabi)20世纪20年代在国内、欧洲从事物理学研究的经历,谈到了美国物理学在20世纪30年代崛起的原因。第八章"加州理工学院"论述了天文学家海尔、物理学家密立根对加州理工学院的改造,以及基金会资助方式的改变对加州理工学院的影响。

1.4.2.2 国外研究现状

罗伯特·卡根(Robert H. Kargon)主编的《美国科学的成熟:美国科学促进会主席关于美国民众对科学态度的演讲,1920－1970》(The Maturing of American Science: a Portrait of Science in Public Life Drawn From the Presidential Addresses of the American Association for the Advancement of Science, 1920－1970, 1974),汇编了1923年至1970年间美国科

学促进会主席的重要演讲录。该书论述了一战期间物理学家通过国家科学委员会(National Research Council)与政府合作,改变了公众对科学的态度,缓和了大学与慈善基金会之间的矛盾,为战后美国大学的发展奠定了良好的社会基础。丹尼尔·J·凯乌勒斯教授的著作《物理学家们:现代美国科学共同体的历史》(1978),第七章论述了旧量子理论在美国大学的传播,以及研究过程中大学各个学科所遭遇的资金短缺。第八章和第九章主要论述了天文学家海尔组织科学家参与战争的过程,以及物理学家在战争中的贡献。第十章论述了旧量子理论时代美国物理学家的贡献。

卡罗尔·格鲁伯(Carol S. Gruber)的著作《战神与智慧之神:第一次世界大战与美国高等教育的功用》(Mars and Minerva: World War I and the uses of the higher learning in America, 1975),论述了美国学术界特别是科学家在一战中服务于国家,以及在战争状态下的学术自由所受到的限制。美国学者把一战视为获得学科自信、激发学科兴趣和实现对学科进行必要的改组和改良的一次历史性机遇。

罗杰·盖格的著作《增进知识:美国研究型大学的发展,1900—1940》(1986),第三章论述了一战改变了美国大学科学家在公众面前的形象,标志着纯研究与实用研究的联姻,并介绍了战后美国大学的变化。第四章论述了一战之后基金会角色和方式的转变,尤其是新一代基金会主席为美国高等教育规划了新的发展思路。

守帕克的著作《美国的量子物理:从1900到1935年》(1988),第二章研究了1920—1925年旧量子力学的发展,从三个方面论述了美国物理学家与量子理论之间的关系,分别为:美国物理学职业制度化的发展、美国科学界对量子力学发展的反应和美国科学家在量子力学领域所做的杰出贡献。瑟维斯的著作《物理化学从奥斯特瓦尔德到鲍林的发展:美国科学的创建》(1990),论述了美国大学物理化学中心的变迁,并以加州理工学院为案例,论述了物理化学家诺耶斯(Noyes)在吸取麻省理工学院办学经验教训的基础上,参与改进加州理工学院的办学思路,将其创建成世界科学的中心。罗伯特·E·欧勒(Robert E. Kohler)的著作《科学领域中的伙伴:基金会和自然科学家,1900—1945》(Partners in Science: Foundations and Natural Scientists, 1900—1945, 1991),论述了基金会代理人、行政人员和科学家之间的误解和冲突,国家研究委员会(NRC)在基金会和个体科学家、大学之间所做的调解，以及由此引发的旧式捐资系统的废弃和新捐资系统的建立。

期刊方面。海尔在《研究过程中的合作》(Cooperation in Research)一文中，列举了天文学、物理学、工程学等方面的具体案例，论述了一战期间合作科学研究的重要性。文中还阐述了华盛顿卡内基学院董事会主席埃里胡·鲁特(Elihu Root)关于合作研究的高等教育思想。

凯乌勒斯在《乔治·海尔：第一次世界大战和美国科学的进步》(George Ellery Hale, the First World War, and the Advancement of Science in America)一文中，论述了美国基础研究遭遇的众多瓶颈，尤其是资金的缺乏。海尔在第一次世界大战中担任国家研究委员会主席期间，组织科学家积极参战，其卓越的贡献改变了公众、洛克菲勒基金会对大学从事基础研究的看法，掀开了基金会资助大学基础研究的新序幕。

罗伯特·密立根(Robert A Millikan)的《科学的新机遇》(The New Opportunity in Science)，第一部分论述了一战期间美国科学家在制造武器、反潜艇和化学战等方面做出卓越的贡献，并与英国、法国科学家展开了良好的国际合作。第二部分论述了其教育思想的五个方面：科学与中学教育管理、科学与工业、国内外合作研究、美国年轻人的机遇和投资科学的回报，核心是高等教育思想。米伦·兰德(Myron J. Rand)在《国家研究奖学金》(The National Research Fellowships)一文中，论述了一战时期美国科学研究方面暴露的问题，以及洛克菲勒与国家研究委员会商谈资助从事基础研究的博士后研究奖学金计划的过程，并评估了奖学金项目对美国大学发展的影响。大卫·格里尔(David Alan Grier)在《维伯伦博士在一战中从事军事数学》(Dr. Veblen Takes a Uniform Mathematics in the First World War)一文中，论述了一百五十多名数学家参与第一次世界大战的科学研究，重点介绍了普林斯顿大学的数学家奥斯特瓦尔德·维伯伦(Ostwald Veblen)从事的实验弹道学研究，该研究属于数学与物理学的交叉领域。罗伯特·科勒(Robert E. Kohler)的《20世纪20年代美国科学、基金会和大学》(Science, Foundation, and American Universities in the 1920s, 1987)，论述了慈善基金会与大学在教学与科研、科研的组织方式等方面的分歧，并以一战为契机彼此之间达成众多共识，促使基金会从建立独立的研究所转向全面资助大学的科研活动。此外，新一代慈善基金会领导人的成长为大学的发展带来新的机遇。

1.4.3　关于量子力学时代美国大学物理学科发展的研究(1926－1932年)

1.4.3.1　国内研究现状

期刊方面。赵佳苓的《美国物理学界的自我改进运动》(1984),从基金会的作用、工业物理学的兴起、大学的自我改造这三个方面,以及最终于1932年迎来物理学的奇迹年——五项物理学成就美国人占了三项,论述了1933年难民物理学家到来之前美国物理学的发展。赵佳苓在《大萧条对美国物理学界的影响》(1985)一文中,从科研经费、物理学家的就业状况和培养目标等方面,论述了经济危机对美国物理学家共同体的影响。张成林和曾晓萱的《MIT工程教育思想初探》(1988)一文中,论述了20世纪30年代麻省理工学院聘请物理学家康普顿(Karl Compton)的经过,以及康普顿在改造麻省理工学院所做的杰出贡献。王大明、曲忠胜的《科学帅才K·T·康普顿》(2004),介绍了康普顿个人的成长及在物理学领域的成就。康普顿担任麻省理工学院校长期间,促进了麻省理工学院办学思想的转变,并抓住二战发展科学的时机,使它达到世界一流大学的水准。

专著方面。舸昕的著作《从哈佛到斯坦福:美国著名大学今昔纵横谈》(1999),第一章"哈佛大学",论述了奥本海默(J. Robert Oppenheimer)在哈佛、德国的求学经历,在加州大学伯克利分校与劳伦斯一起创建物理系的经历,以及在原子弹研制方面的贡献。第九章"斯坦福大学",论述了大萧条时期大学的研究状况,谈到物理系与工业之间的矛盾。第五章"麻省理工学院",论述了麻省理工学院20世纪20年代与工业合作的经验教训,以及物理学家康普顿20世纪30年代担任该校校长期间对它进行的改造。

1.4.3.2　国外研究现状

威廉·德万(William Clyde DeVane)的著作《20世纪美国的高等教育》(High Education: In Twenty-Century America, 1965),第四章一般性地总结了大学推行选修制对科学发展和培养科学人才的影响。凯乌勒斯教授的著作《物理学家们:现代美国科学共同体的历史》(1978),论述了美国高等教育通过博士后奖学金资助的方式培养理论物理学家,在量子理论领域与欧洲科学家竞争,并在交叉科学如物理化学等学科领域领先欧洲大陆。这一时期美国大学众多科学中心的发展,促进了高等教育的金字塔结构的形成。在经济大萧条时期,科学的发展虽然遭遇民众的质疑,科学研究所需的资金、物理学家生活和学生就业等方面均受到前所未有的影响,但美国大学的物理学科也在这个阶段走向了成熟。莱尔德主编的《美国背景下的科学:新的视角》(1979)论文集,在第十二章中论述了一战之后科学基金会对国内年轻科学家的资助,在改善其研究和教学方面所起的作用。第十四章论述了美国大学通过各种渠道加强其理论物理学家的培养,还论述了一战之后工业部门对物理学家的需求,推动了大学物理学家的培养,促使大学物理学家从事新的应用研究。

罗杰·盖格的著作《增进知识:美国研究型大学的发展,1900—1940》(1986),在第五章中探讨了商业与大学研究的关系,分别论述了物理学家担任校长参与麻省理工学院和加州理工学院的管理与发展。该文还论述了20世纪20年代,美国大学抓住新旧量子理论的发展机遇,参与国际交流与竞争,促使美国科学走向成熟。守帕克的著作《美国的量子物理:从1900到1935年》(1988),在第三章从三个方面论述了美国物理学家与新量子理论之间的关系,分别为:美国物理学专业化的发展、美国科学界对量子力学发展的反应和美国科学家在量子力学领域所做的杰出贡献,以及量子理论的发展对相关学科如化学教学、科研等方面的影响。罗伯特·E·欧勒(Robert E. Kohler)的著作《科学领域中的伙伴:基金会和自然科学家,1900—1945》(1991),论述了20世纪30年代洛克菲勒基金会对学科、研究生院和实验室的资助,尤其论述了它在促进大学跨学科领域发展的贡献。海尔布隆(J. L. Heilbron)和罗伯特·塞德尔(Robert W. Seidel)的著作《劳伦斯与他的实验室:劳伦斯伯克利实验室的历史》(Lawrence and His Laboratory: A History of the Lawrence Berkeley Laboratory, 1989),论述了劳伦斯在加州大学伯克利分校创建实验室的条件,尤其是加州州立学术系统对实验室创建的影响,并从世俗和地理背景两方面总结了劳伦斯的成功经验。文中分析了劳伦斯有效地利用工业界、慈善基金会和联邦政府的资金,以及通过所培养的学生向国内外传播回旋加速器的学科新信念或文化,扩大其影响,为大学赢得了声望。文中还论述了实验室为科学的发展开创了新的研究领域,并为核裂变的研究奠定了基础。

瑟维斯的《物理化学从奥斯特瓦尔德到鲍林的发展:美国科学的创

建》(1990),论述了两位物理化学家诺耶斯和怀尔德·班克罗夫特(Wilder D. Bancroft)对物理化学不同的理解,以及由此导致他们在培养学生、课程设置和发挥学科的研究职能方面作出截然不同的贡献。皮特·盖里森(Peter Galison)和布鲁斯·海莱(Bruce Hevly)主编的论文集《大科学:大规模研究的发展》(Big Science: the Growth of Large-Scale Research, 1992),第一章论述了大萧条期间加州大学伯克利分校在物理学领域中发展大科学的过程,以及其组织形式对二战期间曼哈顿工程的影响。

托马斯·查尔斯·拉斯曼(Thomas Charles Lassman)的博士论文《从量子理论的演变到制度变革:爱德华·康顿和美国纯科学的精神动力》(From Quantum Revolution to Institutional Transformation: Edward U. Condon And the Dynamics of Pure Science in America, 1925—1951, 2000),论述了康顿在美国大学制度背景下成长为一代理论物理学家的经历,介绍了现代物理学的内容和方法融入大学制度化背景的过程,以及他在改造美国大学课程方面所做的重要贡献。

期刊方面。斯坦利·科本(Stanley Coben)的《科学的建立和量子力学在美国的传播》(Scientific Establishment and the Transmission of Quantum Mechanics to the United States, 1919—32, 1971),论述了美国大学在跟踪欧洲量子力学发展的基础之上,逐渐融入量子理论的发展过程。文中提到了博士后奖学金对培养美国理论物理学家的重要性,基金会领导人的卓越见识对发展科学的影响,以及大学校长为了促进美国大学的学术交流,克服大学处于欧洲科学边缘的地位,从制度方面所做的努力。巴特勒·菲勒(Loren Butler Feffer)在《奥斯特瓦尔德·维伯伦和美国数学资本化:1923至1928年间为数学研究筹集资金》(Ostwald Veblen and the Capitalization of American Mathematics: Raising Money for Research, 1923—1928, 1998)一文中,论述了数学家奥斯特瓦尔德·维伯伦根据他在一战中从事军事研究的经历,在20世纪20年代中期通过普林斯顿大学和美国数学协会,一方面在物质科学发展的大背景下为数学的发展筹集资金;另一方面,将数学与物理交叉学科的思想转化为普林斯顿大学数学系发展的思路,通过制度性安排促进数学家与物理学家在相对论、量子理论方面的合作研究。但数学与物理交叉学科最终未能形成普林斯顿大学数学系的特色。

1.4.4 关于大物理学时代美国大学物理学科发展的研究(1933—1950年)

1.4.4.1 国内研究现状

期刊方面。张成林和曾晓萱的《MIT工程教育思想初探》(1988),介绍了二战时期麻省理工学院的辐射实验室从事雷达研究,为其战后的发展提供了新的办学思路。徐旭东的《斯坦福大学成为世界一流大学形成研究》(2005),论述了二战前夕斯坦福大学及时确定了办学思路,优先考虑大学与工业的合作,为物理等科学学科的发展提供了制度性的保障。马万华的《研究型大学建设:伯克利加州大学成功的经验和面临的问题》(2005),论述了加州大学伯克利分校在组织研究和交叉学科方面的成就。谷贤林的《一流大学之路:加州大学伯克利分校发展研究》(2005),阐述了伯克利办学理念的来源,20世纪30年代以来科学领域其所取得的成就,以及二战之后面临的发展机遇。

专著方面。沈红的著作《美国研究型大学形成与发展》(1999),论述了美国科学技术进步与高等教育发展之间的联系。[①] 文中总结了19世纪下半叶至二战前夕,霍普金斯大学的建立、美国大学协会的发展、私人资本进入高等教育以及优秀的欧洲科技移民,对美国研究型大学的发展所起的作用。文中还从三个方面论述了研究型大学的物理学家在第二次世界大战中的重要作用:万尼瓦尔·布什(Vannevar Bush)领导国防研究委员会和科学研究与发展局、雷达和原子弹研制、政府与大学战时的关系对战后科技的影响。舸昕的著作《从哈佛到斯坦福:美国著名大学今昔纵横谈》(1999),在第二章论述了耶鲁大学于二战之后振兴物理系的失败教训。第五章"麻省理工学院",介绍了物理学家布什在物理学领域的卓越贡献,着重介绍二战期间麻省理工学院在雷达方面的研究,推动了麻省理工学院跨学科的研究中心、实验室、研究所和项目的大发展,并在战后促进了美国科学政策的出台,其研究报告《科学——无尽的前线》是美国科技政策史上的新纪元。第七章"霍普金斯大学",论述了二战期间霍普金

---

① 类似的研究主题在何云坤的著作《科学进步与高等教育变革史论》(2000)中亦有论述,其中所谈的科学涉及西方古代科学——古希腊和中古时期,以及中世纪西方科学文化的发展.

斯大学应用物理实验室的发展状况。第八章论述了加州理工学院代管的“喷气推动实验室”(The Jet Propulsion Laboratory, JPL)的发展状况。第十章“芝加哥大学”,论述了智力移民物理学家费米对芝加哥大学发展的影响。

马万华的著作《从伯克利到北大清华——中美公立研究型大学建设与运行》(2004),第二章论述了 1938 年联邦政府资助的国家计划资源委员会提交的报告。该报告指出当时美国大学中科学研究存在的问题,其中特别谈到联邦政府应该在大学物理科学研究方面有所贡献。联邦政府采取三种策略影响大学的科研,分别为建立国家实验室,并将其交给大学管理;以学生为中心的经费支持;以学科为中心的研究项目的设立,研究经费可以直接拨到教授个人和院系。书中着重论述了大学国家实验室的管理模式以及对大学发展的作用。张九庆的著作《自牛顿以来的科学家——近现代科学家群体透视》(2002),在第七章中论述了国家科技政策与科技体制,对国家与科学家的互动关系进行了分类,介绍了万·布什在设立国家科学基金会过程中所起的作用。

谷贤林的博士论文《美国研究型大学管理研究》(2005),第二章从战时体制、布什的报告、基金会及其私人资本和联邦政府等四个方面,论述了第二次世界大战后美国研究型大学科学研究的繁荣。张东海的博士论文《美国联邦政府科学政策与世界一流大学发展的研究》(2005),在第二章考察了联邦政府与大学科研之间的关系,分析了 19 世纪 60 年代至 20 世纪末联邦政府科学政策的演变历程,重点论述了二战前后科研组织方式的变化,及战后科学政策对大学科学发展的影响。於荣的博士论文《冷战与美国大学的学术研究(1945－1970 年)》(2006),第一章论述了二战时期大学为战争组织的科学研究。第二章论述了科学政策之父物理学家万·布什促进战后联邦政府科学政策的形成,以及防务机构与大学科学研究的发展。

1.4.4.2 国外研究现状

威廉·德万的著作《20 世纪美国的高等教育》(Higher Education: In Twenty-Century America, 1965),第六章主要论述了二战以来联邦政府资助大学的科学研究,强调大学的研究职能和研究生教育,促使学术金字塔结构的进一步分层,同时也分析了联邦政府所提供的资助和合同对高等教育发展的负面效应。

凯乌勒斯教授的著作《物理学家们:现代美国科学共同体的历史》(1978),论述了二战之前,以作为麻省理工学院校长的康普顿为代表的一批杰出的物理学家们,通过转变大学办学思想,积极与政府合作,改善大学受到大萧条影响的科研状态。二战期间,随着物理学家从事防御工作,如雷达、火箭和原子弹等领域研究,培养物理学家成为大学的首要工作。战后物理学家通过参与制定科学政策影响大学的发展。莱尔德主编的《美国背景下的科学:新的视角》(1979),在论文集第十四章中,从研究资金、教师薪水、物理学协会注册人数等方面,考察了一战至20世纪40年代,科学家尤其是物理学家受到的经济大萧条的影响,并从其信件和回忆录中,了解当时美国物理学发展状况。该文还论述了工业部门通过提供奖学金等方式,资助待业的物理学家继续从事研究,而大学通过传授实用物理学课程,应对社会经济形势。第十五、十六两章分别论述了国家防御代理处在动员大学科学家从事军事研究的措施、贡献及面临的挑战。

克莱顿·科帕(Clayton R. Koppes)的《喷气实验室和美国空间项目:喷气发动机发展史》(JPL and the American Space Program: A History of the Jet Propulsion, 1982),研究了加州理工学院喷气推动实验室的发展经过,论述了联邦政策在促进科学研究机构发展方面的影响力。罗杰·盖格的著作《增进知识:美国研究型大学的发展,1900—1940》(1986),在第六章中从科研经费、薪水、学费和就业等方面,论述了大萧条对美国研究型大学的深远影响。为了促进科学的发展,大萧条时期美国大学与联邦政府的传统关系也随之发生了改变。亨利·古尔兰克(Henry Guerlac)的著作《第二次世界大战中的雷达》(Radar in World War Ⅱ, 1987),第一卷论述了美英两国雷达早期发展史、国家防御研究委员会(National Defense Research Council, NDRC)和麻省理工学院成立辐射实验室的历史。第二卷论述了辐射实验室的管理,既有组织科学研究的发展,也有在军事史上的贡献。保罗·弗尔曼(Paul Forman)的《量子电子学的背后:作为美国国家安全基础的物质研究,1940—1960》(Behind Quantum Electronics: National Security as Basis for Physical Research in the United States, 1940—1960, 1987)与《进入量子电子学:作为美国冷战工具的电子增幅器》(Into Quantum Electronics: the Master as Gadget of Cold-war America, 1996),论述了二战后的15年内基础物理学领域研究资金的增长,其宗旨是出于美国国家安全的需要,从而进一步影响了美国大学物理学研究的应用技术取向。

守帕克的著作《美国的量子物理:从1900到1935年》(1988),在第四章中从美国物理学专业化发展、美国大学物理学取代欧洲占据世界主导地位和美国物理学家所取得的成就这三个方面,论述了1930－1935年间美国量子理论的繁荣。这段时期适逢世界经济大萧条时期,但美国大学抓住核物理发展的机遇,以及智力移民,取代欧洲成为世界物理学研究的中心。盖里森和海莱主编的论文集《大科学:大规模研究的发展》(1992),第二章论述了斯坦福大学物理系自20世纪30年代中期以来三个发展阶段。第一阶段是在1935－1941年间,物理学家发明新的微波技术导致大学与工业的合作,由此引发了大学与私人企业谁控制研究方向的争论,激化了大学纯研究与实用研究之间的矛盾;第二个阶段是在1941－1954年间,主要论述了二战期间联邦政府对大学科学研究的影响,有助于化解与工业合作所带来的负面效应;第三阶段是在1954－1962年间,斯坦福大学物理学家们在建造数百万电子伏特线性加速器(SLA)的过程,再次引发了与工业合作过程中的问题,即物理系、大学行政机构和政府在新研究团体中的地位、作用等问题。第五章论述了斯坦福大学线性加速器中心的主要成就,并粗略地探讨了大科学背景下的学术自由。第六章论述了大科学时代康奈尔大学和麻省理工学院不同的管理方式对大学发展科学的影响。该文同时论述了二战期间工程学与物理学之间的相互影响。

盖格的《研究与相关知识:二战以来的美国研究型大学》(Research and Relevant Knowledge: American Research Universities Since World War Ⅱ, 1993),第一章论述了二战期间军事科学的组织方式对美国研究型大学的管理、办学思路的影响。尤其是政治型物理学家在动员科学家从事军事研究,制定战后科技政策的过程之中,极大促进了联邦政府和大学的合作。第二章论述了物理学家转变战后大学实验室的基本功能,并根据战后科学的研究特点,倡导交叉学科的研究,以及战时有组织研究对大学教学与科研相统一原则的冲击。第三章和第六章通过研究麻省理工学院、加州大学伯克利分校、耶鲁大学和斯坦福大学,重新定位战后大学的办学思想和研究方向。杰夫·休斯(Jeff Hughes)的著作《曼哈顿工程:大科学与原子弹》(The Manhattan Project: Big Science and the Atom Bomb, 2002),主要围绕曼哈顿工程论述了20世纪30年代各国参与大科学发展的基本历程,以及战后大科学对传统大学的冲击,涉及大学科学家接受联邦政府的合作和实验室的管理。

期刊方面。罗伯特·卡根(Robert H. Kargon)和伊丽莎白·侯德(Elizabeth Hodes)的《卡尔·康普顿、阿赛亚·鲍曼和大萧条时期的科学政治》(Karl Compton, Isaiah Bowman, and the Politics of Science in the Great Depression, 1985),论述了二战期间,美国科学共同体内部出现了一批核心领导人,他们思想的演变改变了美国传统大学和工业、联邦政府之间的关系。约珥·戈努(Joel Genuth)的《二战时期微波雷达、原子弹和美国研究优先权的背景》(Microwave Radar, the Atomic Bomb, and the Background to U. S. Research Priorities in World War Ⅱ, 1988),论述了物理学家万·布什在麻省理工学院从事物理学研究的主要成就和管理才能,以及作为政治型物理学家在促进微波雷达优先于原子弹研究过程中所做的杰出贡献。

盖格的《有组织研究的机构——它们在发展大学研究中的角色》(Organized Research Units-Their Role in the Development of University Research, 1990),论述了美国大学之中出现的,区别于以系为单位的有组织的研究机构。该文认为,有组织的研究机构在一战、二战期间和二战之后均有所发展,对美国大学的科学发展起到重要的作用。拉里·欧文斯(Larry Owens)的《麻省理工学院和联邦天使:二战前学术研究和发展与联邦及私人合作》(MIT and the Federal "Angel": Academic R & D and Federal-Private Cooperation Before World War Ⅱ, 1990),论述了新任麻省理工学院校长的物理学家康普顿在萧条时期为了发展静电传输电力系统,迫于资金压力,突破传统学术自由、学术自治的办学思想,与联邦政府合作。尽管该合作并未成功,但为二战期间大学与政府间市场化即合同制的合作方式奠定了基础。丽贝卡·楼温(Rebecca S. Lowen)在《改造斯坦福大学:行政人员、物理学家以及工业和联邦资助,1935－1949》(Transforming the University: Administrator, Physicists, and Industrial and Federal Patronage at Stanford, 1935－49, 1991)一文中,论述了斯坦福在面临经济和学校声望的双重危机下,大学行政人员和年轻的物理学家对大学的改造。二战则更进一步改变了斯坦福大学与工业、政府之间的关系。布鲁斯·海莱(Bruce Hevly)在《斯坦福超高压X射线电子管》(Stanford's Supervoltage X-Ray Tube, 1994)一文中,论述了大科学背景下,斯坦福大学物理学家大卫·韦伯斯特(David Webster)带领物理系年轻的物理学家建造超高压X射线电子管的过程中所遭遇的财政危机，以及二战以来年轻一代物理学家与老一代物理学家在物理系内部研究方向上引发的“学术自治”的争议。

盖格的《科学、大学和国家防御，1945—1970》(Science, Universities, and National Defenses, 1945—1970, 1992)，论述了二战结束之后，大学各个军事合同实验室所面临的不同命运，以及对大学管理、定位所造成的影响。国家防御代理处(National Defense Agencies)对学术研究的理解，进一步加强了国家对大学科学的资助，开创了海军研究部(Office of Naval Research)与大学合作的黄金时代。迈克尔·亚伦·丹尼斯(Michael Aaron Dennis)的《我们的第一道防线：战后美国的两所大学实验室》(Our First Line of Defense: Two University Laboratories in the Postwar American State, 1994)，论述了二战结束之后霍普金斯大学应用物理实验室(Applied Physics Laboratory, APL)和麻省理工学院的仪器实验室，在处理研究、军事和工业三者的关系上，在管理和教学方面创立了一种新颖的制度模式。

1.5　研究思路与方法

本书主要通过研究美国大学物理学科组织，教学和研究职能如何实现的过程，剖析大学物理学科面对现代物理学发展的机遇和挑战，如何从一个地方性的、处于世界科学边缘的学科，逐渐发展成世界一流学科的历史演变轨迹。

众所周知，学科在科学家和学者的智力生活中占据极其重要的地位，尤其对于那些在大学学院从事研究和教学活动的科学家和学者。[①] 因此，本论文选择的理论基础是美国社会学家、高等教育学专家伯顿·克拉克的组织学观点：“当我们把目光投向高等教育的‘生产车间’时，我们所看到的是一群群研究一门门知识的专业学者。这种一门门的知识称作‘学科’，而组织正是围绕这些学科确立起来的。”[②]他把大学看作由生产知识

① John W. Servos, *Physical Chemistry From Ostwald to Pauling: the Making of a Science in America*, Princeton University Press, 1990, p. 1.

② 伯顿·克拉克. 高等教育新论——多学科的研究[M]. 王承绪等译. 杭州：浙江教育出版社，2001. 107.

的群体构成的学术组织，以工作、信念和权力为组成系统的三个基本要素，根据各个要素的性质及要素之间的联系，分析大学组织内部的运行规律。伯顿·克拉克认为，大学教育工作按学科和院校单位构成纵横交叉的模式，而大学各个部门各自有其规范和价值观，形成学术信念，从学科和院校组织及其伴随的信念产生各种权力关系。学科与院校单位通过国家、市场和学者的协调形成复杂的学术系统。[①]

国内对美国大学的研究，大多采用"自上而下"的研究路径，即主要研究大学办学思路，对学科发展具体状况的关注相对较少。这种研究路径在许多方面符合19世纪下半叶至20世纪初美国大学发展的特征。劳伦斯·维塞的著作《美国大学的出现》详细描述了大学校长、行政人员对大学发展的影响力。它留给我们的是这样一幅图景：似乎大学就是校长、行政人员组成的机构，教授们的实践活动被掩盖了。显然，伯顿·克拉克颇不赞同以这样的方式认识大学。他认为，"那些用全面综合的形式阐述目的或概括高等教育特点的人，是典型地、重复地从错误的端点出发的人。他们从系统的顶端开始，而高等教育中更佳的端点在基层。"[②]伯顿·克拉克之所以提出略显偏激的观点，原因在于，"组织分析家一直意识到名义上的目标与实际办学目标存在着很大的差别"，并且，"高等教育界和社会其他各界的经验丰富的行政官员对这种差别当然也早有认识。"[③]况且，大学的办学思想如教学与科研统一的原则，最终惟有落实到学科组织，才能实现大学传播、应用和开拓知识疆土的功能。伯顿·克拉克在《我的学术生涯》一文中再次强调指出，"如果基本学术单位的确是基本的，是构成大学的砖石，那么更多的研究应当投入到这些基本单位是如何定向的，怎样结构的，它们怎样塑造了院校以及又如何受其存在的院校环境所影响等问题。"[④]

---

① 伯顿·克拉克. 高等教育系统：学术组织的跨国研究[M]. 王承绪等译. 杭州：杭州大学出版社，1994. 1.

② 伯顿·克拉克. 高等教育系统：学术组织的跨国研究[M]. 王承绪等译. 杭州：杭州大学出版社，1994. 25. 伯顿·克拉克在《高等教育新论——多学科的研究》中，观点没有那么激进。但他仍强调分析者从主角的角度去观察情况，从内向外弄清高等教育与外部环境的种种关系.

③ 伯顿·克拉克. 高等教育新论——多学科的研究[M]. 王承绪等译. 杭州：浙江教育出版社，2001. 107.

④ 伯顿·克拉克. 我的学术生涯[J]. 赵炬明译. 现代大学教育，2003，(1).

所以说,研究美国大学的发展,不仅需要“自上而下”,更需要“自下而上”的研究路径,即研究的核心是学科组织。斯坦福大学前校长卡斯帕尔(Casper)也提出,在大学中追求“卓越性尖端”的方式应该是“自下而上”,而不是“自上而下”的。所谓“自下而上”,就是说在大学中新思想的产生和科学的发现与发明是在教学科研人员与学生的不断探索中诞生的。① 本书研究美国大学物理学科教学、科研史,属于伯顿·克拉克所倡导的,从学科的发展透视大学各项职能的演变。

除了研究所需的理论基础之外,如何给1876年至1950年美国大学演变史分期,也是本研究亟需解决的问题。本书是根据美国大学物理学家研究微观原子领域的逐步深入,来划分章节的。换而言之,根据物理学科组织何时系统化地将现代物理学知识纳入学科活动之中,或者学科在创造现代物理学知识方面做出划时代的贡献,才将之作为分期的依据。

第二章的时间段是从1876年至1913年,因为1913年是旧量子理论诞生的年代,其标志性事件是丹麦著名物理学家尼耳斯·玻尔发表的三篇划时代的论文,对美国大学物理学科的发展产生重要的影响。② 第三章是从1914年至1925年,因为1925年末是新量子理论即量子力学诞生的年代,其代表人物是德国物理学家海森堡,他提出了矩阵力学,再次引发美国大学物理学科新的研究热潮。第四章和第五章两章总的时间跨度是在1926年至1950年。在此期间,美国大学物理学科发展史上标志性的事件是,1932年在五项诺贝尔奖级别的核物理学研究成果之中,美国物理学家占了三项,标志着美国大学物理学科发展步入成熟阶段,所以把1932年作为第四章和第五章的分水岭。

虽然20世纪初出现的现代物理学即相对论和量子理论,对美国大学物理学科的发展产生巨大的影响,但考虑到1913年至1932年间,量子理论较相对论对美国大学物理学科的发展影响更深,且学科参与量子理论

---

① 马万华. 研究型大学建设:伯克利加州大学成功的经验和面临的问题[J]. 清华大学教育研究,2005,(6).

② 1900年普朗克为了克服经典理论解释黑体辐射规律的困难,引入了能量子概念,为量子理论奠定了基石。随后,爱因斯坦针对光电效应实验与经典理论的矛盾,提出了光量子假说,并在固体比热问题上成功地运用了能量子概念,为量子理论的发展打开了局面。1913年,玻尔在卢瑟福有核模型的基础上运用量子化概念,对氢光谱做了满意的解释,使量子论取得了初步胜利。从1900年到1913年,可以称为量子论的早期。引自:郭奕玲,沈慧君. 物理学史[M]. 北京:清华大学出版社,1993. 235.

发展所投入的人力物力较其他物理学科的分支更多，所以对前三章美国大学物理学科发展史分期，主要围绕量子理论处于不同的发展阶段来进行的。此外，虽然1900年德国理论物理学家普朗克已经提出量子假说，但美国大学物理学家对量子假说在学科层面的反应是迟钝的，因此没有将1900年作为章节分期的依据。

第二章主要研究四个问题：第一，1876年至1913年间，美国大学物理学科研究职能确立的过程之中，为学科专业化发展创造了哪些机遇？第二，美国大学物理学科对现代物理学的贡献甚微，其原因是什么？第三，19世纪末流行的学科完成论如何影响美国大学物理学科的发展？针对第二个问题，主要从三个方面研究学科落后的原因，分别为：传统实用文化对物理学科的影响、物理学家所受的物理教育和物质科学家所受的数学教育。针对第三个问题，重点以芝加哥大学莱尔森物理实验室为例，分析物理学家的学科信念对培养新一代物理学家所造成的负面影响。

第三章时间跨度是从1913年至1925年。鉴于科学生产过程是一个复杂的社会系统，所以需要充分考虑到外部环境对学科发展的影响。罗伯特·欧勒(Robert E. Kohler)认为，从事科学研究的人员，不只是在实验室从事科学工作的科学家，而且还包括那些资助、生产、使用科学知识和为科学发展辩护的人员。基金会的管理人员对科学的贡献并不比在实验室做科学实验的科学家少。[①] 正如布鲁诺·兰图(Bruno Latour)所言，我们需要整体的和全面的视角。[②]

基于上述考虑，第三章主要研究四个方面的问题：第一，1913年玻尔提出量子轨道理论时，美国大学物理学家在努力跟上学科发展的新趋势方面，面临哪些困难？第二，一战对物理学科发展起到何种影响？慈善基金会、工业部门对物理学科的影响如何？第三，一战之后，美国大学物理学科面对量子理论的发展，在教学、课程乃至学科信念方面，发生了哪些变化？其培养理论物理学家的能力如何？实验科学如何在量子理论的背景下，获得新的发展动力？第四，旧量子时代背景下，物理学科专业化发展程度如何？

第四章时间跨度是从1926年至1932年，物理学科的发展可分为两

---

① Bruno Latour, *Science in Action*, Harvard University Press, Cambridge, 1987, p. 2.

② Ibid., pp. 157-162.

个历史时期:大萧条之前的1926－1929年和萧条时期的1929－1932年。大萧条来临之前,随着量子力学理论的提出,美国物理学家、化学家和数学家积极参与这次理论创新。所以,前面两节内容分别研究新量子理论背景下,美国大学物理学科为了应对这次大发展,如何从制度、资金、办学思想、课程、教学等各个方面做出相应的调整,以及如何发展学科专业化。第三节研究大萧条时期美国大学物理学科面临的挑战与机遇。

第五章时间跨度是从1933年至1950年,包括四个方面的研究内容。第一个方面:为了克服大萧条对学科发展所造成的负面影响,美国大学在办学思想、制度等方面制定哪些相应的措施?第二个方面:大物理学是如何在美国大学兴起的,它有哪些特点?第三个方面:大物理学的发展对二战的影响如何?第四个方面,科学家们战时从事科学研究的经验,如何上升为高等教育思想,从而影响美国大学的发展?战后美国大学传统的办学思想发生了哪些变化?比如对"大学是什么"的理解,教学和科研相统一的原则和学术自由、学术自治有哪些新的特征?

总的说来,本书研究涉及到大学物理学科史与科学史尤其是物理学史之间的互动研究,即美国大学如何通过物理学科组织的发展,促进知识形态物理学的发展。反之,知识形态物理学发展内在的发展规律,要求大学物理学科组织做出相应的变革,某些情境下,甚至引发大学办学思想、制度和管理模式的变革。因此,在研究路径或方法上,不仅强调"自上而下"的研究,即研究大学校长、董事会成员对大学的定位,如何影响物理学科与相关学科的发展,同时更要强调"自下而上"的研究路径,即从物理学及相关学科发展的规律出发,透视美国大学史的演变。由于知识形态的物理学本身是不断发展的,故而组织形态的物理学科也是不断演变的,因此本研究必然是历史研究。

"从某种真实的意义上说,真正的历史学并不是一味按照年代顺序挖掘整理史实材料的一门学科,而是一门解决问题的学科,它向现实(或一度是现实的)世界提出种种问题,并努力探寻问题的答案。"[①]而问题决定研究的方法。为了回答各章的问题,研究的过程中需要收集大量的史料。本文主要通过通读具有代表性、权威性的文献,为上述四章所提出的问题

① 伯顿·克拉克. 高等教育新论——多学科的研究[M]. 王承绪等译. 杭州:浙江教育出版社,2001. 23.

给予史料的支持,故谓之为“文献法”;“自下而上”的研究路径,则要具体考察某一类科学家的研究经历,因科学研究的经历促使科学家形成教育思想,并有机会实践。这些思想大多是个人化的,最初也只是在某一所大学进行实践,所以需要通过具体的案例加以解释说明,故谓之为“案例法”;学科发展依赖于物理学家的研究和教学活动,而个体是学科发展信念的载体,要了解学科信念、课程设置和制度的影响,惟有通过研究他们在大学学习、工作的经历,才能洞悉学科发展的优缺点。因此,通过阅读科学家的传记有助于解决这一问题,故谓之为“传记法”。作者认为,假如只研究制度、理念或思想等层面,很容易掩盖从事学科研究的教师颇为生动、个性化的一面。而且,脱离了教师个体的研究,很难弄清大学的功能是如何发挥的,其丰富性也随之被掩盖。

第 2 章　旧量子论诞生之前美国大学物理学科的发展(1876—1913 年)

19 世纪末至 20 世纪初是现代物理学发展的重要历史时期。新的实验现象和革命性理论的出现,对经典物理学提出了严峻的挑战,最终促成物理学的范式革命。在实验方面,1895 年德国物理学家伦琴(Wilhelm Conrad Röntgen)发现 X 射线,揭开了 20 世纪现代物理学发展的序幕。之后,物理学家开始了微观物质世界的探索。1896 年,法国物理学家亨利·贝克勒尔(Henri Becquerel)发现了自然放射现象。1897 年英国物理学家 J·J· 汤姆生(J. J. Thomson)发现了电子。[1] 1898 年,法国物理学家皮埃尔(Pierre)和玛里·居里(Marie Curie)监测到两种能辐射的新元素钚和镭。在理论方面,1900 年,德国理论物理学家普朗克(Max Planck)在《德国物理学会通报》上发表的论文《论维恩光谱方程的完善》以及在德国物理学年会上作所做的《论正常光谱中的能量分布》报告,标志着量子论的诞生。[2] 阿尔伯特·爱因斯坦(Albert Einstein)则分别于 1905 年、1915 年发表狭义、广义相对论。

因为上述种种开创性的实验和理论,19 世纪后期被认为是“死学科”的物理学重新焕发了生机。诸如 X 射线的特性是什么?如何解释放射现象?如何描绘带有电子的原子结构?显然,这些新问题破坏了经典物理学原有的和谐,同时对于年轻一代的物理学而言,迎来了新的发展机遇。

然而,通过现代物理学史,我们看到,现代物理学众多的杰出成就基本上是由欧洲物理学家完成的,与美国物理学家无关。于是,我们要追问:为什么 19 世纪美国大学未能形成伟大的科学传统?以至于 20 世纪初在新物理学领域全面落后于欧洲同行?或者说,他们为何未能开创物

---

① 约瑟夫·约翰·汤姆生(Joseph John Thomson)的兄弟威廉·汤姆生(William Thomson)也是英国物理学家,1848 年创立绝对温标,1892 年封为开尔文勋爵.

② http://hi. baidu. com/kuangchao/blog/item/d8c8a518e33b430434fa4164. html,2007-11-07.

理学科的新信念,而只能作为科学知识和学科信念的输入国?1876年至1895年,美国研究型大学发展了近二十年,但大学物理学科的发展,仍旧无法与欧洲媲美,其中原因何在?为了厘清上述问题,本章将系统研究原子时代前后美国大学物理学科的发展状况。其中包括两个基本问题:其一,美国大学物理学科专业化发展如何?其次,在原子时代来临之际,美国物理学科自身存在哪些优势和劣势?

2.1　美国大学物理学科专业化发展:初始阶段

殖民地时期至19世纪60年代,美国很少有个人从事物理学研究。19世纪早期,美国高等教育界培养的主要是牧师,所以处于支配地位的分别是神学、古典文学和道德哲学等学科。许多未来的科学家最先从事医学方面的学习。美国内战之后十年间,美国的科学人员,包括业余爱好者,总共约2 000人。其中,大约500人是严谨的研究者。[①] 他们集中在新英格兰、大西洋沿岸中部诸州,并且主要在高等学院或者政府部门工作。时至19世纪60年代,私立院校才正式将植物学、化学、天文学、地质学和物理学引入课程中来。其中,物理学课程除了牛顿经典力学之外,还包括光学、热学、电学和磁学。总体而言,19世纪下半叶,美国在地球和生物科学方面,也就是在地质学、地形学、古生物学、植物学和生物学等学科,取得令欧洲人尊敬的成就。而在物理学、化学和天文学领域,南北战争以来美国科学家发表的文章,就其数量而言,仅相当于法国科学院和英国皇家学院成员成果的三分之一。[②] 而且,很大一批美国物理学家把研究集中在地球物理学、气象学和地磁学,热学、光学、电学和磁学则主要由欧洲人完成。除了富兰克林(Benjamin Franklin)和亨利(Joseph Henry)之外,该领域很少有美国物理学家能与欧洲同行媲美。

---

① Daniel J. Kevles, *The Physicists: The History of a Scientific Community in Modern America*, Vintage Books, New York, 1978, p. 3.

② Alexandra Oleson and Sanborn C. Brown(ed.), *The Pursuit of Knowledge in the Early American Republic: American Learned and Scientific Societies from Colonial Times to the Civil War*, Baltimore, 1976, pp. 38—39, p. 52, p. 57.

2.1.1 19世纪末大学校长办学思想对物理学科专业化发展的影响

在19世纪70年代,能配得上"物理学家"称谓的美国人总共不超过75人。整个物理学家群体,发表文章的数量也少得可怜。每一位物理学家每3年仅发表1篇文章,而有影响力的论文则更加稀缺[①]。在这一时期,美国大学基本上属于"教学型"大学。整个美国高等教育系统不是一个从事研究的地方,而是传授普通知识的场所。从殖民地时期到1870年间,有为数不多的学者从事物理学研究,实际上他们均处于孤立状态,更脱离欧洲物理学的学术共同体,且他们通常是业余性质的,更缺乏制度上的保障。此时,在德国颇为盛行的研究职能才刚刚被引进美国大学。美国学者吉尔曼认为,1869年至1902年,美国高等教育系统被称为"大学化时期"。[②]

2.1.1.1 美国大学物理、化学等物质科学学科研究职能的确立

早在霍普金斯大学创办之前,哈佛大学、耶鲁大学已经创办了研究生院。耶鲁大学于1861年授予赖特(A. W. Wright)第一个美国天文学哲学博士学位。哈佛大学前校长查尔斯·艾略特(Charles William Eliot)于1872年建立了文理研究生院,1873年颁发了第一个哲学博士学位,次年颁发了第一个硕士学位。在1875—1876学年的课程介绍中,哈佛大学首次列出了主要为研究生开设的课程。[③] 但即使如此,19世纪中期,任何一个美国年轻人都知道,要想获得最好的教育,尤其是科学领域,他们必须去欧洲学习。可以说,对于美国未来的物理学家而言,前往欧洲留学是从事物理学研究不可缺少的。

德国大学无疑是最富有吸引力的。从1850年至1900年间,大约有一万名美国学生去德国大学留学。对于年轻物理学家而言,德国众多大师级的物理学家以及设备精良的实验室都深深地吸引着他们。而且,在哈佛大学、霍普金斯大学两年的花费,足够在德国三年的开销。在就业方

---

① Simon Newcomb, Exact Science in America, *North American Review*, 1974(119), p. 290.

② Paul Westmerer, *A History of American Higher Education*, Charles C. Tomas, Publisher, 1985, p. 14.

③ 王英杰. 大学校长与大学的改革和发展——哈佛大学的经验[J]. 比较教育研究,1993,(5).

面,从德国或欧洲其他地方留学归来的学生,可以在美国大学或工业部门找到更好的职位。① 所以,19世纪下半叶,有不少美国留学生在欧洲获得了物理学哲学博士学位。直到1900年之后,由于美国本土建立了15所研究生院,留学欧洲的人数才显著下降。但在当时,博士学位并不是成为大学物理教师的先决条件,比如罗兰(Henry A. Rowland)、迈克尔逊(A. A. Michelson)都没有获得正式的博士学位。

对于美国大学物质科学学科而言,新的发展机遇始于艾略特在哈佛大学推行选修制(Elective System)。1869年,时任哈佛大学校长的艾略特在就职演说之中提出结束强制性的古典课程。他说:"关于语言、哲学、数学或科学能否提供最好的训练,普通教育应该重视文学还是科学这类无休止的争论,在今天对我们没有实际教益。本大学认识到文学与科学之间并不形成真正的对抗,并且赞成不应该在数学或经典文学、科学或哲学之间做目光短浅的取舍。这些我们全都要,而且都要最好。"②艾略特通过推行选修制,将科学学科引入大学,并促使哈佛大学迅速走上了所有学科、课程一律平等以及学生自由选课的道路,由此带动其他学校的课程改革。19世纪末,美国各类高等学校在不同程度上实行了选课制。新的科学信念从声望较高的院校逐渐向声望较低的院校传播。即使是最虔诚的宗教院校,改革者也无需担心触犯传统的权威人士。

在艾略特领导下,哈佛大学最重要的职能还是教学。美国大学学术物理学家,与其他物质科学家,在拓宽知识疆土方面,面临着管理制度上的障碍。艾略特在就职典礼上说道,"这一代美国大学教授主要的职责是日常教学。"③与上一代的大学校长相比,艾略特这一代校长更尊敬学术,但他们办大学的主要目的在于培养学生心智(the mind),而不是科学发现,也不是专业成就。④ 大学的主要目的在于通过传播科学及其思考方式,发展个人的品行,而不是强调知识发展。

---

① Samuel Sheldon, Why Our Science Students Go to Germany, *Atlantic Mon*. 1889(63), pp. 463—466.

② 陈学飞. 美国、德国、法国、日本当代高等教育思想研究[M]. 上海:上海教育出版社, 1998. 60.

③ Henry James, *Charles W. Eliot: President of Harvard University, 1869 — 1909*, London, 1930, p. 18.

④ Daniel J. Kevles, *The Physicists: The History of a Scientific Community in Modern America*, Vintage Books, New York, 1978, p. 34.

1876年霍普金斯大学的建立,拉开了美国研究型大学发展的序幕。校长吉尔曼在他的就职演说中宣称,该校的办学指导思想是,"学术研究将是这所大学教师和学生的前进指南和激励器……知识的获取、保存、提炼和整理将是这所大学的主要目标。大学作为一所致力于基础研究和应用研究的机构,履行对社会的重要责任,其结果将减少贫穷中的痛苦、学校中的无知、教堂中的狭隘、医院中的苦难、商业中的诈骗、政治中的愚蠢。"①霍普金斯大学的建立对美国大学物理学家和化学家的科研条件及薪水等待遇的改变产生了重大的影响。比如刚刚在国际物理学舞台上崭露头角的年轻物理学家罗兰,因为霍普金斯大学的成立而获得职业机遇,并得到校长鼎立支持,改善了自己的研究条件。与此同时,它间接地影响到19世纪末美国最伟大的理论物理学家吉布斯的处境。吉布斯出生于1839年,他花了五年时间于1863年在耶鲁大学获得应用科学和工程学博士学位。1863—1866年间他在耶鲁大学担任教师。前两年教拉丁文,第三年教自然哲学。1866年他发明了液压涡轮机并改善了火车刹车系统。1866年即27岁之时吉布斯出国留学,于1969年回国。经过两年的独立学习与研究,1871年他被任命为耶鲁大学的无薪数学物理教授。此后的十年间,他已经做出被大物理学家麦克斯韦认可的重要成就。可一直到1879年5月,吉布斯收到霍普金斯大学校长吉尔曼的邀请之后,耶鲁大学才认识到他的价值,并极力挽留他。②

年轻的化学家艾拉·雷姆森(Ira Remsen)则要幸运得多,③他有幸担任霍普金斯大学化学系的教授。雷姆森于1867年在德国哥廷根大学从事研究,1870年获得哲学博士学位。1872年雷姆森在威廉学院(Williams College)当教授。但是在那里,他没有实验室。当雷姆森要求拥有自己的实验室时,校长的回答是:"请你记住,这儿是一所学院,而不是技术学校。来这儿的学生不是为了被训练成化学家、地质学家或者是物理学家。来这里学习的学生是为了掌握所有科学的基本真理。我们的目的是文化

① Christopher J. Lucas, *American Higher Education: A History*, ST. Martin's Press, New York, 1994, p. 173. 转引自:沈红. 美国研究型大学形成与发展[M]. 武汉:华中科技大学出版社,1999. 32—3.

② Lynde Phelps Wheeler, *Josiah Willard Gibbs: The History of a Great Mind*, New Haven and London: Yale University Press, 1962, pp. 46—106.

③ 艾拉·雷姆森发现了增甜的媒介:糖精.

的,而不是实用的知识。”[①]雷姆森还回忆起一次在学院图书馆举行教工会议的情形。当时,他的一篇文章发表在《美国科学杂志》(American Journal of Science)上,他的一位同事拿起那本杂志,大声朗读文章的标题——连标题也没有读对,结果引起了颇为友善的笑声。雷姆森感到,在同事的眼中,他就像一个荒唐的人物。其实,这样的故事经常发生在物理、化学等领域的物质科学家身上,是具有代表性的。这表明了研究和知识拓展在美国高等教育系统中很明显地不被重视。由此可见,研究职能在美国科学学科扎根,尚需时日。

在美国院校之中,霍普金斯大学是独一无二的,因为最初它只提供研究生层面的教学,并带有强烈的研究性质。其教职人员,均有留德背景。他们根据主题不同,采用两种方式教学。对于一般性的讨论,采用大型的讲座方式。而对于专题,则采用习明纳的方式。历史学家弗雷德里克·鲁道夫(Frederick Rudolph)认为,“在霍普金斯大学,不再强调教授教学角色的理念被引进了美国高等教育,不久成为美国大学理念必要的内容。”[②]事实上,教学是霍普金斯大学颇为重要的教育活动,但它仍旧成为美国研究型大学的象征。其重要的原因在于从事研究的教职人员的声望以及从制度层面确立研究生教育。另一个重要原因是霍普金斯大学物理学科的代表人物罗兰教授是大学研究理念最热情的拥护人,而且在电学、磁学和测量光波三个领域,他均取得了国际声望。[③]

霍普金斯大学的成功和榜样作用以及以哈佛大学为首的选修制的推行有效地促进了哈佛大学、耶鲁大学、哥伦比亚大学、威斯康星大学等著名的传统学院和州立大学改造成为现代大学的进程。艾略特曾对此作出过高度评价,“哈佛大学的研究生院在1870—1871年间建立时是薄弱的,霍普金斯大学的榜样作用促使我们的教授们把力量投入到扩展研究生的教学上来,哈佛大学的研究生院才得以繁荣。这种作用对哈佛大学如此,

---

① I. Bernard Cohen, Some Reflection on the State of Science in America During the Nineteenth Century, *Proceedings of the National Academy of Sciences of the United States of America*, 1959(45), p. 671.

② Frederick Rudolph, *The American College and University: A history*, New York, 1962, pp. 403—404.

③ Charles C. Bishop, Teaching at Johns Hopkins: The First Generation, *History of Education Quarterly*, 1987(27), pp. 499—515.

对美国其他每一所期望创建高级文理学院的大学也是如此”。[①]

继霍普金斯大学之后,美国高等教育系统出现新一轮办大学的热潮。新一代大学校长,除了哈佛大学的艾略特和霍普金斯大学的吉尔曼,还有芝加哥大学校长哈铂(William Rainey Harper),他们共同为新建立的康奈尔大学、加州大学制定了一系列较为激进的发展政策,对美国其他大学,如明尼苏达大学、密歇根大学、耶鲁大学和哥伦比亚大学的物质科学学科教育产生了重要影响。虽然普林斯顿大学的詹姆斯·麦克摩斯(James McMosh)和艾略特对于古典课程、语言和社会学科,在大学所处的地位有不同的认识,对于选修制深入大学制度至何种程度也颇有分歧,但是,他们这一代校长与前一代截然不同的是,他们崇尚科学教育,认为高等教育有助于改善公众教育,并致力于使大学课程满足公众的需要。耶鲁大学校长波特(Noah Porter)[②]和麦克摩斯认为,科学和基督真理是和谐统一的;密歇根大学的詹姆斯·安戈儿(James B. Angell)主张科学有助于发展大学教师的观察力、想象力和理性;明尼苏达大学的校长威廉·沃茨·弗维尔(William Watts Folwell)认为,科学的方法应该成为日常生活的行动指南;哥伦比亚大学校长弗雷德里克·巴纳德(Frederick A. P. Barnard)提倡阅读经典科学著作。[③] 新一代大学领导人大多致力于改善传统大学科学学科的从属角色,给予它与其他学科相同的地位。有的甚至让科学成为大学发展的中心课程。

虽然科学在大学内传播开来,但总体上讲,科学研究是不受重视的。除了霍普金斯大学校长吉尔曼,其他主要大学的校长运用手中的权力,强调教学优于研究。所以,艾略特夸张地说,在大学从事物理学或其他任何学科的研究工作,需要近乎疯狂的热情。[④] 事实上,那些从来都不从事科学研究的教师经常获得更好的提升机会。要知道,美国大学校长在大学

---

① John S. Brubacher and Wills Rudy, *Higher Education in Transition: a History of American Colleges and New Brunswick and London*, Transaction Publishers, 1997, p. 182.

② 波特校长并不认同吉布斯的重要性,正是他担任校长之时,吉布斯被聘为耶鲁大学(当时还是学院)的无薪教授.

③ Laurence R. Veysey, *The Emergence of the American University*, University of Chicago Press, 1965, p. 375.

④ Samuel Eliot Morison, *Three Centuries of Harvard, 1636—1936*, Cambridge, Mass., 1936, p. 378.

内部,几乎处于君王的地位,因为他有权决定教师的薪水、任命、晋升以及学校的办学政策。校长管理大学的一切事物,结果造成大学强调教学而不是研究,还使得知识的进步不被视为大学的基本职责。于是,那些不用从事科研的教职人员的晋升机会更大。所以说,19 世纪大学真正的角色在于传播科学文化。虽然霍普金斯大学开创了美国大学的新纪元,但是,美国很多院校还处于观望阶段,有的甚至继续抵制研究。1883 年,罗兰在美国科学促进会(the American Association for the Advancement of Science, AAAS)的一个会议上大声疾呼,"我敢在此断言,如果一个人真正喜欢,他就可以找出时间进行科学研究。但在这儿,庸碌无为的社会环境压迫着我们,使我们不能如愿以偿。我们的大学和学院少有对第一流人才的应有尊敬。我甚至听到过一所著名学院的管理者如此宣称,'教授不得进行研究,因为那是浪费时间。'"①

2.1.1.2　物理学家待遇、研究条件的改善

通常,人们认为从事纯研究的科学家薪水较低。但 19 世纪 80 年代以来,情况发生了巨大的变化。为耶鲁大学"免费"服务十年的物理学家吉布斯,于 1880 年获得了 2 500 美元的年薪。随着新一代大学校长逐渐占据大学的舞台,其他科学家的待遇也明显得到改善,基本能过上舒适的生活。平均而言,学术科学家的年薪为 1 400 美元,高于办公室职员 40%,高于牧师 75%,几乎是普通工人的三倍。在哈佛大学、耶鲁大学和霍普金斯大学,一些教授达到 4 000 美元的年薪。像物理学家罗兰的年薪达到 3 500 美元,数学家塞尔维特则达到 6 000 美元。②

美国少数几所研究型大学的建立,为这些大学物理学科专业化的发展提供了良好的机遇。之前,物理学家还得费劲地解释从事研究的重要性,甚至受到校长、同事的嘲弄而无处申辩。后来,研究逐步合法化,并且获得大学的资助。除了吉尔曼主持的霍普金斯大学之外,其他主要大学的校长,大多将大学的主要资金用于教学而不是研究。就研究条件而言,罗兰作为霍普金斯大学的物理学家,接受学校拨发的研究经费,到欧洲购买先进的实验设备,因此他的实验室较适合研究。但只是一个特例而已,

---

① 王大明. 亨利·奥古斯特·罗兰——美国物理学的继往开来者[J]. 自然辩证法通讯, 2006,(4).

② Charles C. Bishop, Teaching at Johns Hopkins: The First Generation, *History of Education Quarterly*, 1987(27), pp. 514—515.

其他大学物理学实验室则更适合于本科教学。总体而言,19世纪末美国学术物理学家经常得自己掏腰包购买科研设备,有时他们为了实验设备,不得不要小聪明,如将用于购买教学仪器的资金用于购买研究设备,以解科研经费匮乏之急。尽管他们自愿掏腰包,但他们也无法因此得到校长的同情而减少他们教学的时间。1876—1900年间,与地质学相比较,物理学家很难得到资金,迈克尔逊在1907年获得诺贝尔奖的实验还是用岳父的钱做出来的。①

尽管如此,大学物理学科的研究条件随着研究职能的确立还是得到了一定程度的改善。哈佛大学于1884年成立了杰斐逊物理实验室(Jefferson Physical Laboratory);芝加哥大学于1894年成立了赖尔森物理实验室(Ryerson Physical Laboratory)。1892年,哥伦比亚大学建立了一支从事纯科学研究的师资队伍。1896年,哥伦比亚大学物理实验室也从原来的6个房间,扩大到四层的物理楼。② 美国院校之所以开始兴建物理实验室,除了大学增加研究职能,需要更多的实验室之外,另一原因是教学法的改变。19世纪下半叶,实验教学法(Laboratory Training)已经成为欧洲大学培养学生的传统。在美国,麻省理工学院的物理学家皮克林(E. C. Pickering)最先把实验教学作为培养学生的重要组成部分。哈佛大学也在19世纪70年代早期,由约翰·特罗布里奇(John Trowbridge)引入了实验教学法。③

即便把美国大学物理学科的实验条件放在世界范围内比较,美国也算得上国际领先。表1显示,19世纪90年代,德国建立了22所新的物理学实验室,而美国创建了13所物理学实验室。尽管德国实验室的数目最多,但美国、英国对实验室的投资更多。④

---

① Daniel J. Kevles, *The Physicists: The History of a Scientific Community in Modern America*, Vintage Books, New York, 1978, p. 35.

② Frederick P. Keppel, *A History of Columbia University 1754—1904*, Columbia University Press, New York, 1904.

③ A. G. Webster, The Physical Laboratory and its Contribution to Civilization, *Pop. Sci. Mon.* 1914(84), pp. 105—117.

④ 德国物理学家每年的人均经费为10 300马克,相对应的,美国物理学家为1 400马克,英国物理学家为15 500马克.

表 1　新成立的物理研究所和教职人员

	新成立物理研究所的数量	1900 年的教职人员	1910 年的教职人员
奥匈帝国	18	48	59
比利时	4	9	10
英国	25	87	106
法国	7	10	13
德国	19	54	58
意大利	30	103	139
日本	16	43	51
荷兰	2	6	17
俄罗斯	4	10	13
斯堪的纳维亚半岛国家①	7	18	26
瑞士	8	17	23
美国	21	100	169

资料来源：Helge Kragh, *Quantum Generations: A History of Physics In the Twentieth Century*, Princeton, New Jersey, 1999, p. 16.

2.1.2　19 世纪末美国物理学会、期刊及国际声望等发展状况

2.1.2.1　创办物理学会

19 世纪末，美国新兴研究型大学的创立，充满着看似繁荣而实质残酷的竞争。芝加哥大学的建立，就是以牺牲克拉克大学为代价的。② 其中，对克拉克大学物理学科的打击尤其沉重，因为他们损失了当时杰出的实验物理学家迈克尔逊。面对几乎被挖空的物理系，阿瑟·韦伯斯特(Arthur Gordon Webster)教授对此深感羞耻，严重的孤立感使得他无法从同事那儿获得灵感。③ 同样，国家科学院(National Academy of Science)的聚会也缺乏学术氛围，很多年轻人无法参加，频率也不够。这些原因促使阿瑟·韦伯斯特提出创建美国物理学会的设想。

---

① 瑞典、挪威、丹麦、冰岛的泛称.

② 克拉克大学于 1889 年创办；芝加哥大学于 1892 年创办.

③ Arthur Webster, Presidential Address to the American Physical Society, *Phys. Rev.*, 1904(18), p. 306. 阿瑟·韦伯斯特在哈佛大学读研究生，之后在德国物理学家亥姆霍兹指导下获得物理学哲学博士学位，1923 年他因对量子理论的发展深感绝望而自杀.

从整个美国物理学术共同体来看,物理学的发展虽在大学内得到制度上的保障,但这种保障并未将物理学家的集体智力凝聚起来。有鉴于此,阿瑟·韦伯斯特决定创建一个更为广泛的论坛,使像他这样的科学家均有机会参加,聆听该领域最重要的科学家的讲座。阿瑟·韦伯斯特孤立的感受充分体现在他致物理学会的公开信中:

> 尊敬的先生:
>
> 美国数学学会(American Mathematical Society)已经成立十多年了,它成功地将美国数学家组织在一起,从而影响了整个国家数学的发展进程。许多其他专业学会(Professional societies)也有类似的宗旨。对于物理学家而言,现在也是时候把大家组织起来,成立一个国家性质的学会,好比英国的物理学会、德国的物理学会(Deutsche Physikalische Gesellschaft)。我们建议学会在纽约召开,一年至少四次或者更多,以便大家一起阅读论文并讨论之……[①]

1899年5月20日,美国物理学会在纽约召开了第一届会议,参会的成员有38人,其中36人来自美国高等院校。[②] 罗兰、迈克尔逊、阿瑟·韦伯斯特、爱德华·尼克斯(Edward L. Nichols)、来自政府的代表人物阿比(Cleveland Abbe)以及其他33位成员在哥伦比亚大学聚会,庆祝美国物理学会的创办,而一向不合群的,个性习惯于同各个组织保持距离的理论物理学家吉布斯谢绝参与。罗兰、迈克尔逊分别被选为主席和副主席,梅瑞特(Ernest Merritt)担任秘书长,哥伦比亚大学的威廉·霍克(William Hallock)负责出纳。学会成立两年之后,出版了备忘录,其中包括在大会上宣读的论文。[③]

从物理学家所写的章程来看,美国物理学会在会员资格方面,其实是

---

① Katherine Russell Sopka, *Quantum Physics in America: the Years Through 1935*, Tomash Publisher, 1988, p. 331.

② E. Merritt, Early Days of the Physical Society, *Rev. Sci. Instrument*, 1934(5), pp. 143—148.

③ E. Merritt, Early Days of the Physical Society, *Rev. Sci. Instrument*, 1934(5), pp. 143—148; Frederick Bedell, What Led to the Founding of the American Physical Society, *Phys. Rev.*, 1949(75), pp. 1601—1604.

向所有对物理学感兴趣的个人开放，目的在于减少因为地域差异所造成的障碍，这符合阿瑟·韦伯斯特创立学会的初衷。颇有象征意义的是，学会推选一直以来倡导纯研究的物理学家罗兰作为学会的第一届主席。在19世纪末，罗兰被认为是美国物理学界"教父式"的人物，他对即将到来的原子时代充满疑虑，但因致命的糖尿病而未能很好地参与。之后几个月，罗兰发表了作为物理学会主席的演讲，他热情地祝贺新学会的成立，并希望它能影响美国大学物理学科整体信念或文化。他说，"我们国家大部分智力浪费在所谓的实用主义科学领域……但是，物理学会的出现，让我们看到了希望，这样的状况将会得到改善。"①

2.1.2.2 《物理评论》创刊

研究型大学的创建同样促进了专业期刊的发展。以霍普金斯大学为首的研究型大学的兴起客观上促进了更多的物理学家发表研究成果，相应地，美国需要拓宽研究成果出版的渠道。然而，一直到19世纪90年代中期，美国仍旧缺乏物理学的专业杂志，希望发表研究成果的美国物理学家只能把文章投递到一般科学特性的杂志上，比如1818年创办的《美国科学杂志》、1826年创办的《富兰克林研究所杂志》(Journal of the Franklin Institute)、1848年创刊的《美国艺术和科学科学院学报》(Proceedings of the American Academy of Arts and Sciences)、1874年创刊的《康涅狄格艺术和科学学院学报》(Transactions of the Connecticut Academy of Arts and Sciences)。②

对于美国物理学家来说，19世纪90年代物理学科专业化发展具有里程碑意义的事件是《物理评论》(Physical Review)杂志的创刊。1893年，在大学董事会的资助下，康奈尔大学的爱德华·尼克斯创办了该杂志，其宗旨是为年轻一代的物理学家创造一个相互交流的平台。20世纪来临之际，加入这项职业的年轻人较少，其人数与19世纪80年代相比，并没有太大的变化。因此杂志发行之初，康奈尔大学物理学家占据了四分之一的版面。文章的风格没有什么重大的变化，基本还是处于事实收集的阶段。更何况，许多发表在《物理评论》上的文章，之前已经被收录在美国

---

① Rowland, The Highest Aim of the Physicists, *Science*, 1899(10), p. 826.

② 张斌贤. 学术职业化与美国高等教育的发展[J]. 北京大学教育评论, 2004, (2); 张斌贤. 教育是历史的存在[M]. 合肥: 安徽教育出版社, 2007. 170.

物理学会的会议集中。1897年J·J·汤姆生发现新的物质“电子”时，美国物理学家只能哀叹道，“一流的工作我们做得太少了。”①此外，1895年，天文学家乔治·海尔(George E. Hale)和主编詹姆斯·科勒(James E. Keeler)创办了《天体物理学杂志》，聘请了不少物理学家担任助理或副编辑，其中就有埃姆斯(J. S. Ames)、迈克尔逊和罗兰。

就质量而言，大部分在《物理评论》上发表的文章无法与《物理学年鉴》(Annalen der Physik)或《哲学杂志》(Philosophical Magazine)上的文章媲美。尽管杰出的物理学家有罗伯特·伍德(Robert Wood)、迈克尔逊、密立根(Robert Millikan)和吉尔伯特·刘易斯(Gilbert Lewis)，但总体上美国大学物理学科的水平仍旧是地方性的，强烈依赖于欧洲大陆指引学科的发展方向。1905年，德国理论物理学家玻尔兹曼(Ludwig Boltzmann)访问加州大学伯克利分校，给他留下深刻印象的是美国的自然风光和身材健硕的美国女性，至于美国大学理论物理学的水平，很难留给大物理学家一个好印象。②

表2说明，与欧洲国家的物理学专业杂志相比，美国《物理评论》杂志发表文章的数量、质量均无法与之媲美。一方面，这说明美国物理学家处于二流的水平，另一方面，他们与德国物理学家相比，还需要克服语言的障碍。但有利的一个方面是，英国的《哲学杂志》可以与德国《物理学年鉴》相媲美，减少了美国物理学家的语言障碍。

表2　1900年世界上主要的物理学杂志

国家	核心物理杂志	1900年刊登的文章数量	百分比(%)	平均每位学术物理学家发表的文章篇数
英国	《哲学杂志》	420	19	2.2
法国	《物理杂志》	360	18	2.5
德国	《物理学年鉴》	580	29	3.2
意大利	《新挑战》③	120	6	1.4

① Katherine Russell Sopka, *Quantum Physics in America: the Years Through 1935*, Tomash Publisher, 1988, p. 76.

② Helge Kragh, *Quantum Generations: A History of Physics in the Twentieth Century*, Princeton, New Jersey, 1999, p. 16.

③ 意大利物理学会创办的杂志为《新挑战》(Nuovo Cimento).

(续表)

国家	核心物理杂志	1900 年刊登的文章数量	百分比(%)	平均每位学术物理学家发表的文章篇数
美国	《物理评论》	240	12	1.1
其他国家		280	14	

资料来源：Helge Kragh, *Quantum Generations: A History of Physics in the Twentieth Century*, Princeton, New Jersey, 1999, p. 20.

2.1.2.3　博士培养能力和国际声望

在博士学位授予方面,耶鲁大学于 1861 年授予了第一个物理学哲学博士学位。时至 1900 年,美国各个院校授予了大约七十五个物理学哲学博士学位。其中,霍普金斯大学、耶鲁大学、康奈尔大学、哈佛大学、普林斯顿大学和芝加哥大学,分别授予了 35、16、11、6、3 和 2 个哲学博士学位;此外,布朗大学、斯坦福大学等大学仅授予了一个博士学位。①

在国际声望方面,19 世纪 90 年代,美国物理学家吉布斯、迈克尔逊和罗兰 3 人的工作已经获得欧洲同行的认可。此外,美国大学物理学家在国际舞台上亦获得一定的声望。在 19 世纪最后十年,大约有三十位美国物理学家在国外发表学术论文,其中不少发表在颇具声望的德国杂志上,例如《物理和化学年报》(Annalen der Physik und Chemie)、《哲学杂志》。当然,这些研究成果基本上是实验研究。从 1876 年美国开始建立第一所研究型大学到 1900 年间的短短二十多年,美国大学物理学家的研究成果便逐渐在国际物理学共同体之中得到认可,这应该说是不小的成就。然而,站在美国物理学塔尖的只有吉布斯、迈克尔逊和罗兰等少数物理学家,他们成为国外科学学会的荣誉成员。总而言之,截至 1900 年为止,美国大学物理学家已经开始在国际舞台上崭露头角,并以学术为纽带,与世界上最好的物理学家保持良好的个人关系。但是,像耶鲁大学的吉布斯,身为美国最具名望的理论物理学家,不仅他个人,而且耶鲁大学也未能意识到围绕杰出理论物理学家组建团队的必要性。所以,在国际舞台上占据一席之地的大多是实验物理学家。

① Katherine Russell Sopka, *Quantum Physics in America: the Years Through 1935*, Tomash Publisher, 1988, p. 9.

2.1.3　20世纪初物理学科专业化的发展

尽管美国物理学科自身存在种种缺陷,但在20世纪初,由于原子时代的来临,物理学科的发展获得新的发展动力。物理学会、定期刊物、实验楼、博士的培养均得到发展,而且美国大学物理学家积极参加国际物理学共同体。1900年至1914年间,美国大学物理学家大多是学术性质的。工业和联邦政府的大型实验室大多处于婴儿期,有的则未诞生。研究生毕业之后大多是从事教学活动。普遍的情况是,大学毕业之后,他将最好的年华用于教学。若干年后,他攒上一笔能够支付攻读博士学位所需花费的钱,开始新的求学生涯。作为博士候选人,他整天阅读外国文献,本土的文献非常稀缺。而且大多数物理实验是为了验证欧洲原创的理论,或者对欧洲做过的实验进行改良。理论物理学家在美国尤其稀缺。1898—1907年间,物理学家卢瑟福(Ernest Rutherford)在加拿大蒙特利尔从事物理学研究。他认为,美国的物理学处于世界的边缘,因此,他为自己能回到英国从事研究工作而感到兴奋。①

物理学会成员方面。1899年,美国物理学会的成员不到一百名,十年之后即1909年,成员发展到495人。这些成员在20世纪初至一战之前,继续加强实验科学活动。与此同时,他们也很快留意到欧洲大陆出现的新物理学:相对论和量子理论。1914年,美国物理学会成员超过了七百名。而随后的十年,增长率更高。②

期刊方面。1902年,美国物理学会停办了由它主办的快报(Bulletin),并从1903年开始,《物理评论》杂志被学会认定为合作伙伴,开始刊登学会会议的所有官方通告。相应的,学会为《物理评论》的发行承担责任。此外,1895年,哥伦比亚大学的心理学教授詹姆斯·麦肯·卡特尔(James McKeen Cattell)等人购买了贝尔停刊的科学杂志。1900年,改刊为《当前科学月刊》(Popular Science Monthly),卡特尔担任主编。③

---

① Karl K. Darrow, Growth of the Physical Sciences and Their Applications in the United States, *Proceedings of American Philosophical Society*, 1947(91), pp. 17—21.

② Helge Kragh, *Quantum Generations: A History of Physics In the Twentieth Century*, Princeton, New Jersey, 1999, p. 16.

③ Daniel J. Kevles, *The Physicists: The History of a Scientific Community in Modern America*, Vintage Books, New York, 1978, p. 72.

在实验设备方面,美国大学进一步改善物理学科发展所需的实验教学和教职人员的研究条件。1906 年康奈尔大学、1909 年普林斯顿大学、1909 年伊利诺伊大学以及 1913 年耶鲁大学均建立了新的实验室。[①] 此外,其他研究结构也开始资助物理学专业的研究,比如 1901 年在华盛顿特区成立的国家标准局(National Bureau of Standards),以及 1902 年筹建的华盛顿卡内基学院(Carnegie Institution)。这些新成立的研究机构,拓宽了年轻物理学家的就业范围。1913 年前后,七百名左右的物理学会会员,70%留在学术院校,10%在私人和政府机构工作,6%从事工业研究。[②]

在物理教育方面,美国大学培养研究生层次的数量显著增强。1904 年,在德国布莱梅担任领事的亨利・迪拉瑞许(Henry W. Diederich)夸张的说,"美国已经不需要来德国或其他国家留学了。根据我的判断,当今的美国大学为大学生、教师和研究生学习所能提供的条件,无论在数量还是质量上,都可以与欧洲媲美。"[③]1900 年,整个美国科学界去欧洲留学的人数骤减。一方面是美国大学自身培养物理学哲学博士的能力得到了增强;另一方面,主要物理学家都认为,物理学的未来只是在实验上进一步将数据精确化而已。[④] 在培养物理学哲学博士方面,20 世纪前 20 年,美国大约有 20 所院校授予了 400 个物理学哲学博士学位,是过去 40 年所培养博士的 5 倍,而有能力培养物理学哲学博士的院校是过去的两倍。芝加哥大学、康奈尔大学和霍普金斯大学所占份额较大,培养的物理学哲学博士分别超过了五十名;哥伦比亚大学、哈佛大学和耶鲁大学各自至少培养了二十五名;加州大学、伊利诺伊大学、普林斯顿大学和威斯康星大学各自培养了 12 名。[⑤]

主要原因在于,1876 年至 1900 年间,美国研究型大学的创立和发展,为美国本土培养的以及留学欧洲归来的物理学哲学博士,提供了教学与

---

① G. E. Hale, *Introducation to the New World of Science: Its Development During the War*, Edtied by Robert M. Yerkes, Century New York, 1920, p. 51.

② List of Members of the Amercian Physical Society, *Phys. Rev.*, 1913(2), pp. 507—532. 剩余的 14%属于未知领域.

③ Henry W. Diederich, American and German Universities, *Science*, 1904(20), p. 157.

④ 回顾物理学史,我们知道,恰恰在这一时期,欧洲诞生了新的物理学。但即使是普朗克在 1900 年提出量子理论,他本人也不确信量子理论将要取代经典牛顿力学体系.

⑤ Katherine Russell Sopka, *Quantum Physics in America: the Years Through* 1935, Tomash Publisher, 1988, p. 15.

研究的职位,提升了各院校研究生教学的水平。值得注意的是,20世纪之前,美国所有能够授予物理学哲学博士学位的院校都是私立的,且大部分属于美国东部地区。但20世纪伊始,美国州立大学,比如加州大学、密歇根州立大学和威斯康星大学,在培养物理学哲学博士方面,开始发挥重要的作用。此外,在20世纪最初的20个年头,伊利诺伊大学和印地安那大学已经在物理学科领域崭露头角。但这些大学物理学科的带头人,基本上沿袭了美国物理学科的传统优势,培养的均是实验物理学家。

在19世纪末20世纪初,美国之所以出现州立大学,是与当时特定的社会背景紧密联系的,且目的各异。有的院校借鉴欧洲的学术传统,然后又增添独特的美国式风格。比如它们向德国大学学习,重视学术研究,引入哲学博士学位的概念;从英格兰引入博雅教育(Liberal Education),然后加上美国社会民主和实用的传统,从而使得大学课程变得更为多元、生源更为充裕。许多规模较大的州立大学的出现,必然对美国物理学共同体的成长产生重要的影响。首先,它们与地区荣誉和责任密切相关,多样性一方面提高了对物理学家的需求,另外还鼓励"优胜劣退"。但也其有其副作用,在师资并不富裕的情况下,如此之多、分布广阔的州立大学的涌现,使得物理系的教职人员较为短缺,容易导致个体在科学领域陷入"孤军奋战"的局面。20世纪早期,一所大学的物理系能聘请到6位教职人员,已经颇为"奢侈"了。

此外,他们当中一些杰出的物理学家,开始在国际上取得声望。最突出的例子是1907年,迈克尔逊成为物理学诺贝尔奖获得者。1901年设立诺贝尔奖以来,美国物理学家第一次获得此殊荣。同年,他还获得英国皇家学会颁发的科普利勋章。1911年,他作为互换教授到德国哥廷根大学做系列讲座。①

2.2　19世纪末美国大学物理学科发展的状况

从19世纪70年代到19世纪90年代,与欧洲同行相比,美国大学物理学家发表的研究成果非常少。由此可见,原子时代来临之前,美国大学

---

① D. M. Livingston, *The Master of Light: A Biography of Albert A. Michelson*, Scribners, New York, 1973. pp. 232—262.

物理学家的研究能力与欧洲物理学家相比,令人堪忧。要知道,美国的物理学家和欧洲的同行一样,从事科学研究遭遇资金和实验设施等障碍。究其原因,我们似乎可以轻易地将责任归咎于美国大学研究职能的确立,远晚于德国大学。但问题显然并非如此简单,本节将重点从三个方面考察其落后的原因:第一,考察美国实用文化对纯物理学研究的影响;第二,考察 20 世纪初重要物理学家早期所受的教育;第三,考察物质科学家所受的数学教育。

2.2.1　实用文化对物理学科的影响

南北战争之后,美国经济发展日益繁荣,但富裕的美国民众并没有认识到抽象科学与实用科学之间的区别。所以,尽管高等院校工程学的注册人数略有上升,但拿到自然科学学位的学生,数量甚少。他们还将"手工作坊式"的发明家称为科学家,而很少有人理解亨利(Joseph Henry)的主张——技术依赖于科学进步。[①] 因此,美国民众,尤其是美国慈善家,对抽象科学或是物理学家罗兰所主张的纯研究支持不够。虽说工业部门与科学的联系日趋紧密,有时也邀请地质学家、化学家和物理学家担任顾问,但总体上讲,工业部门的繁荣并不依赖科学家和研究实验室,甚至不太需要大学培养的工程师。对于注重实用的工业部门而言,高等教育似乎并没有提供多少帮助。

因此,在尚未证明其符合工业界更长远的利益之前,物理学家与其他学术科学家是不受重视的。相反的,以托马斯·爱迪生(Thomas Alva Edison)为代表的发明家,在缺乏高深的物理学原理、数学工具辅助的情况下,却很好地利用了纯研究的成果而致富。爱迪生作为时代骄子,对美国民众和工业界的影响极其巨大。所以,毫不奇怪,美国电气工业部门普遍认为,以爱迪生如此糟糕的数学水平,他很难考入一所学院或大学。但工业界要请教电气问题时,通常咨询的是他而不是物理学家。[②] 在实用主义如此盛行的 19 世纪末期,大学物质科学家从事的纯研究在证明自身更有利于促进"实用"之前,确实难以获得工业界和公众的认可。

---

① Daniel J. Kevles, *The Physicists: The History of a Scientific Community in Modern America*, Vintage Books, New York, 1978, p. 8.

② Irving G. Wyllie, *The Self-Made Man in America*, New Brunswick, N. J.: Rutgers Univ. Press, 1954, p. 101.

在美国实用主义盛行的19世纪末,一些物理学家偶尔担任工业部门的顾问,另外一些则大胆地进入实用领域。在这一阶段,美国大学物理学家的自我批判意识显得尤其重要。虽然美国科学院邀请爱迪生展示他发明的留声机,其中一些科学家对此亦颇感兴趣,但大部分科学家对爱迪生低水平的实验操作方式,甚是不以为然。罗兰认为,我们不能因为厨师能做出一道美味的佳肴而授予他化学家的头衔。[①] 从芝加哥大学毕业之后从事工业研究的物理学家贝尔(Alexander Graham Bell)显然不认同罗兰的观点,他认为罗兰提出的纯研究对人们是一种误导。他建议科学家摒弃成见,认同专利和实用产品的重要性。[②] 为此,他通过在霍普金斯大学担任兼职教授,并在首都华盛顿为科学家主持每周三的晚间沙龙来传播他的信念。

与工业部门不同的是,联邦政府气象观测组织(Weather Service)、海军气象台(Naval Observatory)、海岸与地质测量(Coast and Geological Surveys)和其他办公室与部门,成为美国科学发展的重要场所,为物理学专业的科学家提供了16.7%的工作机会。[③]

在高等教育系统之内,公共院校以工程、农业学科为核心课程,科学教学主要出于实用方面的考虑。较早建立的私立院校并不致力于职业教育,而是强调博雅教育,将科学放在从属的地位。资格较老的私立院校认为,职业教育属于国内少数几所技术学院,比如伦斯勒技术学院(Rensselaer Polytechnic Institute),或者是麻省理工学院。哈佛大学只限于劳伦斯科学学院(Lawrence School of Science)、耶鲁大学只限于谢菲尔德学院(Sheffield School)传授技术学科的课程。[④] 许多年来,哈佛大学和耶鲁大学从事技术的学生,与其他的本科生居住在不同的楼房,倾听不同的讲座,甚至学习技术的学生所拿的学位,似乎也低人一等。

实用技术学科更多的是在公共院校受到欢迎,尤其是在那些《莫里尔法案》(Morrill Act)授权扶持的农业和机械的公共院校。这段时期,最复杂的工程学知识并不是建立在物理、化学基本原理的基础之上的分析科

---

① Henry A. Rowland, A Plea for Pure Science, *Science*, 1883(2), pp. 242—250.

② The Future of American Science, *Science*, 1883(1), pp. 1—3.

③ Daniel J. Kevles, *The Physicists: The History of a Scientific Community in Modern America*, Vintage Books, New York, 1978, p. 49.

④ 1848年,哈佛大学建立了劳伦斯科学学院,耶鲁大学建立了谢菲尔德学院.

学,而是更多的是依赖于经验。更重要的是,技术课程被裁剪为直接满足职业的需要。工程学的学生不是研究蒸汽机的热力学原理,而是直接学习精巧的机械装置,以及如何快速地造好它。

1872年访问美国的英国物理学家廷德尔,指出了美国大学在纯研究方面的缺陷。[①] 1883年罗兰发表了《为纯科学请愿》(a plea for pure science)。在这11年间,美国大学在纯科学方面仍未得到有效的改观。在罗兰时代,学术界用"纯科学"的术语取代了"抽象研究"。[②] 纯研究通常指的是出于对真理的热爱,而不是受到经济利益或实用动机的驱使。许多美国大学的科学家在德国攻读过研究生,在那儿,满脑子想着如何发明专利产品的教授常受到同事的批评。[③] 但在美国,大多数科学家倾向于实用研究,将科学"退化"到学术含金量甚低、主要用作赚钱的工具。

而且,在美国高等院校从事纯科学研究的科学家,很难得到资金的支持,作为纯科学的倡导人罗兰本人也难以言行一致。一方面,长期患有糖尿病的罗兰,迫于生活压力而担任工业顾问并申请专利。他甚至在霍普金斯大学教授应用电学课程,并与托马斯·爱迪生有诸多商业来往;另一方面,在1893年举行的国际电学大会(International Electrical Conference)上,分会场被划分为"纯理论"、"理论与实践"、"纯实践"三部分。1899年,也就是罗兰去世的前两年,作为美国物理学会的第一任主席,他在演讲中继续坚持纯科学的研究理念。[④]

2.2.2　物理学家所受的物理教育

虽然吉尔曼将霍普金斯大学定位为研究型大学,但理念在学科层面实施时遭遇瓶颈。首先是美国高中物理教学非常薄弱。学生进入大学之前,绝大多数都没有受过良好的物理教育,学生在物理学方面的准备严重不足。鉴于学生薄弱的基础知识,在实践层面,吉尔曼不得不强调教学任务。而像罗兰这样走在物理学科前沿的物理学家,则颇不情愿把时间浪

---

① K. J. Sopka, An Apostle of Science Visits Amercia: John Tyndall's Journey of 1872—73, *Physics Teacher*, 1972(10), pp. 369—375.

② Henry Rowland, A Plea for Pure Science, *Science*, 1883(2), pp. 242—250.

③ 博士候选人则幸运得多,他们可以采用以营利为目的的方式推动科学的进步.

④ Ronald Kline, Construing Technology as Applied Science: Public Rhetoric of Scientists and Engineers in the United States, 1880—1945, *Isis*, 1995(86), p. 200.

费在教学生物理学的入门知识。

霍普金斯大学的出现,[①]以及众多学院的发展,客观上为美国年轻一代提供了从事科学事业的机遇。但在19世纪末,美国学生进入物理学专业学习是非常困难的。19世纪下半叶至20世纪初出生的、后来成为物理学家的人当中,只有极少数居住在大城镇或郊区。所以,较为落后地区的教学环境、条件变得非常重要。较为偏远而落后地区的大多数家庭的学生没有聘请家庭教师,也很少上私立学校。比如,美国著名的实验物理学家密立根在17岁高中毕业时还没有接受过多少自然科学知识的教育。因为当时美国科学的发展刚刚起步,况且密立根就读的学校很偏僻。上高中时,仅有的一位物理教师也不怎么懂物理学,只要他对书中的某一原理想不通,就斥之为谬论。“声音怎么能在空气传播呢? 胡说! 孩子们,这完全是胡说八道!”[②]1886年秋,密立根进入奥伯林学院(Oberlin College)时,该学院的物理学课程几乎处于瘫痪状态。以至于1889年春末,学院需要物色一位教师教授预科学生的物理学。结果,希腊语教授J. F·帕克(Paker)竟然邀请对物理学一窍不通的密立根给学生授课。由此可见,美国大学在物理人才培养方面的薄弱。[③]

在高等教育领域,学生和教师可获得的奖学金数量非常少。大部分年轻人难以负担本科阶段的教育,更不用说留学欧洲攻读研究生。总的说来,在该阶段,出于对科学的热爱而献身于科学事业的年轻人非常少。因为除了增加科学知识方面,他们很少能获得丰厚的薪水。从物理学家的出身看,他们通常来自富裕的家庭,比如商人、贵族、律师、牧师或教师,有的则是娶了他们当中的女儿。现代物理学家之中,1841年出生的孟德霍、1855年出生的霍尔(Edwin H. Hall)、1856年出生的卡尔·巴罗斯

---

① 19世纪60年代,耶鲁大学的物理课程如此初级,以至于吉布斯只能选择攻读工程学博士。他所受的数学、物理学科的专业训练是在巴黎大学、柏林大学和海德堡大学完成的.

② 张炜. 密立根——杰出的物理学家和科学组织者. 自然辩证法通讯,1984,(4). 与之相匹配的是,1889年美国一位银行家为了吸引大家的注意,居然声称他的办公室不雇佣大学生。1891年,竞选卡罗莱纳州州长的梯曼(Tillman)承诺废除南卡罗莱纳州的大学。引自:Laurence R. Veysey, *The Emergence of the American University*, University of Chicago Press, 1965, p. 13.

③ Robert A. Millikan, *The Autobiography of Robert A. Millikan*, London: Macdonald, 1951, pp. 14—15.

(Carl Barus),以及其他一些默默无闻的物理学家,构成了美国大学物理学科发展的代表人物。勒布(Leonard Loeb)在著名的公立伯克利高中所学的都是实用性的技术。[①] 至19世纪70年代,整个美国物理学家的人数仅为50—70人。90年代早期,最多只有200个美国人学物理学,并主要在学术界工作。其中,只有40位物理专业人员定期发表研究。[②]

而且纵观整个美国大学院校,学生进一步深造的费用仍旧过于昂贵。大多数物理学本科毕业的学生,无法承担研究生学习所需的费用,而大学的奖学金甚少。虽然霍普金斯大学开创了美国研究型大学的先河,但是后来成为物理学家的学生当中,有三分之一曾在小学或中学工作过。这一比例与他们的父辈相比,是非常高的。像物理学家鲁阿克(A. E. Ruark),16岁时曾在乡村中学教过半年书,对此他还颇感得意。霍尔在曾经就读过的本地学校教书,1875年大学毕业之后还担任了一段时间的中学校长。霍普金斯大学建立之后,他获得进一步深造的机会,于1880年获得霍普金斯大学的物理学哲学博士学位。其他物理学家在接受中学、学院和大学的教育过程之中,也曾担任过教师。[③]

未来物理学家成长的经历从一个侧面反映了美国教育在中小学存在的问题:大多教师是业余的,而且教师团体很不稳定。美国虽然创建了一个庞大的教育系统,但却没有采取措施确保一支尽职的教师职业队伍。当年轻的女性教师占据主导地位时,教师队伍的不稳定性进一步加强了。此外,在19世纪的美国学校,每门自然学科的原理以及呈现的事实都要服从于潜在的道德课程。1860年至1900年间,美国尤其受制于道德的“紧箍咒”。

尽管南北战争之后,美国已普及初等教育,但公立高中发展状况却不容乐观。美国民众对于小学以上教育的态度,一直处于矛盾状态。一方面,经济发展与学校教育紧密联系;另一方面,他们认为个人的发展更要

① Geraldine Joncich, Scientists and the Schools of the Nineteenth Century: The Case of American Physicists, *American Quarterly*, 1966(18), pp. 667—685.

② Daniel J. Kevles, *The Physicists: The History of a Scientific Community in Modern America*, Vintage Books, New York, 1978, p. 26.

③ P. W. Bridgman, Edwin Herbert Hall, *Science*, 1939(89), pp. 70—71; Geraldine Joncich, Scientists and the Schools of the Nineteenth Century: The Case of American Physicists, *American Quarterly*, 1966(18), pp. 667—685.

强调依靠个人自身的努力。在托马斯·杰斐逊(Thomas Jefferson)时代,中学被认为属于精英层次的机构,只有那些能负担得起学费或者天赋迥异而得到国家资助的学生,才可能有机会进入。公众不愿支持中学发展的另一个原因是,他们害怕,中学的发展将会以牺牲公立小学为代价。作为与大学或学院紧密联系的中等教育,被视为贵族化,属于精英层次的,因而无权获得公共财政的支持。①

制约物理、化学等物质学科发展的另一个重要因素是中等教育与高等教育之间的混乱关系。从一开始,美国高等院校与中等教育之间并不衔接,它们所设置的课程并不要求学生入学之前有所准备,也不参考中等教育期间学生的表现。来自塞尔维亚的移民迈克尔·浦品(Michael Pupin)每天分别花3个小时学习拉丁文和希腊文,2小时用于所有其他科目。1879年,他通过哥伦比亚大学的口试,仅凭古典学科的高分而学费全免。② 1897年之前,希腊文一直是大学的必修课。三年之后,哥伦比亚大学才接受没有拉丁文基础的高中生。直到1882年,卫斯理公会教徒(Wesleyan)院校的入学要求之中也不需要任何一门科学学科,然而,它在培养科学家方面却享有很高的声望。③ 直到1890年,美国有机会受到中学教育的儿童数量是极其有限的。1892年,在美国符合条件的小学毕业生中,能进入中学读书的还不到7%。这一时期,美国中等教育的发展似乎更关注中等教育自身的问题和与大学的联系问题。1891年,美国教育学会任命了一个"十人委员会",研究中学的课程问题和与大学的衔接问题。④

颇为有趣的是,满脑子都是实用主义思想的美国人,却把古典学科放在首要的位置。许多乡村学校维持着日渐衰微的拉丁文教学。在中等教育和院校所提供的各类现代课程之中,拉丁文处于首要位置,相比较而言,科学课程的地位则显得较为低下。最极端的案例是赫尔,他在1900年就读于康涅狄格州(Connecticut)高中,该校根本就没有科学课程。许多后来的物理学家经常发现,在稀缺的科学课程之中,生物学的课程要比

---

① Geraldine Joncich, Scientists and the Schools of the Nineteenth Century: The Case of American Physicists, *American Quarterly*, 1966(18), p. 677.

② Michael Pupin, *From Immigrant to Inventor*, New York, 1926, p. 112.

③ Carl F. Price, *Wesleyan's First Century*, Middletown, Conn., 1932, p. 170.

④ 吴式颖. 外国教育史教程[M]. 北京:人民教育出版社,1999. 557.

物质科学的课程更加丰富。原因在于,美国在动植物学科领域,更早的达到成熟的阶段,而物理和化学学科则相对较晚。而且受过良好教育的人士对生命科学的兴趣更早更浓。许多州更需要生理学和遗传学。后来成为密歇根大学物理系系主任的兰德尔(Harrison M. Randall)在高中所学的科学课程只有植物学,也就是采集花卉并将之进行分类。维拉尔(D. S. Villars)在蒙达纳(Montana)高中上学时,最强调的课程是与生活相关的生理学。斯密斯(W. R. Smyth)情况稍好一些,受过较差的生物教育和较好的化学教育。而实验室和图书馆,在当时的学校只起到装饰作用。1880年,美国只有11所中学提供配备实验教学的物理学课程,且仅有4所学校的物理学课程持续了一个学年之久。可以说,1900年之前,美国中等教育界物质科学教育,其条件非常差,而物理教学状况尤其令人担忧。

更令人吃惊的是,不少后来的物理学家厌倦沉闷的课堂教学,他们惟一的办法是通过阅读当时流行的科学杂志来了解最新的科学动态,保持对科学的兴趣。因此,院校的物理教学质量很难保证。而且,当他们将所学东西教给学生之时,很快就暴露知识的肤浅。比如兰德尔,当他在高中教学生物理课程时,才认识到自己对物理学的理解是多么不牢固。他曾回忆到,他在1901年密歇根大学读研究生之时,讲授函数论(theory of functions)的教师,竟然只是让每一位学生依次阅读书本上的段落。更让人不可思议的是,兰德尔被聘为教学助理,讲授他从未备过课的课程。[①]

2.2.3　物质科学家所受的数学教育

19世纪末20世纪初,美国大学物理学科的代表人物主要从事实验物理学的研究。罗兰在光谱测量领域内,发展了超精细衍射光栅(super Diffraction Gratings)。塞缪尔·兰利(Samuel Pierpont Langley)因发明了辐射热测定器(Bolometer)而闻名于世。1907年,迈克尔逊因精确测量光速而获得诺贝尔奖。1923年,密立根因精确地测量电荷而获得诺贝尔奖。1930年之前,美国物理学科领域,主要在测量物理学常数或者说革新测量仪器方面,取得了骄人的成就,而非理论物理学方面的贡献。那么,为

---

① Geraldine Joncich, Scientists and the Schools of the Nineteenth Century: The Case of American Physicists, *American Quarterly*, 1966(18), p. 683.

什么年轻一代的美国物理学家,在19世纪末进入物理学科领域后,主要在观察或实验领域取得成就,而不是与数学紧密相关的物理学领域?而后者却在欧洲同行那儿占据主导地位。①

究其原因,美国科学是弗朗西斯·培根(Francis Bacon)的继承者。培根主张的是科学始于观察,并认为经验知识是人类接近全能上帝的基本途径,因而知识是充满力量的。② 而新大陆新教徒的宗教文化传统和富有挑战的地理环境,特别适合培根主义思想的生长。生物学家给动植物分类,天文学家记录行星、卫星的位置,以及美国物理学家的典型代表富兰克林,致力于实用主义思想和科学实验。这种强调经验知识的特性,被认为是培根的遗产通过教育代代相传。到物理学家亨利这一代,仍旧保持实用科学的传统。有的物理学家从事发明,或者在企业当技术顾问,有的则在联邦研究所从事实用研究。但不同的是,亨利与其同事坚持认为,实用科学依赖于抽象科学的发展。③ 19世纪,美国国内只有少数几位数学天赋颇佳的天文学家,如纽科姆(Simon Newcomb)、查尔斯·皮尔斯(Charles Sanders Peirce)、阿沙夫·霍尔(Asaph Hall)和乔治·希尔(George William Hill)。他们在19世纪80年代正当中年,可惜他们没有培养学生。乔治·希尔曾在哥伦比亚大学教授天体力学,但最终因缺乏合格的学生而辞职。④ 总体而言,美国大学在与数学紧密相关的学科领域,相对比较滞后。但专业科学家认为,知识已基本上开采完毕。假如有的话,那么,抽象科学应该获得更高的荣誉,美国应该给予更多的支持。⑤

培根主义直接影响美国大学物理学科的发展特征就是绝大多数物理学家是实验物理学家。各个高等院校很少教授数学这门从事理论物理学

---

① Paul Forman, John L. Heilbron and Spencer Weart, Physics circa 1900: Personnel, Funding, and Productivity of the Academic Establishments, *Historical Studies in the Physical Sciences*, 1975(5), pp. 1—185, esp. pp. 30—33.

② Edwin A. Burtt, *The English Philosophers from Bacon to Mill*, New York, 1939, p. 23.

③ 19世纪上半叶,科学家采用的专业术语是"抽象与实用",对应于后来采用的专业术语"基础和应用",以及20世纪30年代使用的"科学与技术".

④ David Eugene Smith and Jekuthiel Ginsburg, *A History of Mathematics in America Before 1900*, Chicago: Mathematical Association of America, 1934, pp. 118—148, pp. 198—199.

⑤ Daniel J. Kevles, *The Physicists: The History of a Scientific Community in Modern America*, Vintage Books, New York, 1978, p. 8.

不可或缺的工具。学生通常要到很高年级才有机会学到微积分。这进一步助长了美国科学的培根主义特性。哈佛物理学家约瑟夫·洛弗瑞(Joseph Lovering)也曾断言,“如果美国物理学家不满足于自身的落后状态,不愿意收集从众多欧洲实验室掉落的面包屑,那么,他们必须将数学与精致的实验结合起来。”[①]的确,数学经常在实验陷入困境的时候,为其提供解释。而且,理论分析能够指导实验下一步可能发展的方向。实验物理学家读不懂耶鲁大学数学物理学家吉布斯的论文,主要是数学基础不够。在英国物理学家麦克斯韦的提醒之下,吉布斯开创性的研究工作才引起美国物理学界的广泛注意,但并不是因为读懂了。[②]

时至 1880 年,作为一位科学家,要想在物质理论方面做原创性的工作,需要熟练掌握更深更广的高等数学知识。像热、电和磁学理论,都需要微分方程加以表达。19 世纪末,动力学理论(Kinetic Theory)和统计力学(statistical thermodynamics)对理论物理学家提出更高的数学要求。20 世纪早期,随着普朗克的量子理论和爱因斯坦相对论的提出,物理学理论的数学成分进一步加深。其他与理论物理学科紧密相关的学科,比如天体物理学、地球物理学和物理化学,对数学的基本要求也进一步提高。事实上,欧洲教育系统,尤其是法国和德国,它们在学生早期学习阶段,便为他们提供了必不可少的数学教育。相比较而言,美国在中等教育、本科阶段,甚至在研究生阶段,均缺乏此类教育。

那么,美国物质科学家在数学方面的培养究竟如何?与欧洲学生相比,他们在进入科学事业之前,究竟准备得如何?首先,我们需要考察中等教育的课程状态。与德国高级中学(Gymnasium)和法国公立中等学校(Lycée)的数学教育相比,美国中学所提供的课程明显要差得多。在欧洲学校,学科课程所需的时间更长,教师必须通过严格的国家考试才能获得晋升,而且高等院校的入学门槛较高,具有较强的选择性。

而 19 世纪 80 年代,美国中等教育系统刚刚成形,教师短缺,且师范性差,人员更替过于频繁。大多数学校的课程是为学生未来的生活做准备的,并不是为了培养少数从事高等研究的人才。具体而言,中学学生通

---

① Joseph Lovering, Mathematical Investigation in Physics, *Popular Science Monthly*, 1875(6), p. 321.

② 另外一个原因是,吉布斯论文中的语言较为晦涩.

常仅仅学习代数学(algebra)和平面几何(plane geometry)。有人对60所美国高中和预备专科学校(Preparatory academies)进行了调查,包括大型和中等规模的学校。调查表明,1891年,只有20%的学校提供了三角函数的课程,少数学校自行要求开设立体和解析几何。相比较而言,德国高级中学所提供的数学教育,使得学生进入大学之后,可以迅速学习微积分。在法国公立中等学校(Lycée),计划从事科学研究的学生,其必修课包括高等代数、平面和立体几何、二次曲线、三角函数和解析几何。

20世纪初,一位美国数学家访问法国公立中等学校期间,发现法国的学生擅长分析计算法(analytical calculations),他感叹道:"在数学技巧方面,美国学生无法与法国学生相比。"[①]美国除了在中等教育阶段数学教学欠缺之外,在高等院校也忽视数学教育。要知道,19世纪中期,数学仅次于希腊语和拉丁文,在美国高等院校课程体系之中占据核心地位。[②]但是,自从1869年艾略特担任哈佛校长推行选修制,促进科学学科在大学占据主导地位以来,造成的直接后果是,除了希腊语之外,数学学科遭受最大的损失。像耶鲁大学等较为保守的学院,为了保持学科发展的均衡性,不得不将部分数学学科的课时用于实验科学的教学。像密歇根大学等大学,在主要学科领域采用选修制,任由各个系自行规定数学课的内容和课时,结果各个系通常尽量减少数学学科的课时,甚至对数学非常依赖的物理、化学学科也不例外。1900年,哥伦比亚大学矿藏学院(Columbia School of Mines)的化学课程设置了为期一年的微积分。耶鲁大学的谢菲尔德学院对化学则根本就没有数学要求。导师要求学生把所有的时间用于实验工作。[③]

从总体上看,19世纪末,物理学对数学的依赖进一步增强,但是美国始终难以改变其物理学以实验为主的特性。另外一个可能的原因在于,美国大学物理学科与数学学科之间,尚未建立紧密的联系,两学科呈现各自为战的局面。事实上,美国数学学科与物理、化学学科相似,19世纪末

① James Pierpont, Mathematical Instruction in France, *Bulletin of the American Mathematical Society*, 1900(6), pp. 225—249.

② Stanley Guralnick, *Science and the Ante-Bellum American College*, Philadelphia: American Philosophical Society, 1975, pp. 54—59.

③ John W. Servos, Mathematics and the Physical Sciences in American, 1880—1930, *Isis*, 1986(77), pp. 611—629.

至 20 世纪初,也面临学科专业化的挑战。美国诸多私立大学开始开设数学博士课程,授予数学博士学位,论文以及相应的期刊亦日益繁荣。[①] 应该说,这段时间,美国主要的研究型大学的物理和化学专业的研究生均有条件在数学系学到高等数学课程。本科生也不例外。但是,这些高等数学课程通常不符合物理、化学学科发展的需要。可以说,这些课程更多的是纯数学理论,而不是应用数学。对于物理学家颇为重要的理论和方法,如矢量分析和斯托克斯定理(Stokes's theorem),被严重忽视;傅立叶级数只在谈级数收敛条件时作为一个普通的例子涉及到,而不是作为重要工具服务于物理和化学学科的发展;对物理学发展颇为重要的微分方程数值解被忽视。总之,美国大学在发展数学学科的过程之中,并不重视为其他物质科学学科提供必要的服务。[②] 受此影响最大的要数工程学的学生,为此许多工程学院自行开发实用的数学课程。[③] 但是,物理系和化学系的学生在数量上无法与工程学的学生相比,而且,美国有专门的工程院校,比如麻省理工学院,但没有物理学家和化学家的专业院校。结果,很少有大学的物理系和化学系专门开发适合于物质科学的数学课程。这种状态一直延续到一战之后,专门为物质科学家设置的数学课程开始普及。

从 1875 年至 1900 年,美国数学家所发表的文章基本上是纯数学。同样的,课堂教学内容亦忽视应用数学的教学。甚至到 1911 年,美国数学教育国际委员会的报告指出,美国大学纯数学和应用数学之间的分裂,令人触目惊心。[④] 自霍普金斯大学建立至 20 世纪初,美国大学数学学科纯研究方面,取得了长足的进步,受到欧洲同行的认可。但这种发展主要局限于数学学科领域,虽然与物质学科共处一所大学或学院,但它的发展

---

① Daniel Kevles, *The Physics, Mathematics, and Chemistry Communities: A Comparative Analysis, in the Organization of Knowledge in Modern America, 1860－1920*, ed. *Alexandra Oleson and John Voss*, Baltimore: Johns Hopkins Univ. Press, 1979, pp. 139—172.

② C. Runge, The Mathematical Training of the Physicist in the University, *Proceedings of the Fifth International Congress of Mathematics*, ed. E. W. Hobson and A. E. H. Love, Cambridge: Cambridge University Press, 1913, pp. 598—603.

③ Edgar J. Townsend, Present Condition of Mathematical Instruction for Engineers in American Colleges, *Science*, 1980(28), pp. 69—79, esp. pp. 75—79.

④ John W. Servos, Mathematics and the Physical Sciences in American, 1880－1930, *Isis*, 1986(77), pp. 615—618.

远离了物质科学家的需要。因此,应用数学和数学物理的发展被严重忽视了。当物理系的学生选修数学课程时,发现两者之间缺乏结合点,必然使学生认为,数学学科对于他们学习物理学科是可有可无的。

当然,一些学习颇为认真的学生在本科时期或者研究生时期,努力弥补数学方面的不足。然而,大量的证据表明,即使那些在物理、化学学科做出杰出贡献的科学家,在数学方面的专业知识准备也很不够。他们中大多数人的数学水平只略高于本科生的水平。这就不难理解在这一时期,美国大学为什么缺乏杰出的数学物理学家。

2.3 早期量子论背景下美国大学物理学科的发展

就量子理论而言,德国物理学家普朗克于1900年便已提出量子假设。由于该思想过于富有革命性,与牛顿经典物理学不相符合,因而普朗克本人都不太确信自己的理论。而且,美国大学物理学科自身存在着巨大的缺陷。其一,1890年到1900年间的物理期刊论文基本上是关于原子光谱和其他一些基本的、可以测量的物质属性,如粘性、弹性、电导率、热导率、膨胀系数、折射系数以及热弹性系数等,很少涉及X射线等现代物理学领域;[①]其二,根据美国物理学家在《物理评论》和其他期刊,比如《美国科学杂志》、《富兰克林研究所杂志》、《美国艺术和科学科学院学报》等发表的文章,我们可以发现一个共同的特征:实验类型的文章占主流,虽然不乏高质量的实验成果。

上述杂志中文章的特点反映了美国大学整个物理学科的发展特征:实验物理学占据主导地位,缺乏理论物理家,像霍普金斯大学罗兰的继任者伍德、芝加哥大学的迈克尔逊、哈佛大学的莱曼(Theodore Lyman)主要从事实验光谱学。尽管美国大学实验物理学家取得丰硕的成果,但理论活动实际上处于停滞状态。19世纪,美国大学称得上一流的理论物理学家,惟有吉布斯这位曾备受冷落且不喜与人交往的隐士。1903年他去世之后,理论物理学科的发展更是雪上加霜,原因在于他并没有留下一个富有创造力的理论小组。然而,偏偏在20世纪初,理论物理"悄悄地"占据学科发展的中心地位。1904年,国际艺术与科学大会(International Con-

① http://lqcc.ustc.edu.cn/cn/quant100.htm, 2007—04—18.

gress of Arts and Sciences)和国际博览会在美国圣路易斯举行，盛况空前。担任大会副主席的哈佛心理学教授雨果·莫斯特伯格(Hugo Munsterberg)由衷地感慨道，新旧两个世界在科学领域已经处在同一条起跑线上，而且欧洲同行越来越了解美国科学家的科学研究成果。他断定，今后几年，欧洲科学家将以谦虚的态度对待美国同行。①

然而，1905年，也就是普朗克发表量子思想之后的第五年，爱因斯坦发表了狭义相对论。这一划时代的物理学成就，最初并不是以举世瞩目的方式出现在科学界，而像是无人问津的野花。这朵花是昙花一现还是流芳百世？只有少数物理学家关心此问题。因此，要让远隔重洋的美国物理学家意识到自身全面落后的状况，并且使大学物理学科在研究方向、教学以及课程等方面迅速做出反应，其实也是一个颇为艰难的过程。那么，1876年至1900年，美国研究型大学经历了二十多年的发展，美国科学界为这场革命准备得如何？它有哪些优势？上一节我们已经从美国实用文化、物理学科教学状况和数学教学等三个方面分析了20世纪初美国物理学科的发展状况。那么，新一代物理学家在哪些方面试图克服学科固有的障碍，使其融入现代物理学的发展中去？还有哪些因素阻碍美国大学物理学家赶上新兴的物理学？

2.3.1 20世纪初美国物理学科发展的总体状况

19世纪末，美国院校各个学科的教职人员显著增加，彼此之间的竞争更为激烈。年轻教师尤其渴望改变当时占支配地位的学术评价标准。像老一辈教职人员，他们当中大多数与校长有良好的沟通。所以，他们乐于进行学校对他们能否胜任教学岗位的评估。随着教职人员数量的增加，助理教授一级的教职人员很难有机会直接与校长建立私人之间的关系，而教学质量又过于依赖于个人的主观判断。相反的，学术同行能够直接地判断其作为学者的学术成就。新一代物理学家，包括其他学科的科学家，不像老一代人，他们大多都已获得哲学博士学位，所以，通过研究成果而不是教学质量进行评估，更有利于新一代的成长。从评估教学质量到评估学术水准的改变，使得年轻教师有获得晋升的机会，芝加哥大学的

① Katherine Russell Sopka, *Quantum Physics in America: the Years Through 1935*, Tomash Publisher, 1988, p. 17.

创立无疑为这次发展提供了动力。

19世纪90年代以来,美国大学物理学哲学博士毕业生已经达到54人。1909年,美国大学一年内毕业的物理学哲学博士达到25人。同年,美国物理学会的成员达到495人,是1901年的5倍。美国科学促进会在1900—1910年间,会员增加了4倍。可以说,所有科学的发展都出现了类似的繁荣。面对大学展示出来的难以置信的研究精神,华盛顿卡内基学院的一位物理学家在1909年深有感触地说,"研究精神之花已经开遍美国的大学校园。"①

新一代的物理学家,有的进入了国家标准局,大部分进入了学术领域。他们认识到,要过上美好的生活,关键在于研究。于是,投往美国物理学会的会议论文数量在稳步上升。同样的,发表在《物理评论》上文章的数量也在稳步增长。物理学金字塔结构开始形成,标志性的事件是迈克尔逊于1907年获得诺贝尔物理学奖。同事们为他欢呼祝贺,凯特(Cattle)宣称,罗兰倡导的纯科学研究已经完美地实现了。在某种意义上说,纯研究获得了更多的支持。而且,物理学专业自身,包括学会的成立和发展,以及高等教育,总体上是朝着罗兰19世纪末设计好的科学进程发展。研究生层次的培养中心已在美国大学出现,但大多数年轻物理学家是从霍普金斯大学、康奈尔大学、耶鲁大学、哈佛大学和芝加哥大学等5所大学获得哲学博士学位的。

与19世纪物理学家不同的是,美国大学新一代物理系主任更深地卷入行政事务。他们基本上都取得了哲学博士学位,而且致力于改善大学物理学科的研究。他们认识到,为本科生提供更多的教师和科研设备,有助于促进物理学研究条件。在柏林大学获得哲学博士学位的威廉·梅吉(William F. Magie)和亨利·范(Henry B. Fine)分别在普林斯顿大学担任物理系和数学系主任,他们共同说服了校长威尔森(Wilson)并使之确信,物理学科不仅有助于人文学科的发展,而且能以最绅士的方式,为电气工程学做准备。②

美国大学认识到物理学科发展的缺陷,有意识地增加理论物理学家

---

① Lewis P. Bauer, A Plea for Terrestrial and Cosmical Physics, *Science*, 1909(29), p. 569.

② Daniel J. Kevles, *The Physicists: The History of a Scientific Community in Modern America*, Vintage Books, New York, 1978, pp. 76—77.

的数量。表面上,美国大学似乎并不缺乏实验物理学,但在实验成就方面,与欧洲同行还是不可比拟。1905年,亨利·范和梅吉把英国年轻一代之中最有前途的数学物理学家之一——詹姆斯·琼斯(James Jeans)聘请到普林斯顿大学。虽然实验室的总体条件得到改善,但普林斯顿大学1906年请到J·J·汤姆生的学生欧文·理查德森(Owen W. Richardson)时,实验条件较为简陋。据理查德森描述,他初到普林斯顿大学,给他安排的实验室是在地下室,在那儿蟾蜍是长期居民。[①] 但亨利·范从两位普林斯顿大学的毕业生那儿筹集到20万美元,建造了设备精良的实验室。良好的师资队伍和先进的设备,初步奠定了普林斯顿大学成为科学中心的地位。

研究训练中心的出现、杂志和美国物理学会的创办,在全国范围内对科学研究设置了质量标准。尽管美国杂志《物理评论》的厚度在增加,罗兰所说的金字塔型结构得以建立,但美国的物理学仍旧生活在欧洲科学的影子里。与世界一流的科学家相比,美国科学家仍旧有很大距离。

2.3.1.1　对外交流方式的转变

美国学生去欧洲留学的比例,在20世纪初下降幅度很大,但在1900—1914年间,到美国大学做演讲的欧洲同行的人数却迅猛增加。这主要与美国大学实施的两项制度相关:受捐赠的讲座席位和暑期学校。1903年,耶鲁大学设立了西利曼讲座(Silliman Lecture),并邀请"电子之父"J·J·汤姆生举办系列讲座。次年,讲座内容以名为《电学与物质》(Electricity and Matter)的专著形式公开出版。[②] 1906年秋,耶鲁大学邀请了沃瑟·能斯脱(Walther Nernst)担任西利曼讲座的报告人,题为《热力学第三定律》(Third Law of Thermodynamics),次年讲座内容为《热力学实验与理论在化学中的应用》(Experimental and Theoretical Application of Thermodynamics to Chemistry)。[③] 卢瑟福于1898—1907年,在加拿大蒙

---

① Alan Shenstone, Princeton and Physics, *Princeton Alumni Weekly*, Feb. 24, 1961, p. 6.

② J. J. Thomson, *Recollections and Reflection, the Macmillan Company*, New York 1937, pp. 181 — 189. http://www. questia. com/library/book/recollections-and-reflections-by-j-j-thomson. jsp, 2007—08—25.

③ Walther Nernst, *Experimental and Theoretical Application of Thermo Dynamics to Chemistry*, Scribners, New York, 1907.

特利尔的麦吉尔大学(McGill University)任教。他经常参加美国物理学会的会议。1905年,卢瑟福在耶鲁大学担任西利曼讲座的讲师,讲座内容为《放射衰变现象》(Radioactive Transformation)。哥伦比亚大学则是通过厄恩斯特・科姆通・亚当斯基金(Ernst Kempton Adams Fund)邀请荷兰物理学亨德里克・洛伦茨(Hendrik A. Lorentz)、普朗克和维恩(Wilhelm Wien)作讲座。

在暑期学校方面,加州大学伯克利分校于1905年、1906年分别邀请了卢瑟福、玻尔兹曼担任讲座教师。芝加哥暑期学校于1912年、1913年,分别邀请了玻恩(Max Born)和里德曼(F. A. Lindemann)担任讲师。①

在与美国大学物理学家交流的过程之中,一些欧洲物理学家延长了访问期限,有少数物理学家一战之前就长期留在美国大学从事研究。显然,这对于美国大学而言,具有重大的历史意义。较为典型的例子是詹姆斯・琼斯,他于1905—1909年在普林斯顿大学担任数学物理教授。在此期间,他为学生编写了两本教材《初等理论力学的专题论述》(A Elementary Treatise on Theoretical Mechanics)和《电学和磁学数学原理》(The Mathematical Theory of Electricity and Magnetism)。② 此外,1906—1913年间,欧文・理查德森一直在普林斯顿大学物理系,主要在电子领域进行研究工作。他还培养了不少美国物理学专业研究生,其中包括卡尔・康普顿(Karl Compton)和戴维森(C. J. Davisson)。他俩见证了普林斯顿大学帕默物理实验室(Palmer Physical Laboratory)从初建到成长的历史。

应该说,19世纪末至20世纪初,美国科学界对欧洲的科学家不仅尽了地主之谊,而且展示了他们从事科学的热情。不过一般说来,欧洲物理学家是教师,而美国大学教师和学生只是学生而已。继廷德尔于1872年作为科学的圣徒来美国"布道"之后,美国并没有改变作为思想输入国的身份。但美国大学的物理学家不断地与欧洲交流,他们抓住英国科学促进会在加拿大举行会议的机会,加强了学科间的交流活动。

---

① D. M. Livingston, *The Master of Light: A Biography of Albert A. Michelson*, Scribners, New York, 1973.

② James H. Jeans, *A Elementary Treatise on Theoretical Mechanics*, Ginn, Boston, 1907; *The Mathematical Theory of Electricity and Magnetism*, The University Press, Cambridge, 1908.

2.3.1.2　从国际视角审视20世纪初美国物理学科发展状况

20世纪最初十年,美国科学的发展主要受到两方面的影响:其一是科学专业化过程;其二是以鼓励科学研究的方式重建高等教育。大学数学、化学等学科在学科专业化方面逐渐成熟,均领先于物理学科的发展。那么,从国际范围看,1900年,美国大学物理学家[①]在整个国际物理学共同体之中处于什么状况呢?

表3　世界各国物理学家的状况[②]

教职人员与助手	物理学家的数量	人口比例(单位:百万)	物理学科研经费(单位:1 000马克[③])	物理学家人均科研经费(单位:1 000马克)	物理学研究成果(篇/年)	人均研究成果(篇/年)
奥匈帝国	64	1.5	560	8.8		
比利时	15	2.3	150	10.0		
英国	114	2.9	1 650	14.5	290	2.2
法国	105	2.8	1 105	10.5	260	2.5
德国	145	2.9	1 490	10.3	460	3.2
意大利	63	1.8	520	8.3	90	1.4
日本	8	0.2				
荷兰	21	4.1	205	9.8	55	2.6
俄罗斯	35	0.3	300	8.5		
斯堪的纳维亚半岛国家[④]	29	2.3	245	8.5		
瑞士	27	8.1	220	8.2		
美国	215	2.8	2 990	14.0	240	1.1

资料来源:Helge Kragh, *Quantum Generations: A History of Physics in the Twentieth Century*, Princeton, New Jersey, 1999, p. 14.

---

① 物理学家是指在大学占有教学席位,并从事物理学研究,也就是所谓的学术物理学家.

② Helge Kragh, *Quantum Generations: A History of Physics in the Twentieth Century*, Princeton, New Jersey, 1999, p. 14.

③ 1900年,1 000马克相当于240美元.

④ 瑞典、挪威、丹麦、冰岛的泛称.

表3说明,国际物理学共同体在1900年还只是个小团体,学术物理学家的总人数在1 200—1 500名之间。与此相比,1900年,英、德、法三国化学学会的成员已经超过三千五百名,[①]而且,物理学家主要集中在英、法国、德国和美国等少数几个国家,总人数为600名,接近世界物理学家人数的一半。物理学家人数位列第二个层次的国家有意大利、俄罗斯和奥匈帝国。位列第三层次的是一些小国家,包括比利时、荷兰、瑞士和斯堪的纳维亚半岛国家。

值得注意的是,1900年美国物理学家的人数已列各国之首,物理学家占据总人口的比例为每100万人口之中有2.9位物理学家,基本与德、法、英三国持平。但物理学家占总人口的比例比瑞士和荷兰要低。虽然美国大学所拥有的物理学家,就绝对数量而言,已跃居世界第一,但在成果和原创方面,远远落后于欧洲三强。部分原因在于,19世纪末整个美国高等教育系统,并未全面接受大学的研究职能,他们甚至对德国的大学理念,也就是将研究和给予学生奖学金作为大学教师生涯最基本的组成部分,仍旧感到陌生,有的大学甚至对此抱以敌对的态度。比如,1889年,麻省理工学院校长声称,"我们大学的宗旨是培养学生的心灵,不是科学发现,也不是专业成就。"[②]

美国天文学家纽科姆在他的报告"美国的抽象科学",对美国研究的组织和数量进行了严厉的批评,"即使从最好的方面看美国的科学,它也只是让我们以谦卑的方式沉思过去,以绝望的方式展望未来。"[③]但实际上,纽科姆却对美国未来的科学保持一种乐观的态度,因为他把美国科学共同体比作一支军队,只是这支军队当前缺乏有效的领导人物。在1876年至1914年间,这支军队的人数有所增加,并得到正规的训练。作为物理学哲学博士最大的培养基地,霍普金斯大学、康奈尔大学、芝加哥大学、哈佛大学和耶鲁大学的学生在基本原理方面得到全面的训练,尤其是在精确的调查和测量方面,比如罗兰在霍普金斯大学从事衍射光栅的研究

---

① Helge Kragh, *Quantum Generations: A History of Physics in the Twentieth Century*, Princeton, New Jersey, 1999, p. 14.

② Daniel J. Kevles, *The Physicists: The History of a Scientific Community in Modern America*, Vintage Books, New York, 1978, p. 34.

③ Robert H. Kargon, The Conservative Mode: Robert A. Millikan and the twentieth-century Revolution in physics, *Isis*, 1977(68), pp. 511—512.

(grating),以及迈克尔逊在芝加哥大学从事干涉仪(interference)的研究。这些研究继续维持美国传统学科的优势。假如说卡文迪什实验室培养的是有才干的军官,那么,美国培养的至少是好的士兵。

19 世纪末至 20 世纪最初 10 年,虽然从整体上讲,美国大学在物理学科领导人方面落后于欧洲,但在大学学科制度方面,美国物理学科的发展已受益于大学以“系”为基本结构,年轻一代的物理学家有机会在早期发展过程中受益,这一定程度上可以弥补物理学科自身的缺陷。德国大学沿袭中世纪行会的传统,由讲座教授全面负责整个学科的发展。而教授们也将他们各自的研究领域,视为世袭的领地,将助手和身份较低的同事(Junior Colleagues)当作“农奴”,有时还限制由他控制的小组从事新领域的探究。

2.3.2　物理学家的学科信念对学科发展的影响

1895 年,芝加哥大学首任校长哈铂指出,“大学的首要工作是研究生工作……从一开始,学院就被视为研究生院的附庸。”①教师职位和工资的提升将主要依据他们的研究产出。一所大学在学术界的地位取决于其教师和研究人员的研究成果;一个系在大学的地位取决于能否比其他系得到更多的科研经费,发表更多的重大研究成果;一个教师或研究人员在系或大学的地位,能否晋升和获得终身资格,几乎完全取决于研究成果的数量和质量。“要么出版,要么灭亡”(publish or perish)②已成为研究型大学的信条。这种重科研轻教学的奖励机制已成为美国研究型大学的普遍现象。1900 年,13 个主要院校形成了美国大学联盟(AAU),培养自己的博士生。新研究生院的创立给大学注入了新的活力。

但是,一些美国大学还在拒斥研究职能,另一些美国大学,像霍普金斯大学、芝加哥大学、哈佛大学和威斯康星等州立大学,将研究作为大学的重要使命,为物理、化学等物质科学学科研究提供物质保障。然而偏偏在这一时期,物理学科的信念与美国研究型大学的发展发生了矛盾。

1871 年,英国物理学家麦克斯韦(James Clerk Maxwell)担任卡文迪

---

① Murphy, William M. and Bruckner, D. J. R. *The Idea of the University of Chicago*. The University of Chicago Press, 1976.

② Jonathan R. Cole, *The Research University in a Time of Discontent*, Baltimore: The Johns Hopkins University Press, 1994, p. 235.

什实验室第一位教授。他在就职演讲中讲道,“留给实验物理学家惟一能做的事是,将物理学常数精确到下一个小数点。”[①]迈克尔逊是麦克斯韦“完成论”思想的美国继承人。他把欧洲人对物理学的理解舶至美国,并且非常固执地坚持这一信念。相似于部分欧洲科学家,美国物理学界认为物理学的大厦已经建成。即使像罗兰等年轻一代物理学家倡导“纯研究(Pure Research)”的重要性,那也不过是在物理学大厦内修修补补而已。需要指出的是,大部分美国物理学家在成长的过程之中,都把物理学当成是一项已经完成的科学。维塞(Veysey)指出,“19世纪末,几乎每一个科学研究者,都认为知识体系已基本成形。”[②]

此外,许多美国物理学家和他们的欧洲同行一样,认为所有的物质现象都可以简化为机械模型(Mechanical Model)加以解释。有的甚至认为机械(Mechanism)不仅是客观实在(Reality)的模型,而且还是实在本身。迈克尔逊也是这一观点的忠实拥护者。他宣称,宇宙间纷繁复杂的各种运动模式,都可以通过对以太(Ether)的理解而得到更好的诠释,其中包括热学、光学、电学和磁学。但这种机械论的观点遭遇科学家约翰·斯泰隆(John B. Stallo)的批判。[③] 1882年,他出版了《现代物理学概念和理论》(Concepts and Theories of Modern Physics),他认为当前欧美物理学家对大自然采取机械论的解释方式,只是人们理解“实在”一种方式而已,而不是“实在”本身。质量和运动虽然有助于我们理解“实在”,但它们只不过是真实世界的一种符号表象而已。[④] 斯泰隆的思想一直到20世纪20年代中期才真正被美国物理学家所接受。显然,在19世纪80年代,斯泰隆的思想太过超前,以至于著名的天文学家西蒙·纽科姆宣称,斯泰隆的著作不值一提。[⑤] 甚至哲学类综述文章也完全忽视斯泰隆的研究工作。可以说,19世纪末,大多数美国大学物理学家与欧洲同行,继续坚持机械论的假设,将物质世界归结为物质运动。哈佛大学物理学家洛弗瑞认为,

---

① Lawrence Badash, The Completeness of Nineteenth-Century Science, *Isis*, 1972(63), p. 50.

② Laurence R. Veysey, *The Emergence of the American University*, University of Chicago Press, 1965, p. 597.

③ 约翰·斯泰隆早年曾是科学家,后来改行成为辛辛那提的律师.

④ J. B. Stallo, *The Concepts and Theories of Modern Physics*, ed. Percy W. Bridgman, Cambridge, Mass., 1960, pp. 56, p. 170, p. 302.

⑤ Simon Newcomb, Speculative Science, *International Review*, 1882(Ⅻ), p. 336.

当前最大的问题是如何用动力学原理解释物质现象。① 有的物理学家认为,科学理论应该只关注可观察的物理量之间的关系,并保证理论的简洁性,而不应该通过不可观察的物理量解释物理现象,这种主观设想是不可取的。②

20世纪初,美国大学很少有物理学家了解普朗克的量子假说,而与他们关系最密切的英国同行对量子假说亦未能引起足够的重视。相比较而言,相对论赢得更多的注意力,但信徒不多。老一代物理学家继续信奉经典物理学的以太假说。③ 19世纪到20世纪物理学范式转换之际,由于信守牛顿经典物理学的框架,美国老一代物理学家几乎很少鼓励他们的研究生深入研究欧洲物理学家苦苦思索的理论问题。在20世纪最初的10年间,物理系的研究很少涉及相对论、量子,甚至将所有物质现象归结为电磁现象。

作为美国物理学界最重要的杂志《物理评论》,具有影响美国大学物理学科研究方向的能力。从1895年伦琴发现X射线到1905年近十年间,我们可以从《物理评论》上发表的文章中看出,美国大学很少有物理学家指导学生涉足伦琴、贝克勒尔、皮埃尔·居里和玛里·居里、J·J·汤姆生等欧洲物理学家开辟的"新大陆"。

1900年至1910年,这10年间发表的论文来看,在号召物理学界注意爱因斯坦的相对论、普朗克的量子理论方面,该杂志的编辑们未做出任何努力。同样的,美国物理学会的领导人物,也忽视了物理学最新的发展动向。在形式上,学会是民主的,它包括所有年龄阶段的物理学家。但在组织层面上,等级森严。与其他科学学会类似,它有一个领导委员会,在安排学会管理职位等方面拥有提名候选人的权利。在科学领域,老一辈杰出的科学家凭借以往的声望,颇能得到学会成员的尊重。即使采用投票的方式,学会成员也会毫不犹豫地赞同学会领导委员会的决议。结果,美

---

① *Proceedings of the American Association for the Advancement of Science*, 1875, pp. 34—35.

② Stephen G. Brush, Thermodynamics and History, *The Graduate Journal*, 1967(7), pp. 477—565, pp. 522—523; Lawrence Badash, The Completeness of Nineteenth-Century Science, *Isis*, 1972(63), p. 49.

③ 以太:一种在以前被假定为电磁波的传播媒质并具有绝对连续性、高度弹性的极其稀薄的媒体.

国物理学会，就像整个美国物理学科一样，是在一批少数杰出的物理学家控制下发展的。1899年成立的物理学会，其领导人成长的经历，所信奉的学科文化，极大程度上影响着美国物理学科未来的发展之路。但是，当物理学面临范式转换的时机，在19世纪赢得杰出地位的罗兰、迈克尔逊等物理学家显然没有准备好。他们既没有很好地投身于这场日益重要的理论难题，也没有激发年轻的物理学家参与，更没有一位在新物理学方面取得地位的物理学家，处于物理学会的领导层。

在美国大学发展史上，较为幸运的是，它们采用了“系”的结构，而不是德国大学研究所的形式，即由一位讲座教授负责。也就是说，在美国大学，虽然这些数目不多的物理学家信奉经典物理学，但并没有完全控制物理学科的整个研究方向。在研究方向方面，年轻一代的物理学家远比欧洲年轻的物理学家有更大的选择权。① 他们有条件阅读欧洲编辑的杂志，学习新的物理学，这在当时已较易获得。一些物理学家，主要是年轻一代，仿佛一夜之间被伦琴发现的X射线唤醒，开始着迷一系列新的发现，诸如电磁辐射和电子，更不用提量子论和相对论的影响了。显然，物理学正以与以往截然不同的方式发展，不断开拓新的疆土。另外一些物理学家，比如密立根，显然也认识到当前物理学发展处于新时代，美国物理学家只有在这些领域中做出贡献，才能赢得国际的认同。

时至1913年，美国大学已经拥有一批为数不多但数量不断增加的年轻一代物理学家。他们致力于研究新物理学的问题，研究伦琴、贝克勒尔和J·J· 汤姆生的新发现。一些物理学家已经开始教授这些课程，比如麻省理工学院开设了“物质构成的最新发现”课程，并指导博士研究生研究放射现象、X射线，尤其是电子。在1896－1905年间，与电子领域相关的博士论文有5篇，1906－1910年间则有14篇论文。②

应该说，在1900年之前，欧洲物理学家从事X射线、放射现象和电子研究的人数与美国物理学家相似，为数不多。然而，美国大学物理学家的研究成果，在质量方面难与欧洲同行匹敌。他们在新旧物理学领域的研究，大多只是处于事实收集的阶段。更让美国物理学科难有大发展的是，

---

① Joseph Ben-David, The Universities and the Growth of Science in Germany and the United States, *Minerva*, 1968(7), pp. 6－8.

② Daniel J. Kevles, *The Physicists: The History of a Scientific Community in Modern America*, Vintage Books, New York, 1978, p. 90.

这些物理学家在他们所处的院校占据学科的领导角色。在他们的影响下,美国大学研究生院、新出现的物理专业组织,以及新旧国家科学机构,均处于较低水平。不过,霍普金斯大学、耶鲁大学、康奈尔大学、芝加哥大学和哈佛大学等5所院校的研究生院还是有一些博士论文触及学科的前沿。

总体而言,20世纪早期美国出现的五大研究生院,主要培养物理学界的"赤脚医生"(Pedestrian)。1903年,巴罗斯指出,大多数年轻一代的物理学家,仍旧受到他们所做博士论文的影响,缺乏对新思想的认同。[①]从数量上讲,新一代的物理学家不断成长,但是分布甚广的大学还是将智力分散了,使得这些物理学家彼此之间缺乏有效的交流。

2.3.3　学科信念对学科发展的影响:以芝加哥大学莱尔森物理实验室为例

芝加哥大学校长哈铂费尽心思,将杰出的实验物理学家迈克尔逊挖到芝加哥大学,那么,围绕迈克尔逊,芝加哥大学该如何筹建新的实验室呢?他如何培养新一代的物理学家?重科研轻教学的奖励机制的确建立了,但19世纪末期,物理学仍然被视为"死亡学科(dead subject)"。伴随着一系列新的发现——伦琴射线、电子的发现等,美国大学在培养人才方面是否发生了重大的变化?

贾尼丝·洛代尔(Janice B Lodahl)和杰拉德·戈登(Gerald Gordon)写道,"由于知识的结构决定了教学内容和研究内容,因此一个特定领域的范式的发展程度及其可预言性既影响教学也影响研究。"[②]近二十年之后,美国物理学家迈克尔逊"继承"了麦克斯韦的观点。他在1888年美国科学促进会的分会场上,作为物理学分部的副主席发表了演讲,"我们可以确信的是,重要的事实、客观规律以及它们的应用已经全部被我们所掌握。我们已无需对它们做进一步的研究和发展。"[③]六年之后,1894年,芝

---

① Daniel J. Kevles, *The Physicists: The History of a Scientific Community in Modern America*, Vintage Books, New York, 1978, p. 80.

② 伯顿·克拉克. 高等教育系统:学术组织的跨国研究[M]. 王承绪等译. 杭州:杭州大学出版社,1994. 45.

③ Albert A. Michelson, A Plea for Light Waves, *Proceedings of the American Association for the Advancement of Science*, 1888(37), pp. 67—78, pp. 68—69.

加哥大学建立了莱尔森物理实验室(Ryerson Physical Laboratory),进一步改善了物理学科发展的条件。从整个物理学史的发展来看,芝加哥新实验室的成立恰好是在新物理学发展的前夜。但是,作为实验室的领导人,迈克尔逊却在实验室的献辞上说道,“我们当然无法肯定,物质科学不再会有像过去那么惊人的奇迹,但非常可能的是,大部分宏伟的基木原理已经确立,今后的进展仅在于将这些原理严格地应用于我们所关注的物质现象上。因此,测量科学显示了它的重要性。这意味着定量的结果比定性的结果更令人关注。一位卓越的物理学家曾经说过,物质科学未来的真理将在小数点后六位数字上求索。”①此时,迈克尔逊所表达的观点已适用于所有物质科学。

上述这段话还记录在芝加哥大学1898—1899年的导学手册上,显然当时迈克尔逊已经知道X射线和辐射现象等物理学新进展。在美国科学界,迈克尔逊的观点并不孤单,比如物理学家孟德霍也赞同此观点。1887年,在著作《电学世纪》(A Century of Electricity)之中,孟德霍表达了与迈克尔逊相似的观点,认为电学领域原创性或革命性的研究已经结束。② 1888年,美国天文学家纽科姆认为,“如果公众因为没有看到来自天文台观察到的辉煌发现而感到失望的话,那么,我们必须牢记,所谓的发现不是今天科学家的主要工作。”③物理学大厦已经竣工的观点不仅成为美国大学主要物理学家的学科信念,而且已经在大学生群体之中得到广泛的认同。美国杰出的实验物理学家密立根1894年在哥伦比亚大学攻读物理学硕士学位时,常被从事医学、社会学和政治学的学生嘲弄,因为他学的是一门已竣工的或者说是死亡的学科,而当时新型的社会科学正处于发展阶段。④

① Charles Weiner, Who Said It First, *Phys. Today*, 1968(21), p. 9. 转引自:冯端. 漫谈物理学的过去、现在与未来[J]. 物理,1999,(9). 密立根认为,迈克尔逊提到的卓越物理学家是指英国物理学家开尔文男爵(Kelvin).

② T. C. Mendenhall, *A Century of Electricity*, Boston, New York: Houghton, Mifflin, 1887, p. 223.

③ Simon Newcomb, The Place of Astronomy Among the Sciences, *Sidereal Messenger*, 1888(7), pp. 69—70.

④ Robert A. Millikan, *The Autobiography of Robert A. Millikan*, London: Macdonald, 1951, pp. 269—270. 1875年,普朗克通过了慕尼黑大学的入学考试,他当时不知道该选择古典哲学、音乐还是物理学。他最终选择了物理学,尽管物理学教授朱利(Jolly)告诉他,物理学领域不会有新发现。转引自:Walter Meissner, Max Planck, the Man and his work, *Science*, 1951(113), p. 75.

应该说,欧洲物理学家最先认为,物理学的大厦已经竣工。但欧洲物理学家还是一如既往地思考理论问题。德国柏林大学的普朗克从 1895 年着手研究,六年之后才用数学内插法导出了一个经验公式,在解释黑体辐射时首次引入了能量的量子化。[①] 对此,很长时间欧洲物理学家都无法理解,美国物理学家则更加无人问津。

物理学的发展一直是国际化的。不同国家的物理学家通过学术会议进行科研交流和合作,在 19 世纪司空见惯。但在物理学领域,有组织的大规模的国际会议并不多。一直到 1900 年夏,第一届国际会议在巴黎举行。该会议是由法国物理学会和在巴黎举行的世界博览会共同举办的。三卷本的会议论文集由来自 15 个国家物理学家提交的论文组成,其中包括 70 篇综述性文章。法国、德国、英国分别提交了 36 篇、10 篇、6 篇,而美国物理学家只提交了 2 篇。[②] 迈克尔逊也参加了该会议,并在博览会上获得了大奖。那么,这次会议是否将物理学最新的研究包含在内?迈克尔逊是否了解物理学的最新发展动态?毫无疑问,回答是肯定的。

会议的主题虽然尚未覆盖物理学各个分支,但已较为全面地涵盖了物理学的主要发展方向。表 4 中罗列了受邀请论文的主题分布情况,除了传统的度量衡学(Metrology)、光谱学、电学、磁学、太阳物理等学科领域之外,还将物理学最新的发现纳入其中。亨利·贝克勒尔和居里夫妇做了放射现象的报告,维恩和奥托·路姆(Otto Lummer)各自做了关于黑体辐射理论和实验的报告,保罗·维拉德(Paul Villard)做了阴极射线的报告,[③]J·J·汤姆生做了电子理论和原子结构的报告。

表 4　1900 年受邀巴黎大会学术论文的学科分布状况

论文主题	篇数	百分比
电学和磁学	22	24
机械和分子物理	19	20

① 乔均. 论传统观念对物理学发展的阻碍[J]. 淮北煤炭师院学报,1985,(1).

② 此外,荷兰物理学家提交了 4 篇、俄罗斯 4 篇、意大利 3 篇、奥匈帝国 3 篇、丹麦 2 篇、挪威 2 篇、瑞典 2 篇、比利时 2 篇、瑞士 2 篇,此外还有日本、印度各提交 1 篇。法国虽然提交了最多的论文,但它在物理学,尤其是理论物理学领域,已无法与德国、英国相提并论了.

③ 1897 年,J·J·汤姆生证明阴极射线就是电子。而法国物理学家认为,阴极射线不是电子,而是氢离子.

(续表)

论文主题	篇数	百分比
一般主题:测量和物理单位	15	16
光学与热力学	14	15
宇宙物理	9	10
永磁式光学、阴极射线和铀射线	8	9
生物物理	5	6

资料来源：Helge Kragh, *Quantum Generations: A History of Physics in the Twentieth Century*, Princeton, New Jersey, 1999, p. 17.

新物理学的发展在欧洲已然成为热点,迈克尔逊通过参加国际会议,已了解到物理学前沿的新变化。但是,1901年、1903年吉布斯、罗兰相继去世之后,迈克尔逊作为美国物理学界最有影响力的物理学家之一,却未通过美国物理学会及其期刊影响物理学科的研究方向。在培养学生方面,仍旧秉持传统的牛顿机械论。布鲁斯(Stephen G. Brush)称美国大学物理学科保持着"维多利亚式的平静",[①]这很大程度上归因于迈克尔逊沉浸在他自己的实验之中,而未加关注席卷欧洲理论物理学界的争议和新兴的实验物理学。[②] 我们可以想象的是,美国地理学界庆幸拥有鲍威尔,而物理学界的领袖迈克尔逊却无此才能。

继1876年霍普金斯大学建立之后,1891年,哈铂在石油大王洛克菲勒的资助下,开始筹建芝加哥大学。[③] 与吉尔曼相似,他也将耶鲁大学传统的保守主义办学理念作为自己批判的对象。[④] 他认为,新创办的芝加哥大学将"以研究为主,教学为辅"。[⑤] 哈铂不遗余力地"挖空"新成立但处于财政困境中的克拉克大学的师资,其中包括物理学家迈克尔逊。但是,迈

---

① 维多利亚式的平静(Victorian Calm)意思是,所有值得了解的物理学规律都已经被物理学家所认识.

② S. G. Brush, Romance in Six Figures, *Phys. Today*, 1969(22), p. 9.

③ 芝加哥大学于1891年开始筹建,1892年正式开学.

④ 美国研究型大学的成立,都与耶鲁大学有着密切的联系。霍普金斯大学校长吉尔曼、芝加哥大学的哈铂,都曾在耶鲁大学工作过。哈铂29岁就在耶鲁大学担任教授。可以说,两人对耶鲁大学颇为了解。在筹建新型大学之时,两人都把耶鲁大学作为对立面加以批判.

⑤ Frederick Rudolph, *The American College and University: A History*, New York, 1962, p. 352.

克尔逊秉持物理学完成论的观点,与哈铂创办研究型大学存在矛盾。

作为美国现代物理学奠基人的密立根刚踏入物理学领域就适逢新旧物理学交替。1895年12月伦琴宣布发现了尚不为人所知的、具有高度穿透力的射线,命名为X射线。贝克勒尔发现了放射现象。1905年爱因斯坦发表了3篇独创性的论文。[①] 作为年轻的物理学家,密立根的物理学生涯始于物理学前所未有的范式转换时期。可以说,物理学内所发现的新现象让年轻一代的物理学家密立根几乎无所适从。

1896年夏季,在哥伦比亚大学获得博士学位的密立根收到来自芝加哥大学迈克尔逊的电报,愿意给他提供一个助教的职位。密立根前往芝加哥大学,标志着他作为一位物理学家的生涯的开始。[②] 在哥伦比亚大学,密立根是从书本上学习光学,直到1894年在芝加哥大学遇到迈克尔逊,"总之,在我遇到的所有人当中,给我影响最深刻的要数迈克尔逊。我第一次感到面前的人不是从书本,而是以他自己的方式更好地理解光学。"1896年秋季,初到芝加哥大学,密立根就跟校长哈铂表明来意,"我想有机会从事研究工作。"[③]但在莱尔森物理实验室,科学研究的氛围与密立根所期望的相去甚远。在物理系,迈克尔逊是惟一一位重量级人物。1896年韦德沃斯(F. L. O. Wadsworth)动身前往耶克斯天文台(Yerkes Observatory),迈克尔逊成了物理系惟一一位积极发表科学研究的教授。副教授S·W·斯特拉顿(Samuel Welsley Stratton)主要从事教材编写。与密立根一起受雇的曼恩(Charles Riborg Mann)追随盖尔(Henry Gale)的足迹,3年后成为系里的教职人员。所以,迈克尔逊是芝加哥物理系惟一一位从事研究和负责研究生培养的物理学家。然而令人困惑不解的是,这位未来的诺贝尔奖获得者并不把自己当成是富有成效的研究领导人。他宁愿独自一人从事研究,很少有兴趣培养博士候选人。[④] 迈克尔逊的这一态度能够很好地解释,为什么芝加哥大学物理系在他的领导下,鲜

① Robert H. Kargon, The Conservative Mode: Robert A. Millikan and the Twentieth-century Revolution in Physics, *Isis*, 1977(68), pp. 511－512.

② Robert A. Millikan, *The Autobiography of Robert A. Millikan*, London: Macdonald, 1951, p. 18.

③ Robert H. Kargon, The Conservative Mode: Robert A. Millikan and the Twentieth-Century Revolution in Physics, *Isis*, 1977(68), pp. 511－512.

④ Dorothy Livingston, *The Master of Light*, New York: Scribners, 1973, pp. 284－285.

有杰出的物理学家。

尽管迈克尔逊被认为是美国最杰出的实验物理学家之一,但当他面对公众时,他没打算“劝说”美国最聪明或者最有抱负的年轻人进入物理学领域。1894年,迈克尔逊借赖尔森物理实验室成立之际,[①]发表了后来常被人引用的观点:

与过去所取得的成就相比,尽管我们无法认定物质科学的未来是否留有一块令人惊奇的芳草地,但就目前物理学的发展看来,大部分重要的基本原理已经牢固地确立了,而进一步的发展主要是把这些原理运用到解释我们所遭遇的各种现象上。在这个领域,科学的测量显得尤其重要——定量的结果较定性的工作更值得期待。一位杰出的物理学家曾经说过,未来物质科学的真理在于精确到小数点第六位。[②]

从迈克尔逊的演讲中,我们可以窥探到迈克尔逊不重视博士候选人培养工作的部分缘由。迈克尔逊开始把研究生培养的管理权移交给密立根,起初让密立根负责每周一次“习明纳”,1908年甚至让他负责培养研究生从事研究的工作。上述感想在1895年之前并不令人称奇。令人惊讶的是,迈克尔逊的个人感想刊登在芝加哥大学1898－1899年鉴中,作为对物理系的一般评论。要知道,1898年至1899年间,震撼物理学学术共同体的一系列“新”发现已过去数年。更让人匪夷所思的是,同样的感想还保留在1907年的年鉴中。[③] 而这一年迈克尔逊获得诺贝尔奖。如此不顾欧洲现代物理学的产生,迈克尔逊的行为令人费解。1909年,J·J·汤姆生在就任英国科学促进会主席的演讲中阐述道,过去数年的物理学成就驱散了物理学家心头的消极情绪,物理学正迎来新的复兴时期。[④]

在这段时间内,除了X射线的发现,还有放射现象、电子、狭义相对论和量子的引入。1896年1月,迈克尔逊对X射线发现的反应揭示了莱尔森物理实验室的科学氛围,“我承认,我没有看到X射线的发现在科学或

---

① Robert H. Kargon, The Conservative Mode: Robert A. Millikan and the Twentieth-Century Revolution in Physics, *Isis*, 1977(68), pp. 511－512.

② Lawrence Badash, The Completeness of Nineteenth-Century Science, *Isis*, 1972, p. 52.

③ Ibid., p. 53.

④ J. J. Thomson, *Presidential Address to the British Association*, British Association for the Advancement of Science, 1909, p. 29.

实际应用中有多重要。”[①]这段时期迈克尔逊领导下的莱尔森实验室之所以获得声誉并不是因为其大胆地进入物理学的前沿阵地,而是因为其精确的测量——迈克尔逊本人因测量光速而闻名于世,以及关注本科生的科学教育。为此资质较浅的年轻人,像S·W·斯特拉顿、密立根、曼恩和盖尔等从事本科教育的负担甚重。

在物理学新领域方面,莱尔森实验室避免开展带有某种富有冒险性的研究项目,而当密立根于1896年进入该实验室之后,他本人也受到这种氛围的影响。既然物理学的大厦基本落成,那么,密立根在芝加哥大学最初的10年主要进行基础物理学教学方面的工作,那是毫不奇怪的。[②]密立根大量的工作与欧洲日新月异的物理学发展无关。作为资历尚浅的芝加哥物理学家,他明显表现出自我保护的信念。迈克尔逊不能容忍富有野心或者过分独立的资质尚浅的教职员。就这一点而言,密立根没有表现出这些无法驾驭的特性。欧洲讲座制的“身影”在芝加哥大学的莱尔森实验室呈现。密立根通过勤奋向迈克尔逊表明,他是合格的教师,并具备科学研究所需要的严谨。密立根跟随迈克尔逊并沉浸在旧范式时期,但他毕竟通过交流并参与研究,了解到欧洲物理学最前沿的问题在哪里:电子电荷的测量与爱因斯坦对光电效应的解释。密立根保守的思维模式是基于以下几个方面的因素:其一,关于科学变化的观点。他认为科学是有序的进步,对激进的革新表示怀疑。其二,学术标准问题。跟随迈克尔逊,同时与业已建立的美国传统相一致,即物理学领域中的卓越体现在精确的测量,以及通过实验的方法逐渐掌握所研究问题的所有方面。

---

① Robert H. Kargon, The Conservative Mode: Robert A. Millikan and the Twentieth-Century Revolution in Physics, *Isis*, 1977(68), pp. 511—512.

② 密立根在芝加哥大学最初的10年间,每天六个小时的工作时间用于课程的组织和大量的教材编写。引自:Robert H. Kargon, The Conservative Mode: Robert A. Millikan and the Twentieth-Century Revolution in Physics, *Isis*, 1977(68), pp. 511—512.

第3章　旧量子论时代美国大学物理学科的发展(1914—1925年)

20世纪头20年,美国大学实验物理学家在光学、物质结构和电磁领域,均作出重要的贡献。困难在于,当时多数美国物理学家远离物理学发展的前沿。他们总体上还信守上世纪末流行的学科信念,认为物理学的大厦已然竣工,只须在实验室中通过进一步测量精确后几位小数点即可。正是美国传统实用主义哲学与经典物理学科信念相结合,使得美国人更加热衷于技术与发明,忽视了科学理论的修养与研究。而在欧洲,量子理论正吸引着大批最有才华的年轻人,最著名的理论物理学家普朗克、玻尔已经获得科学界的高度认可。欧洲物理学的变革使得美国在此领域相形见绌,于是美国大学不得不把学德语作为研究生的必修课,以便能跟上物理学中心——德国的发展。

第一次世界大战之前,哈佛大学甚至不给理论性的论文申请博士学位的权利,这对美国理论物理学科的发展所造成的阻碍是难以估计的。据统计,1910年美国仅有一个数学物理教授的职位,而同一时期西欧就有五十多名数学物理教授,其中德国占16名。翻开物理学史,可以看到,除了世纪之交的吉布斯以外,美国直到20世纪20年代前期,还没有一位重要的理论物理学家。[①] 在20年代最辉煌的时期,美国物理学科仍旧以实验物理学著称于世。比如密立根因测量电子电荷和证实爱因斯坦光电效应方程的成就,于1923年获得诺贝尔奖。在这之前的一年,阿瑟·康普顿发现了康普顿效应,这也使他在四年以后获得了诺贝尔奖的荣誉。

本章研究的问题是:第一,1913年玻尔提出量子轨道理论时,美国大学物理学家在努力跟上学科发展的新趋势方面,面临哪些困难?第二,一战对物理学科发展起到何种影响?慈善基金会、工业部门对物理学科的影响如何?第三,一战之后,美国大学物理学科面对量子理论的发展,在

---

① 赵佳苓. 美国物理学界的自我改进运动[J]. 自然辩证法通讯,1984,(4).

教学、课程乃至学科信念方面,发生了哪些变化?其培养理论物理学家的能力如何?实验科学如何在量子理论的背景下,获得新的发展动力?第四,旧量子时代背景下,物理学科专业化发展程度如何?

3.1　物理学科发展的新机遇:一战与基础研究

3.1.1　物理学科对量子理论的反应及发展的困境

3.1.1.1　量子理论的发展引起美国大学的广泛关注

1913 年,玻尔提出氢原子轨道理论之后,[①]同一年,英国物理学家亨利·莫斯利(Henry G. J. Moseley)发现原子特征谱线。此后不到一年的时间内,量子理论成为分析原子结构的主要工具。对此,英国物理学家评论道:"量子假说传播得之快,堪比旱季野火。"[②]美国大学顶级物理学科对欧洲出现的量子理论,反应也非常快捷。1913 年之后,量子理论对美国大学物理学课程的影响日益增加。实际上,到 1915 年为止,所有具备研究生学位授予水平的物理专业的大学,如芝加哥大学、哈佛大学、霍普金斯大学、麻省理工学院、普林斯顿大学和耶鲁大学,或者引进量子理论,或者为硕士、博士增加讨论的机会。[③]

到 1914 年,美国物理学会的成员已达到 700 人,而且绝大多数是年轻人。其中,一些年轻的物理学家,利用大学七年一次的"学术休假年"到欧洲大陆镀金,他们很快感受到量子论在欧洲的影响。玻尔提出氢原子轨道理论之初,大多数欧洲和美国物理学家不知如何运用量子理论解释微观领域的物理现象。但美国年轻一代的物理学家,却从玻尔的理论体系中,看到一个崭新的研究领域:"呵,一个无限广阔的研究领域就铺陈在我们面前!"[④]

---

① J·J·汤姆生在 1904 年提出的原子模型,在几乎长达十年之久的时间内普遍为人们接受,而很少有人谈到卢瑟福模型。玻尔把普朗克于 1900 年提出的,并在 1905 年为爱因斯坦发展了的量子概念引入到原子理论中来,于 1913 年接连发表了 3 篇不朽的文章,即众所周知的关于原子理论的"伟大三部曲"。引自:P·罗伯森. 玻尔研究所的早年岁月(1921—1930)[M]. 杨福家等译. 北京:科学出版社,1985. Ⅱ.

② A. S. Eve, Modern Views on the Constitution of the Atom, *Science*, 1914(40), p. 117.

③ Stanley Coben, Scientific Establishment and the Transmission of Quantum Mechanics to the United States, 1919—32, *American Historical Review*, 1971(76), pp. 442—446.

④ G. W. Stewart, The Content and Structure of the Atom, *Science*, 1914(40), p. 662.

在美国大学物理系、物理学会之中,老一代物理学家继续占据着主席一职,但他们已经意识到,他们有责任促进新物理学在美国大学的发展。1912年,普林斯顿大学的理查德森和他25岁的学生卡尔·康普敦第一次成功地验证了爱因斯坦的光电效应方程;在芝加哥大学,密立根不仅有效地论证其方程的有效性,而且测量出普朗克常数;在哈佛,莱曼首次验证了玻尔理论预言的氢光谱中的紫外光谱。新物理学很快成为美国物理学哲学博士的重要选题,而《物理评论》上很快出现了与量子相关的论文,美国物理学会也积极参与讨论。

此外,经过20世纪初十多年的发展,从事现代物理学研究的物理学家开始在美国物理学会赢得地位,学术权力逐渐增大,因而在学会事务之中扮演越来越重要的角色。1913年11月,美国物理学会在芝加哥举行研讨会,讨论的主题是量子理论。[①] 1914年学会研讨会的主题围绕原子结构问题展开。[②] 1913年,物理学会开始承担塑造《物理评论》杂志国际声望的责任,其思想始于杂志的创始人主张增加该杂志的国际声望,吸引许多重要的文章在上面发表。[③] 随着年轻一代物理学家进入物理学专业的领导地位,物理学会、大学各个系和杂志,整个美国物理专业开始转向量子论。

美国物理学家敏锐的认识到,在原子结构领域,他们的欧洲同胞已经作了大量的重要工作。对此,年轻一代物理学家期望改变这一现状。虽说在所有的科学学科领域,科研经费的数额均达到了前所未有阶段,但科学家的数量也以相应的幅度增加,人均科研经费并不高。1914年,美国科学促进会的成员已经达到8 000人,是世纪初促进会成员的4倍。卡内基财政分配的监管员罗伯特·伍德沃德(Robert S. Woodward)也认为,美国院校面临日益增长的科学人员,与日显微薄的财政资助之间的矛盾。[④] 众所周知,卡内基学院所获得的捐赠冠绝美国各院校。安德鲁·卡耐基独特的地方在于,他将慈善资金用于特定的研究目的,而绝大多数的

① C. E. Mendenhall, R. A. Millikan, Max Mason, J. Kunz, and A. C. Lunn, Quantum Theory, *Phys. Rev.*, 1914(3), p. 57.

② H. B. Lemon, H. Gale, G. Fulcher, G. W. Stewart, and K. K. Darrow, Spectroscopic Evidence Regarding Atomic Structure, *Phys. Rev.*, 1915(5), p. 72.

③ *Phys. Rev.*, 1913(1), p. 63.

④ Robert S. Woodward, The Needs of Research, *Science*, 1914(40), p. 224.

美国慈善家并没有以他作榜样,他们只是将资金一般性地投给大学。随着学生注册人数呈现几何级数增长,用于教学的资金是科研经费的9倍之多。①

与其他科学学科相比较,美国大学物理学科的处境位于中游。由于物理学科是许多工程学领域的基础学科,所以物理学介绍性的课程进一步扩大。而且,物理系自身注册学生的激增,使得其需要招聘更多的教师人员,购买更多用于教学的实验设备,导致科研设备所需的经费反而减少。哈佛实验物理学家莱曼指责大学将更多的资金用于教学方面,导致其科研资金不充裕。为了解决此困难,贵族出生的莱曼只得自掏腰包。②但对于大多数中产阶级的物理学家而言,他们很少有人能负担得起这笔科研费用。

尽管如此,欧洲同行却对美国科学家能获得如此丰富的科研资金,颇为眼馋。可美国科学家却认为,他们的科研经费窘迫,需要采取一些措施,改善当前学科科研条件。美国科学促进会人士建议,缺乏资金的科学家最好组成一个学会,共同发出强烈的呼声,才能引起公众、出版界和联邦政府的重视。满脑子都是量子理论的年轻一代物理学家,当然赞同此建议。实际情况是,时至1914年,他们很难期望公众、国会,甚至是富裕的美国人,加大对科学研究,尤其是纯研究领域的投入。③ 物理学家在实用方面的成就,远不如发明家爱迪生。更何况,大多数公众不了解原子的复杂性,也不太熟悉美国新一代物理学家的成就。没有一位物理学家,能享受到地理学家鲍威尔征服科罗拉多(Colorado)大峡谷的声望。许多当时的新闻记者回忆,他们把每一个专业的科学家看成是形象欠佳的滑稽演员(Staff Humorists),而科学家则对出版界报以轻蔑的态度。④

3.1.1.2　物理学科发展的瓶颈:大学与基金会之间的矛盾

1914年,众多的科学家继续恪守他们的学科文化,以及在社会价值面前保持客观的态度。让人窘迫的是,美国物理学家越是强调学科标准,他们越是疏远社会地位颇高的美国人。当越来越多的美国物理学家接近

---

① Report of the Committee of 100, *Science*, 1915(41), p. 316.

② Daniel J. Kevles, *The Physicists: The history of a Scientific Community in Modern America*, Vintage Books, New York, 1978, p. 95.

③ Ibid., p. 95.

④ David Dietz, Science and the American Press, *Science*, 1937(85), p. 108.

罗兰最好的科学进程,他们却发现学术共同体遭遇社会各界的冷遇。一位地理学家早在世纪初便说道:“对于美国而言,实用才具有吸引力!”[①]这意味着纯研究必需通过实用研究方面的成就为自身辩护。

更重要的是,20世纪初私人捐赠发生了重大变化。19世纪末,许多研究型大学如霍普金斯大学、麻省理工学院、斯坦福大学和芝加哥大学等都是在私人基金会的资助下建立的。但在20世纪初,在卡内基和洛克菲勒两位慈善家的带动下,美国私有资金对社会效益的追求开始走向“理性”,体现在私有资金资助成立以基础研究为目标的独立研究院。比如分别在1901年和1902年成立的洛克菲勒医学研究所和华盛顿卡内基研究院。研究机构最初的意图是促进知识进步,在美国的基础科学的发展中发挥主要作用。之后,卡内基基金会和洛克菲勒基金会分别于1911年、1913年成立,其宗旨是促进知识的发展和传播,促进人类的福利。而研究型大学在形成基础研究的过程,显然无法满足基金会“促进人类福利目的”的宗旨。这直接导致基金会自创研究机构,这标志着私有资本追求“社会效益”制度化的开端。同时意味着,美国众多顶级的私立大学开始失去重要的捐赠资金。

1920年之前,大多数的个体慈善家认为:研究对于国家的发展是必要的,并认为科学家最好全日制从事研究工作,免得被教学和其他服务角色干扰。在1910年至1920年间,慈善家建立研究所,尤其是医学研究所,成为一种时尚。1921年的调查表明,研究所的数量达到16所,年度经费预算接近六十万美元。显然,慈善家们是非常崇尚学术的,他们之所以与大学保持距离,是因为他们相信,按照功能不同的劳动分工是最好的,[②]而大学教学与科研相统一的原则不符合他们的理念,况且许多大学将研究理解为用来改善教学的途径。而且,作为卡内基财政分配的监管员罗伯特·伍德沃德,和大学校长及学术委托人零星的合作也闹得不欢而散,彼此分歧的重点在于如何使用“学生研究助理”。伍德沃德认为,让学生参与研究并给予研究补贴,等于是把部分研究资金转向了教学。而教授们抱怨伍德沃德无法赏识把研究和训练之间联系起来的重要性。颇感痛

---

① John M. Coulter, Public Interest in Research, *Popular Science Monthly*, 1905(67), p. 311.

② Robert E. Kohler, Science, Foundation, and American Universities in the 1920s, *Osiris*, 1987(13), pp. 135—164.

苦的伍德沃德不失时机地论述他的观点:“大学并不是真正做研究的地方。”[①]鉴于卡内基、洛克菲勒基金会和大学之间发生的不愉快经历,基金会的领导人避免与大学科学家之间有任何瓜葛。

而且,基金会的组织风格与科学家个体放任自由的“个人主义”发生了冲突。对于基金会的领导人来说,直接资助给个体是历史性的倒退。他们的目的在于把个体和本地的活动,与集体性的项目协调起来,并由国家各个学会指导管理。基金会赏识的是,表现出以合作为导向的和现代商业组织的理念。一直到1915年,鲜有美国学术科学家具备这种品质。更何况,寻求获得资金支持的研究人员对于如何分配捐赠资金,意见不一。有的认为,资金应该以均匀的方式按学科进行分配。对他们来说,捐赠资金的目的在于让有能力的普通研究人员有机会参与研究,尤其是为那些资金匮乏而无法担负时间和资金的学院提供捐助。然而,通过“均分研究资金”的战略与基金会最终“增添人类福祉”的目标相去甚远,所以,慈善家对建立在这些条款上的合作毫无兴趣可言。

当慈善基金会与大学合作关系陷入僵局之时,众多国家科学组织亦未能担任调停人的角色。美国科学院被放任自流的纯粹主义者控制,他们不愿与社会捐赠的资金存在任何瓜葛。同样的,美国科学促进会在寻找捐助人,以及把有限的资金分配给急需科学资金的科学家方面,都做得不够到位。要知道,基金会的抱负不单是推进科学发展,而是在更大范围内提升学术共同体、传播知识和民族意识。科学家不是慈善的目,非官方的代理处关心的是传播知识,而不是创造知识。他们并不怀疑疾病的治愈最后还是依赖基础研究,但他们关心的是,如何更有效地使用现有的知识。应该说,慈善基金会的宗旨倒是颇为符合19世纪末物理学科的信念,即物理学大厦已经竣工。

需要强调的是,基金会主席和其他成员,并不是对科学表示冷漠。正相反,他们对科学充满热情,渴望以某种方式支持科学。但问题是以何种方式?基金会和学术科学家相似的地方在于,评估一项成功捐赠资金的方式是个人研究论文的发表。那么,如何打破大学与基金会之间的僵局呢?显然,美国大学物质科学家需要新的机遇,证明他们与慈善基金会的

---

① Robert E. Kohler, Science, Foundation, and American Universities in the 1920s, *Osiris*, 1987(13), p. 137.

领导人拥有一样的特质:善于合作研究,论证教学与科研相统一的合理性,能为人类的福祉作出重要的贡献,从而为新兴的原子领域提供资助。而一战恰好提供了这样一次机遇。那么,美国大学物理学家是如何抓住这样的机遇呢?

3.1.2　一战与大学物理、化学等学科纯研究信念的确立

3.1.2.1　海尔与美国大学物质科学发展的蓝图

20世纪头十五年,美国已加快研究的步伐,科学共同体迅速膨胀。1900年至1914年间,美国科学促进会的成员从1 925名猛增至8 325名,各个专业学会的增长率也与之相似。各类杂志不断扩充版面。大学科学家正努力寻求行政管理人员对他们研究工作进行资助。大学围墙之外的环境也有所改善,比如联邦科学机构的预算也逐年递增,较有代表性的是新成立的国家标准局。天体物理学家海尔[①]虽说注意到这些积极的变化,但他认为美国科学尤其是物质科学,发展水平低下。在大学物质科学研究资金匮乏,联邦政府对大学投资不足的情况下,公众对大学物质科学学科欣赏与否,对其影响显得尤为重要。他还认为,美国物质科学家所做的工作过于琐碎,纠缠于细枝末节,“只见树木,不见森林”,故而意义不大。[②]

1902年,海尔入选美国国家科学院之后,他比以往更加关注美国科学发展的进程。1913—1914年,他基于个人的研究经验,撰写了一系列文章《国家科学院和研究发展》(National Academies and the Progress of Research),[③]思考如何改善美国的科学发展模式。作为天体物理学家,海尔习惯于使用物理学、化学和天文学的知识研究天体。所以他本人具备交

---

① 早在麻省理工学院读本科之时,海尔就因为发明了太阳单色光照相仪(Spectroheliograph),而使得他在24岁之时便成为英国皇家天文学会(Royal Astronomical Society)的成员。作为商人的儿子,他与众多的美国富豪关系颇为融洽。他自己不仅创办了《天体物理学杂志》,而且说服查尔斯·耶克斯(Charles Tyson Yerkes)和卡内基学院的理事,分别出资筹建耶克斯天文台(Yerkes Observatory)和威尔逊天文台(Wilson Observatory)。引自:Helen Wright, *Explorer of the Universe: a Biography of George Ellery Hale*, New York: Dutton, 1996.

② Daniel J. Kevles, George Ellery Hale, the First World War, and the Advancement of Science in America, *Isis*, 1968(59), pp. 427—437.

③ George Ellery Hale, National Academies and the Progress of Research, *Science*, 1913(38), pp. 681—198; 1914(39), pp. 189—200; 1914(40), pp. 907—919; 1915(41), pp. 12—23.

叉学科的意识,因此他确信,美国科学家唯有从研究单一的细节转向更广泛的关系,即学科之间的交叉,才会产生有意义的结果。他还确信,美国科学家将受益于学科内部的合作,这与慈善基金会的宗旨颇为吻合。首先,与孤立的个体相比,团体合作研究更容易得到财政支持;其次,团体合作有助于避免重复工作。在天文学领域,许多天文学家共同合作绘制天文地图颇为普遍。海尔还认为,假如美国科学家在同一学科专业领域,与欧洲同行更加紧密地在一起工作,那么,美国科学家的专业成果一定会更有意义。要实现上述意见,他认为最理想的组织要数美国国家科学院。其一,国家科学院包括来自各个学科的科学家,可以通过强调知识的统一性,达到扩宽并激励成员的求知欲。这一点符合海尔交叉学科的理念;其二,从制度上讲,科学院在美国各个学会当中地位独特,有助于促进国内外学术科学家的合作。①

美国科学家对自己能够成为科学院的成员颇感荣耀,但同时他们也担心科学院成为政治的附庸,从而影响科学院的独立性。海尔的立场是,在科学院尚未赢得地位和名声之前,他不愿意和政府联系过于紧密。否则,以其羸弱之体,难以与强势的政府抗衡,最终将成为政府的附庸。他确信,科学院仅仅作为政府的附庸,很难提供科学院引以为荣的公正的建议。② 那么,如何将学科发展的个人信念上升为美国科学发展的政策?这是海尔颇为关心的问题。他本人已经从科学研究之中,形成美国科学如何发展的蓝图,之后也想到以国家科学院这一组织为媒介,但始终没有找到契机。终于,一战给海尔提供了一个千载难逢的机遇。他可以利用战争,动员美国大学学术科学家参与战争,与彼此交往甚少的工业界、军方加强沟通,从而为支持大学从事纯研究找到更多的朋友,为大学物质科学

---

① 美国科学院由国会创建于1863年,为联邦机构承担科学咨询。在五十多年的时间里,国家科学院只有在51次不同的场合受到联邦政府的咨询。其中,20世纪初至一战之前,只有四次咨询记录。最后一次还是在1908年。这与欧洲科学院巨大的影响力,形成鲜明的对比。而且,美国国家科学院在选择成员之时,就将包括爱迪生在内的工程师排除在外。因此,学术科学家和工业工程师之间的合作甚少。此外,科学院与地方或国家的学会关系疏远,这进一步恶化了美国因为地域广泛而造成科学家人口密度过低的局面。引自:Daniel J. Kevles, George Ellery Hale, the First World War, and the Advancement of Science in America, *Isis*, 1968(59), p. 429.

② Daniel J. Kevles, George Ellery Hale, the First World War, and the Advancement of Science in America, *Isis*, 1968(59), p. 430.

学科的发展,包括新兴的现代物理学,创造有利的条件。

3.1.2.2 对于美国物理学科而言,一战是学术物理学家与爱迪生之间的战争

一战爆发之后不久,1915年7月,美国海军大臣约瑟夫斯·丹尼尔斯(Josephus Daniels)邀请爱迪生,而不是大学的物理学家和化学家,担任海军顾问委员会主席。要知道,1883年,霍普金斯大学物理学家罗兰倡导的“为纯科学请愿”,[1]提出美国科学发展的基础是加强纯研究,否则实用科学的发展将遭遇瓶颈,或者因为基础研究停滞而失去动力。类似的,《电学世界》(Electrical World)于1886年宣称:“手工作坊式发明的日子已经一去不复返了!”[2]事实上,19世纪后期,爱迪生手工作坊式的发明方法,在诸多应用领域已经让位于新型的工程师或称应用物理学家,尤其是在电学领域。比如通用电气公司聘请德国移民斯坦梅茨担任顾问。[3] 他在德国受过良好的物理训练,且擅长数学。然而,近三十年过去了,直到一战爆发之际,美国大学以物理、化学为核心的物质科学家,给美国工业家、军方以及民众的印象仍像不食人间烟火,久居象牙塔的居民。

为了找到反潜艇的有效措施,爱迪生将所谓的全国最聪明、最有发明思想的人员组织起来,组成海军顾问委员会(Naval Consulting Board)。该委员会的成员有:通用电气公司的威利斯·惠特尼(Willis R. Whitney)、发明电木塑料的利奥·贝克兰(Leo H. Baekeland)、电车发明人弗兰克·斯普雷格(Frank J. Sprague)和斯佩里陀螺仪公司(Sperry Gyro-

---

① Henry A. Rowland, A Plea for Pure Science, *Science*, 1883(2), pp. 242－250.

② Daniel J. Kevles, *The Physicists: A Scientific Community in Modern America*, Vintage Books, New York, 1978, p. 60.

③ 斯坦梅茨是德国裔美国电气工程师和发明家,以其关于交流电的理论研究著称,这项研究使电动机和发电机的进步成为可能。1923年福特公司一台大型电机发生了故障,公司所有的工程师会诊了两个多月都没能找到毛病。公司便请来斯坦梅茨。他在电机旁搭了帐篷安营扎寨,然后整整检查了两昼夜。他仔细听着电机发出的声音,反复进行各种计算,又登上梯子上上下下测量了一番,最后他用粉笔在这台电机上画了一条线作为记号。斯坦梅茨对福特公司的经理说,打开电机,把我做记号处的线圈减少20圈,电机就可正常转动了。工程师们将信将疑地照办了,结果,电机果然修好了。事后,斯坦梅茨向福特公司要价10 000美元作为报酬。福特的工程师大哗,说画一条线就要这么多钱,这价也要得太高了。斯坦梅茨不动声色地在付款单上写道:“用粉笔画一条线,1美元;知道把线画在电机的哪个部位,要9 999美元。” http://www.tcsrz.com/show.aspx?id=480&cid=34, 2007－09－11.

scope Company)的埃尔默·斯佩里(Elmer Sperry)。除了两位数学学会的代表罗伯特·伍德沃德(Robert S. Woodward)和阿瑟·韦伯斯特,顾问委员会的成员主要是由美国工程学会的代表组成。令人吃惊的是,该委员会将大学学术科学家排除在外,居然还能在美国国内获得广泛的赞誉。这充分说明,战前美国大学物理学科的发展忽视社会需求,更不注重软环境的建设,比如公众舆论。在面临战争之际,物理学科缺少自己的发言人,以至于军方和工业界人士,从一开始就准备将大学排除在外,而丝毫不觉得有任何损失。

爱迪生曾私下里对约瑟夫斯·丹尼尔斯说,"我们根本用不着进行科学研究,海军完全可以依赖国家标准局和工业实验室(面对战时的危机)。而且,花费大量的财力收集堆积如山的数据,弃之如废纸而不足惜!"[①]爱迪生的观点基本上反应了美国军事技术部门的发展状况,那就是军队倾向于依赖民间发明家和工业公司发明新式武器。总体而言,军事服务部门通常自行检测材料和仪器,对枪炮、引擎和配件进行改进之时,还处于手工作坊阶段,很少触及抽象科学。[②] 而航空部之所以能摆脱手工作坊式的水平,显然受益于乔治·斯奎(George O. Squier)上校的领导。1893年,他是美国军队之中唯一获得物理学哲学博士学位的军官,且毕业于著名的霍普金斯大学。爱迪生领导的海军顾问委员会主要忙于组织工程师研究如何生产,以及部件的标准化问题,而非科学问题。

1915年夏,阿瑟·韦伯斯特向海军大臣约瑟夫斯·丹尼尔斯建议任命物理学会和国家科学院的成员时,遭到了拒绝。在10月份海军顾问委员会首届会议上,阿瑟·韦伯斯特再度提出质疑,得到答案是:董事会的成员应该由实用型人才组成,他们擅长于"动手"而不是"动嘴"。至于增添数学人才,那也是查漏补缺性质的。[③] 这充分说明,手工作坊式的发明方式深入人心。大学物理学家单纯从认识论而没有从政治论为学科辩护,学科发展也只能是一条腿走路。

---

① Daniel J. Kevles, *The Physicists: The History of a Scientific Community in Modern America*, Vintage Books, New York, 1978, p. 106.

② Thomas P. Hughes, *Elmer Sperry: Inventor and Engineer*, Baltimore, 1971, p. 123, p. 251, p. 201.

③ Daniel J. Kevles, *The Physicists: The History of a Scientific Community in Modern America*, Vintage Books, New York, 1978, p. 106.

3.1.2.3 海尔组织科学力量参与一战：个人的学科信念上升至国家制度

美国国家科学院作为政府官方的科学顾问，被排除在战争之外，这让天体物理学家海尔颇感失落。他认为，在国家处于危难之时，国家科学院因害怕政治侵蚀而远离政府是不足取的。在国家防御方面，科学院至少应该与爱迪生们扮演一样重要的角色。而且，海尔的抱负超越了军事目的，他还要推进和平时期美国科学的发展。

1916年4月16日，也就在威尔逊(Woodrow Wilson)总统对德国不受限制的潜水艇战争发出最后通牒的第二天，美国科学院在海尔的督促下，签署通过了一项决议：如果美国与德国断交，美国科学院将向总统提供科学援助。不到一个星期的时间，科学院组织起最杰出的科学代表团，并在总统威尔逊的授权之下，于1916年6月在国家科学院内成立子部门，即国家研究委员会，其宗旨是：为了保障国家安全和社会福祉的最终实现，鼓励科学家从事纯研究和应用研究；[①]其战略是：促进全美所有的高等院校、工业界、包括军方在内的联邦政府的顶级科学家和工程师，彼此之间的精诚合作。许多科学学会、研究基金会和大学很快承诺国家研究委员会倡导的合作研究。正是在一战的背景下，科学界与商业界两股麻线缠绕在一块，形成新的共同体。国家科学院在海尔的督促下，通过为那些在工程科学或艺术领域做出贡献的科学家，设立研究部门，以此增添了与工业界的友谊。哥伦比亚大学的物理学家浦品和美国电报电话公司的首席工程师约翰·卡蒂(John J. Carty)，帮助国家研究委员会获得工程基金会的资助。

根据大多数人的意见，海尔担任国家研究委员会主席，并一直持续至一战结束。参与国家性质的战时研究工作，促进不同学科领导人之间的合作，是海尔发展美国科学研究计划的重要组成部分。1916年中期至1918年早期，国家研究委员会围绕海尔的著作《国家科学院和研究发展》中勾画的蓝图进行实践。他所倡导的科学要体现其实用价值，因此在国家研究委员会下设立工程学分部，并由工业领导人负责。[②] 战争期间，委

---

① 国家研究委员会倡导的“真正的准备(True Preparedness)”，意味着不仅鼓励应用研究，而且包括纯研究.

② 除了海尔的书籍，另可参阅：Robert M. Yerkes, *The New World of the Science: Its Development During the War*, New York: Century, 1920.

员会还说服了许多平时彼此相互猜忌、互为对手的联邦政府机构团结协作。大学和工业界首度开始与联邦政府合作,满足其军事需求。对非军事部门给予的建议颇有敌意的海陆办公署,开始倾听来自学术、工业科学家的想法。这种富有成效的合作,最终导致国家研究委员会的科学家为军事部门发展了各式各样的武器、仪器和技术。总而言之,在促进大学和工业科学家之间的合作,国家研究委员会做出了史无前例的贡献。

3.1.2.4　学术物理学家全面接管爱迪生的工作

1916 年 4 月,美国与德国宣战之时,美国军事方面的准备颇不充分。作为测距仪和瞄准器最基本组成部分的光学玻璃,完全无法满足军事需要。美国海军最好的潜艇探测器根本无法探测到 180 米开外潜艇的动静,更别提能否准确定位了。更何况,爱迪生领导的海军顾问委员会,其所采用的手工作坊式的改进程序,根本没让海军上将格里芬(Griffin)看到丝毫改进的希望。到了 1917 年春,大学物理学家已经全面接管爱迪生的任务。国家研究委员会取代了爱迪生的海军顾问委员会,成为国际军事联盟的枢纽,与来自法国、英国和意大利的科学家建立军事合作与交流,并全面接管陆军部和海军部亟待解决的研究领域,比如潜艇检测、火炮定位、飞机、航空仪器和配套零件。[①]

一战为大学、工业和军事等部门进行合作研究提供了基础,让大学的物理学家、化学家有机会与工业、军事部门合作的机会,从而展示大学学术研究的实用性。例如普林斯顿的物理学教授特罗布里奇、哈佛的物理教授莱曼,负责声音定位部门。该科研小组首次收到陆军通信部(Signal Corps)的委托和资助,分别在普林斯顿大学和国家标准局从事研究。整个 1918 年夏天,该小组通过物理学规律和微分方程,计算出敌方数以百计的大炮方位。这种方法在之前的战争中从未使用过,并且精确度极高,距离五英里之外的大炮其误差不到五十英尺。关于潜艇检测问题,英国物理学家卢瑟福爵士再三强调,这是一个纯物理学问题。[②] 这种判断,与过去美国军方、工业部门,甚至包括物理学家都不相同。

然而较为杰出的学术物理学家的数量当时还是非常有限,而处理反

---

① Robert A. Millikan, The New Opportunity in Science, *Science*, 1919(50), p. 287.

② 一般来说,每一个物质问题迟早会成为工程师的问题。在当时,反潜艇检测还不是一个工程学问题。引自:Robert A. Millikan, The New Opportunity in Science, *Science*, 1919(50), p. 288.

潜艇实验问题的物理学家则更少。这些物理学家大部分在大学实验室，少部分被工业部门所雇用。为此，国家研究委员会邀请了55位重要的学术物理学家，考虑到反潜艇研究工作的关系到战争的成败，最终从55人当中被选出10位物理学家，在新伦敦(New London)专职从事反潜艇装置的研究。这些物理学家当中，包括康奈尔大学的梅瑞特、威斯康星的梅森、赖斯研究所的威尔逊(H. A. Wilson)、哈佛的皮埃斯和布里德曼(Percy W. Bridgman)、耶鲁的布斯泰德(Bumstead)、爱德华·尼克斯和约翰·泽令尼(John Zeleny)、芝加哥大学的迈克尔逊。该小组所需经费最初是由私人资助，但却是由海军大臣约瑟夫斯·丹尼尔斯授权，因而得到热衷于合作研究海军部的鼎力支持。除新伦敦反潜艇实验室之外，还有在麻省的纳罕特(Nahant)实验室，它由通用电气公司、西部电子公司和潜艇信号公司的物理学家主持工作；纽约反潜艇实验是由哥伦比亚大学的物理学哲学博士浦品主持；在加利福尼亚的研究所同样是由国家研究委员会直接领导。这些反潜艇研究实验室取得了举世瞩目的进步，极大降低了德国潜艇的破坏力。至1917年秋，敌方潜艇的危害已基本上消除了。在反潜艇装置的原创性方面，大学物理学家做出了卓越的贡献；在改善法国的反潜艇装置方面，原本是爱迪生领导的海军顾问委员会最擅长的领域，但其表现同样差强人意，最终还是由物理学家对之进行有效的改造，并投入战争之中。这些反潜艇装置在和平年代用于航海，以确保避免类似于泰坦尼克号(Titanic)悲剧的再度发生。类似的，在航空、气象和毒气弹等领域，战争证明了纯科学研究的实用性。

1918年初，大学物理学家在测距仪、潜艇探测和火炮定位等方面的成就，以及化学家在毒气研究方面的成果，使得学术科学家再不像战争初始阶段，向军方“乞讨”参与战争研究的机会。以至于战争末期，更多的高等学术院校、科学学会和个体科学家自愿参与战时研究，大大超出了国家研究委员会所能分配的研究任务。

一战的经验教训告诉美国民众、工业界和军方，像过去依靠少数几位未受过学术训练的发明天才，满足国家迫切将科学用于实用需要的时代，已经一去不复返了。战争期间，最令人沮丧的失败之一是，所有主要参战国都努力动员普通市民的发明天才，但收效甚微。它们各自都设立了战时发明和研究的理事会。在该组织之中，每一个有想法的人要求交流他的想法。在英国、法国、意大利和美国，所有这些理事会都有相同的经历：

即在一万条建议之中,几乎没有一条是有价值的。偶尔出现一条有价值的想法,但理事会早就通过其他途径掌握了。在美国,爱迪生领导的海军顾问委员会向美国民众征集建议和发明,收到了 11 万个回复,而其中只有 100 个值得探索,最终只有 1 个发明投入生产。[①] 况且,爱迪生本人在战时的活动并非成果累累。与之形成鲜明对比的是,受国家研究委员会战争动员的化学家、物理学家和数学家等,做出了卓越的贡献。大学物质学科之中,学科信念"纯研究"的价值得到充分的体现,罗兰在 1883 年的呼声,三十五年之后,终于在一战结束之后得到普遍的认同。

3.1.3 战后基金会、工业界对物理学科发展的影响

通过一战,美国大学赢得公众、工业界和慈善基金会的普遍支持。可以说,一战是爱迪生与大学学术科学家之间的战争。与此同时,基础与实用之间的关系被重新诠释。而且,国家研究委员会为大学从事纯研究的科学家"创造"了很多新朋友。洛克菲勒基金会与国家研究委员会合作,将大笔捐赠资助物理和化学两学科的发展。卡内基公司重新启动本已经否决的项目,愿意出资为科学院建造大楼。像美国电话电报公司(A. T. & T.)的领导人卡蒂也认为,工业需要资助基础研究。[②] 1918 年,国家研究委员会设立了工业顾问委员会,它是由美国工业界的主要领导人组成,包括克利夫兰·道奇(Cleveland H. Dodge)、乔治·伊斯曼(George Eastman)、安德鲁·梅隆(Andrew W. Mellon)、皮尔斯·杜邦(Pierre S. DuPont)、埃里胡·鲁特、安布罗斯·斯外赛(Ambrose Swasey)和埃德温·赖斯(Edwin W. Rice)。虽然这些成员并不承担任何行政事务,但海尔要利用他们的声望传播他所勾勒的科学蓝图。他们中的绝大多数都要求像鲁特一样着重声明:"少了纯研究,整个工业将失去原动力。"[③]而且,军事航空官员认识到,要想把飞机等机械飞行器的发展建立在正确的工程学基础之上,那么,手工作坊式的方法必须让位于基于空气动力学原理的研究。[④]

---

① 於荣. 冷战与美国大学的学术研究(1945—1970 年)[D]. 北京:北京师范大学教育学院,2006. 33.

② Millikan, Robert A. Millikan, *The Autobiography of Robert A. Millikan*, London: Macdonald, 1951, p. 180.

③ Industrial Research and National Welfare, *Science*, 1918(48), p. 533.

④ Arthur Sweetser, *The American Air Service*, New York, 1919, pp. 18—19.

舆论界对纯科学的发展亦颇为有利。美国报界开始与美国科学促进会和国家科学院的国家研究委员会合作。数十篇文章强调技术奇迹缘于商业的发展,而爱迪生的发明方式将让位于有组织的研究,以至于很多美国公司创办实验室,而实验室的首席科学家可以拿到年薪2万美元。可以说,纯科学在慈善基金会、工业界和民众中间取得了广泛的认同。一战至大萧条来临前夕,科普作家将通晓精深理论的科学家与技术和商业工作紧密联系起来,将从事纯研究的科学家捧成最受尊敬的人物。《哈珀杂志》(Harper's Magazine)的编辑认为:"现代科学最有趣味甚至是最辉煌的成就是原子结构的发现。"①

但美国大学同时也遭遇了幸福的烦恼。在此之前,束缚美国大学物质科学学科发展最大瓶颈之一是"智力"资源。19世纪末至20世纪初,公众认为大学不适合孩子成长,而那些进入高等院校的孩子,就像做一个危险的实验。所有的父母亲和邻居都会揪心地问:"与呆在家中早早结婚相比,(上大学)他能赚更多的钱吗?""他能找到更好的工作吗?""他会变得更好吗?"②民众对大学如果不是充满恐惧,也是疑虑重重。在这样的氛围下,大学很难获得优秀的学生入学。与工程学相比较,尚未体现政治论的物理学科,获得好学生的机会则更少。一战使得学术物理学家和化学家达到学科发展"政治论"的高峰。大学科学家的形象得到了很大的改观。美国民众对待大学的态度发生了巨大的变化,他们开始认识到大学生活对于孩子成长的重要性。这种认识直接的表现是,美国高等院校学生注册人数猛增,随之而来的是沉重的教学负担,从而可能削减教师用于科研的时间。显然,大学之中持续从事研究工作可能较断断续续的更有效,但在美国大学之中,所获得持续的研究时间通常比较少。

3.1.3.1　洛克菲勒慈善基金会的资助计划

1916年伊始,商业界对生活在象牙塔里的科学家不信任度开始降低,因为战争期间,军事研究和发展项目给了学术科学家展示他们解决实

---

① Daniel J. Kevles, *The Physicists: The History of a Scientific Community in Modern America*, Vintage Books, New York, 1978, p. 174.

② Laurence R. Veysey, *The Emergence of the American University*, University of Chicago Press, 1965, pp. 10—15.

际问题的技艺。慈善家们首次认识到，大学科学家是与他们共享诸多关于社会理想的积极分子，富有为公众服务精神的精英。[①] 与此同时，参与一战期间由政府组织的科学研究，让许多美国科学家对美国科学的未来充满乐观。密立根作为最杰出的物理学家并且不久带了诺贝尔奖的桂冠(1923年)，他向同事表达了个人观点："假如今天我们错过发展科学的重大机遇，那么，知识的宝杖将从我们这儿传递给那些更有资格发挥其效用的人们。"[②]密立根的洞察力是相当敏锐的。战争之后的十年是美国科学和大学扩张的十年，而物理学家和化学家带着新的显著优势，进入战后的资金筹集工作，因为他们只要稍加回忆战争之中在染色合成、潜艇检测、火炮定位和化学战方面的贡献，就能说明他们对国家利益的重要性。科学共同体的领导人也是第一次发现大量的资金放在他们伸手可触的地方。[③]

基金会的领导们与科学家共事的过程之中，发现科学界的领导人在科学管理工作上像企业家一样能干，战时的科学成就是他们工作效果的具体表现，因此基金会在资助科学事业时，开始尊重从事基础研究科学家的观点。到20世纪20年代，慈善基金会的领导人和政府高级官员已经充分相信，国家的福祉依赖于基础研究，而且这类研究最适宜的场所是大学。

对基金会领导人具有重要影响人物之一是西蒙·弗莱克斯纳(Simon Flexner)。他是洛克菲勒医疗研究院的实验室主任，与洛克菲勒基金会的理事交情甚笃，同时他也是国家研究委员会成员，曾在霍普金斯大学威廉·亨利·韦尔奇(William Henry Welch)的指导下，从事医学研究。作为美国现代医学教育之父韦尔奇教授而言，最好的医学研究意味着，将物理和化学应用到生理学问题。而弗莱克斯纳则成了老师的信徒，之后他留学欧洲，并在美国现代医学教育方面，做出与老师一样杰出的贡献。一战爆发之际，弗莱克斯纳对医学学科发展的理解，使得他格外卖力地支持美国物理和化学学科的发展。早在1918年，弗莱克斯纳众多的同事中，

---

① Robert E. Kohler, Science, Foundation, and American universities in the 1920s, *Osiris*, 1987(13), p. 141.

② Loren Butler Feffer, Ostwald Veblen and the Capitalization of American Mathematics: Raising money for Research, 1923—1928, *Isis*, 1998(89), p. 474.

③ Robert Millikan, The New Opportunity in Science, *Science*, 1919(50), pp. 285—297.

不少是洛克菲勒基金会的官员,鉴于战时物理学家和化学家的"实用性",他们开始思量物质科学对经济的重要性。洛克菲勒基金会的主管乔治·文森特(George E. Vincent),显然看到一战结束之后,工业面临非常残酷的竞争,而美国工业能否立于不败之地,与其国家的科学资源密切相关。因此,美国必须依靠自身的力量,储备基础研究的力量。

那么,基金会该如何资助大学战后以物理、化学为核心的物质科学的发展呢?弗莱克斯纳认为,以洛克菲勒医学研究院为模板,筹建一个独立的研究院,全力致力于物理和化学的研究。1919年,洛克菲勒基金会给国家研究委员会拨出50万美元,用于建立一个物理科学的研究中心,但在征询科学家的意见时遭到反对。密立根代表物理学家提出新的建议,将这笔钱用来资助取得了博士学位的年轻物理学家的研究工作。显然,海尔和密立根的野心更大,他们想在美国少数几所大学之中,建立好几个物理研究中心。之后国家研究委员会给出了具体计划,并得到了基金会管理者们的批准。1919年,国家研究委员会从54名申请者中挑选出13人授予奖学金,其后又设立了生命科学方面的奖学金。[①]

国家研究委员会研究奖学金的设立,主要有三方面的功能:其一,促进有前途的年轻人从事科学研究;其二,增加科学进步所依赖的基础科学知识;其三,鼓励国内教育机构的科学研究。申请人一旦获得资助,就可以到一个自己认为合适的大学学习和研究,时间一年左右。国家研究委员会的奖学金,帮助获得者摆脱沉重的教学负担和其他杂务,让他们在思想最活跃的时期专心致志地从事科学研究。[②] 此举标志基金会资助的方式发生了重大的变化:开始偏重纯学术研究和支持个人的研究工作。首批接受奖学金的13名博士后之中,除了2人进入了政府和工业界之外,其余11人后来都成为了正教授和大学物理系主任,并有4人被入选科学院。阿瑟·康普顿在获得奖学金资助六年之后,就获得了诺贝尔奖。

对于基金会有重要影响的人物要数1923年担任洛克菲勒通识教育理事会(General Education Board, GEB)的负责人罗斯(Wycliffe Rose),1924年他还担任新成立的国际教育理事会(International Education

① Daniel J. Kevles, *The Physicists: The history of a Scientific Community in Modern America*, Vintage Books, New York, 1978, p. 149.

② 赵佳苓. 美国物理学界的自我改进运动[J]. 自然辩证法通讯,1984,(4).

Board, IEB)的主任。战前,罗斯在欧洲之时就对科学进步及其对社会的巨大影响体会颇深。他试图鼓励科学的国际化,促进欧洲以外地区的科学发展。对此,洛克菲勒基金会成了国际教育理事会,头五年提供了2 200万美元。与美国一些顶级科学家磋商之后,罗斯赴欧洲考察了 55 个科学和教育机构的科研力量。他与著名科学家会晤,许诺资助他们的研究工作,但要求他们接受美国等国家的年轻科学家,指导这些人完成第一流的研究训练。

1923 年罗斯归国之后,国际教育理事会开始资助欧洲顶级的科学中心。玻尔的理论物理研究所得到 4 万美元,其他一批著名大学也获得了数目不菲的资助。与此同时,获得国际教育理事会资助的年轻科学家也开始涌向欧洲,分布在哥廷根、柏林、慕尼黑、苏黎世、汉堡、剑桥等地,但最重要的是地方是哥本哈根。

据统计,当时曾有 25 名获得该理事会资助的年轻人,在玻尔的研究所工作过。① 1924—1925 年间,国际教育理事会还资助了 135 名欧洲物理学家,其中德国占了 31 名、苏联占了 22 名、英国占了 18 名,且包括维纳・海森堡(Weiner Heisenberg)、乔治・伽莫夫(George Gamow)、约旦(Jordan)、塞缪尔・古德斯密特(Samuel Goudsmit)等著名的物理学家。这些人当中,选择到美国、德国、英国和丹麦从事研究的,分别为 44 人、26 人、25 人和 16 人。② 积极资助个人研究活动的另一个基金会是古根海姆纪念基金会(Guggenheim Memorial Foundation),它于 1925 年成立,特别注意新领域的科学家,如物理化学家,同时它也资助已颇富声望的物理学家。③ 此外,参与资助活动的还有数个规模较小的基金会,一些比较富裕的大学也专门拨款让有前途的学生去国外学习。在充足的经费支持下,20 年代的美国青年科学家掀起了去欧洲的科学中心朝圣的新热潮。

罗斯除了推行科学国际化的计划外,还改变了通识教育理事会普遍资助国内大学的宗旨,开始重点援助教学和研究水平较高的大学,充分体现其"高原造峰"(Make the Peaks Higher)的资助理念。他认为加强和扩

---

① P・罗伯森. 玻尔研究所的早年岁月(1920—1930)[M]. 北京:科学出版社,1985. 160—177.

② 赵佳苓. 大萧条对美国物理学界的影响[J]. 自然辩证法通讯,1985,(4).

③ Daniel J. Kevles, *The Physicists: The History of a Scientific Community in Modern America*, Vintage Books, New York, 1978, p. 106, p. 198.

大科学研究中心,然后安排人员去接受训练,让先进思想从这些中心扩散和传播出来,是发展科学的最迅速的办法。七年之内,通识教育理事会把1900万美元赠给了加州理工学院、普林斯顿大学等一批名牌大学。这些学校有较好的数理科学系,它们利用捐赠的资金建造实验室,邀请和聘任欧洲物理学家,举办学术会议,使各个科学系较快地达到了国际一流水平。

总的说来,20年代,接受国家研究委员会奖学金的有四百多人,约占申请人数的三分之一。[①] 获资助的人当中,物理学家约占三分之一,其中17个奖学金单独用于量子理论方面,其余的从事实验科学。大多数奖学金项目被延续了,持续资助的时间长达3年颇为多见,有的长达4年。于是,被专业领导视为最有前途的年轻物理学家们,从沉重的教学负担中脱离开来,在大学中享受研究、阅读、思考和写作的时光。

3.1.3.2 工业发展对大学物理学科的影响

一方面,工业界虽然认识到基础研究的重要性,但当科学家们希望工业成为大学重要的赞助者时,工业界却望而却步,因为他们不愿意大力支持以自由研究为原则的基础科学研究。问题在于:科学家热衷于研究自己感兴趣的,热衷于发表研究成果,而工业则要求其根据工业的需要进行研究,成果要求保密。即使触及基础研究,也只是因为与实用密切联系。另一方面,有的工业家在战时名目众多的研究机构,与密立根及其同事一起工作期间,发现他们对学术科学家的认识完全是错误的。在此之前,他们通常认为这帮人是头脑顽固的领导人,实用方面的问题最好请教爱迪生。但战时的研究表明,物理学家、化学家不仅占据了属于爱迪生的工业领地,而且在华盛顿,海尔、密立根等领导的国家研究委员会作为美国战时的科学枢纽,不仅帮助联邦各局的领导人找到合适的科学家,也有助于委员会成员了解他们权力范围之外的科研项目和计划。

一战之前的几年当中,大学所崇尚的纯研究信念在一些工业实验室得到认同,也就是通过纯研究达到实用研究的目的。20世纪初至一战之前,一些重要的工业部门聘请了刚从大学毕业的物理学家、化学家,比如芝加哥大学毕业的物理学家朱厄特(Frank B. Jewett)、和德国莱比锡大

---

① Myron J. Rand, The National Research Fellowships, *The Scientific Monthly*, 1951 (73), p. 74.

学的博士惠特尼。这些人已认识到纯研究对实用研究的促进作用。1910年,朱厄特督促西部电器公司(Western Electric),通过雇佣对最新科学发展动向颇为熟悉的物理学家,并将他们组织起来,克服技术难题。到1911年为止,朱厄特在纽约研究总部,已聚集了一批挺有才干的物理学家。这些研究人员并不是立即着手从事工程学领域的实用问题,而是聘请密立根作为顾问,研究电子的一些基本特性。出于相似的原因,杜邦(Du Pont)、西屋(Westinghouse)和通用电气也雇佣物理学家和化学家,让他们从事非实用的研究。但是,正如朱厄特所说的,"工业实验室的研究必然是以赚钱为目的的。因此,所组织的研究小组,在选择研究领域方面,不可能获得完全自由的权利。"①

战后,随之而来的是残酷的商业竞争取代了枪炮,直接导致物理学家和工业界的关系发生质的变化。1913年,工业物理学家在美国物理学会仅占十分之一席位。但到1920年,当美国物理学会的成员翻了一倍,工业物理学家却也占据了学会四分之一的比例。相应的,他们在《物理评论》上发表的基础性研究文章的比例也随之增加。正如一位工业物理学家所说的:"(战后)银行家也变得满脑子都是科学。总的说来,他们熟悉科学研究对国家安全的影响。"②此外,工业研究的目的不再只是削减成本,改善现有的产品。在某些工业公司,从事研究已成其最基本的工作之一,有时他们的研究也十分靠近基础研究。这类研究往往能研发出完全新的产品,或者为公司提供信息和专利,防止新的产品在别的地方制造。例如,通用电气公司和贝尔实验室(Bell Telephone Company),之所以能在一战时期兴起的无线电通讯新领域占据领先地位,主要归因于训练有素的物理学家的成就。

而且,受过专业训练的物理学家出现在公司,为其带来各种益处。广告和声望可能是最主要的。一位有识之士坦率地说:"建立一家支持商业发展的实验室,对于一家公司的声望而言,是颇为重要的。而这一重要性

---

① Willis R. Whitney, Organization of Industrial Research, *Journal of the American Chemical Society*, 1910(32), pp. 74—75.

② Edward R. Weidlin and William A. Hamor, *Science in Action: A Sketch of the Scientific Research in American Industries*, New York: McGraw-Hill, 1931, p. 241.

怎么强调也不会过分。"[①]这与一战之后美国整个社会相关。因为20年代是信奉科学的黄金时代，不仅科学家、工业家，而且普通美国民众对科学也产生了强烈的信任感。首先，一战之后工业界亟需雇用一批受过良好培养的物理学家。比如耶鲁大学杰出的物理学家恩斯特·尼克斯(Ernest Fox Nichols)，一战时期曾为海军工作。1920年，他辞去耶鲁的教授席位加入了通用电气公司。当他离开之时，曾感叹说："在选择研究的问题方面，公司给予了我完全的自由，并在人力、物力方面任由我支配。我想，目前没有一所大学能提供我所需要的科研资源。"[②]大学物理学家向工业部门迁移另外的原因在于：1919年至1920年的通货膨胀加剧了。当时大学教师的薪水不像工业科学家的薪水具有更多的变通性，因而实际收入降幅很大。危机虽然很快就过去了，但可能留下深刻的印象：在大学从事学术研究的工资，远较在工业部门的薪水低得多。[③] 出于这种担忧，美国大学一批杰出的物理学家离开了大学，进入工业部门。

另外一些学术科学家面对这种新形势，继续坚守他们传统的学术理念，也就是纯粹的非商业的研究，所以大学物理学家并没有被工业的需要所"抽干"。留在大学的物理学家们显然看到从事纯研究的意义。其中一位物理学家认为，"人类的终极目标不在于其对财富的占有，也不在于社会地位有多高……而是接近自然，并通过自然日益接近创造人类的全能的上帝。"[④]此外，由于工业对物理学家的需要增加，客观上促进物理学科注册人数的增加，尽管不是人人都想当物理学家，但有助于年轻一代当中杰出的学生进入该学科领域。[⑤]

在这段时期，工业研究通常是在经典物理学领域，量子理论尚未触及。但它有助于从整体上促进大学物理学科发展的重要环节：毕业生就

---

① F. Russell Bichowsky, *Industrial Research*, Brooklyn: Chemical Publishing Co., 1942, pp. 121—122.

② Nathan Reingold, *The Sciences in the American Context: New Perspectives*, Smithsonian Institution Press, Washington, D. C., 1979, p. 302.

③ E. L. Thorndike, The Salaries of Men of Science Employed in Industry, *Science*, 1938 (88), p. 327.

④ Richard Hamer, The Romantic and Idealistic Appeal of Physics, *Science*, 1925(61), pp. 109—110.

⑤ Nathan Reingold, *The Sciences in the American Context: New Perspectives*, Smithsonian Institution Press, Washington, D. C., 1979. p. 304.

业。新一代物理学家,他们当中绝大多数宁愿选择大学不受束缚的学术环境,能限制他们研究广度的主要是院校能提供的资金和设备。工业实验室在促进有利于实用研究的纯研究之时,科研经费通常不是困难。当然,工业部门开始欣赏纯研究的价值,所以有可能部分缓解大学科研经费的压力,比如通用电气公司资助哈佛X射线光谱的研究工作,美国电话电报公司将大笔的捐赠给予麻省理工学院,促进其在电学领域的研究。[1] 但总体上讲,工业对大学的资助力度显然是不够的。

除了工业界,美国军方也对这场战争进行反思。其代表人物要数海军中校克莱德·麦克道尔(Clyde S. McDowell)。他认为,美国是通过科学研究而赢得这次战争的,因此他强烈要求海军在和平时期组织科学家从事基础和应用研究。中校甚至要求海军成为美国科学发展的最大"资助人"。当然,绝大多数军官不像麦克道尔那样富有野心。战争一旦结束,海尔、密立根等物质科学家重新退回传统,即与政治保持一定的距离。而陆军、海军一旦解除了战争的压力,他们就选择在军事实验室从事研究,而不会选择大学和工业界。

3.2　美国大学物理学科对旧量子理论的反应

一战结束之后,物质科学家离开军事部门或与战争相关的工作,返回到他们原先的实验室和大学。虽然战时的研究团队解散了,但他们在战时共享纯研究信念,开始在各个大学传播并得以确立。像密立根等从事原子研究的物理学家,带着前所未有的发展机遇、自信和野心,迫不及待地要回到因战争而暂时脱离的学科前沿阵地:原子领域。他们在战时取得的丰硕研究成果,是在经典物理学领域,与现代物理学无关。但他们得到的奖励是丰厚的。因为他们取代了爱迪生,成为时代的骄子,为此他们可以获得丰厚的科研经费,以及新一代物理学家成长所需要的博士后奖学金。我们可以理解为,物理学家将通过从事经典物理学研究而得到的奖励,"补贴"给还处于童年时期的量子学科。

但战后初期国际环境不利于英法美等联盟的大学物理学科的发展。

---

① Theodore Lyman, The Work of the Jefferson Physical Laboratory, *Science*, 1916(43), p. 707.

1920年,国家研究委员会资助德国物理学阿尔佛雷德·兰德(Alfred Landé)来美国探讨原子结构,但海尔最终否决了此项建议。美国科学院及其研究委员会的领导人,仍旧记得战时93位德国科学家、艺术家和学者为德国发动战争辩护的宣言。[①] 据说战后德国科学家还保留不民主的、君主式的以及军事化的科学氛围。在素以民主自居的美国科学家眼中,这是落后的标志。尽管爱因斯坦在世人眼中,他既非君主主义者,亦非军事主义者,但1921年,海尔还是拒绝资助爱因斯坦访问美国。他担心,资助爱因斯坦来美国讲学,美国国家科学院将会疏远法国和比利时,因此危及他组织的国际研究委员会的生存。1925年,国际研究委员会在布鲁塞尔举行各国会员大会上,荷兰德高望重的物理学家洛伦茨宣读了他与同事,物理学家埃因托芬(J. V. Einthoven)、卡默林·昂内斯(H. Kamerlingh Onnes)和塞曼(P. Zeeman),联名撰写的书信,忠告与会成员,同时代的某些研究领域,尤其是物理学,与前轴心国的合作是不可避免的。[②]

但从世界范围来看,美国物理学家对待德国物理学家的态度,还是较少受到政治因素的影响。他们大多数并不因为某些德国科学家战时的极端言辞,而否定其科学成就,因此美国大学物理学科的延续性较强。

3.2.1 量子论在物理学科内引发的困惑

玻尔于1913年提出的原子轨道理论是划时代的成就,它成功地解释了经典物理学无法解释的某些特殊的物理现象。尽管如此,美国科学界对此似乎并不满意。一方面,牛顿经典力学总体而言是非常自洽的理论体系,充分体现了强有力而完美的解释力;另一方面,玻尔等发展的量子理论,只是一管之见,与经典物理学相比,在许多现象上还缺乏解释力。而且,虽说玻尔的原子理论在解释光谱学方面是成功的,但无法说服大多数化学家相信,平面轨道(Planar Orbit)能解释化合价(Valence)和分子结构的特性。鉴于上述情形,美国大学整个物理和化学学术共同体,处于迟疑徘徊的状态,有的甚至表现出强烈的敌意。可以设想的是,有的物理学家在1900之前已经完成了他们的教育,随后的教学和研究都集中在经典

---

① Helge Kragh, *Quantum Generations: A History of Physics In the Twentieth Century*, Princeton, New Jersey, 1999, p. 131.

② Ibid., pp. 131—132.

物理学领域,自然不情愿或许是没有能力处理物理学科的新变化。克拉克大学经典物理学家阿瑟·韦伯斯特就是其中之一。他在美国物理学界享誉多年,但显然对当前物理学界发展的状况感到绝望,并于1923年自杀身亡。同样较为情绪化的是物理学家巴罗斯。1922年他写信给《科学》(Science)杂志,宣称要辞掉大学的工作,只想在美国过着简单而幸福的生活,而不用去思考被爱因斯坦的相对论、玻尔等的量子理论搅乱的物理世界。①

像威斯康星大学数学物理学教授,因设计反潜艇装置而声名日隆的梅森,鉴于量子理论引发的混乱局面,以及其与经典物理学的不相容性,拒绝参与量子理论的发展。结果,梅森所培养的新一代年轻物理学家,也深受影响。比如20年代早期,物理学界颇为聪明的学生之一沃伦·韦弗(Warren Weaver),后来成为老师的得力助手,也疏远了量子理论的发展。此外,量子理论的发展,与物理学科发展紧密联系的化学学科之内,化学家同样不认可玻尔和索末菲的原子结构,他们更加倾向于刘易斯—朗缪尔(Lewis-Langmuir)原子模型。②

1921年12月份在加拿大多伦多举行的美国科学促进会年会上,将美国物理、化学和数学学会的代表聚集在一起,专门召开了有关量子理论的研讨会。作为美国化学学会的代表人物,物理化学家托尔曼,阐述了化学家们的基本观点。他认为,一方面物理学家把太阳系的模型迁移至原子结构模型,原因在于他们对太阳系的机械和数学较为了解;另一方面,他们完全不熟悉原子在化合过程中的行为。托尔曼等科学家已经完全进入量子理论,并且承担新一代学生的培养工作,他不像数学物理教授梅森一样排斥量子理论。1923年,托尔曼在加州理工学院负责将索末菲的《原子和光谱》(Atombau und Spektrallinien),介绍给主修化学的学生。新一代物理化学家,比如未来两届诺贝尔奖获得者物理化学家莱纳斯·鲍林(Linus Pauling)受益匪浅。③ 有的物理学家,像大卫·韦伯斯特(D. L. Webster),对玻尔—索末菲的原子模型继续持反对意见。1919—1920年

---

① Carl Barus, On Summaries of Recent Advances in Physics, *Science*, 1922(55), p. 19.

② Warren Weaver, *Scene of Change: a Lifetime in American Science*, New York, 1970, p. 57.

③ Katherine Russell Sopka, *Quantum Physics in America: the Years Through 1935*, Tomash Publisher, 1988, p. 126.

间,卡尔·康普顿在普林斯顿大学物理系就开始开设原子结构的课程,内容包括刘易斯、朗缪尔和玻尔的理论模型。该课程一直延续到1925－1926年。[①] 应该说,不少美国物理学已经具备卓越的见识,充分认清玻尔量子理论的缺陷。表面上,物理学家、物理化学家似乎处于消极的状态,但他们消极的态度源于较为充分掌握该理论并在批判的基础上形成的。当然,物理学家对玻尔量子理论的态度处于不断的变化之中。比如加州大学伯克利分校的贝戈,他成功地改变了物理系、化学系教职人员的信念,使得他们开始认可玻尔的理论。[②] 甚至物理化学家刘易斯本人也认为,当玻尔为多电子的原子引入壳层结构(Shell Structure)的概念之时,物理学家与化学家之间最基本的冲突已经解决。[③] 作为美国最重要的实验物理学家之一——罗伯特·密立根,虽然他是玻尔原子理论的一贯追随者,但他对量子辐射和吸收仍旧持怀疑态度。1924年5月,密立根在诺贝尔奖获奖演说中,谈到他对量子理论的疑虑。但这些疑虑并不足以让他反对量子理论。相反的,他将继续致力于寻找与量子现象相关的实验证据,并鼓励美国与欧洲不断促进量子理论发展的物理学家进行广泛的交流。[④]

总的说来,美国物理学共同体对量子理论的态度在不同的年龄层差别较大。量子理论和量子实验奇异而具有革命性的特征,引起众多聪明学生对该领域的极大兴趣。与此同时,一些年长一代的物理学教授却有回避之意。在玻尔提出量子理论之后的十多年间,仍旧有许多物理学家试图在经典框架内寻找取代量子理论的办法,比如物理学家李·佩奇(Leigh Page)。[⑤]

时值1925年,量子理论看起来还是困难重重,玻尔等人发展的量子理论本身有缺陷,尤其是它在宏观层面无法与经典物理学相容。但是,美国大学的物理学家已没人怀疑,量子物理学将会成为物理学科持久而重

---

① Stanley Coben, Scientific Establishment and the Transmission of Quantum Mechanics to the United States, 1919－32, *American Historical Review*, 1971(76), pp. 442－446.

② R. T. Birge, *History of the Physics Department, Vol. Ⅲ*, Scribners, New York, 1970, p. Ⅶ, pp. 11－13.

③ Dover, *Valence and the Structure Atoms and Molecules*, The Chemical Catalog Co., New York, 1966, p. 56.

④ *Nobel Lectures in Physics 1922－1941*, Elsevier, Amsterdam, 1965, p. 65.

⑤ L. Page, Radiation From a Group of Electrons, *Phys. Rev.*, 1922(20), pp. 18－25.

要的学科之一。而且,美国大学科学共同体从世纪初的怀疑,到量子论的兴趣突然被一战打断,最终20年代初,整个美国大学,包括理论和实验物理学家、化学家、数学家等群体,对新兴的物理学开始产生浓厚的兴趣。此外,获得物理学最新发展成果的渠道也在不断地拓宽。更为难能可贵的是,美国年轻一代的物理学家,已不满足只是阅读、理解欧洲创造的新物理学,他们渴望参与解决与量子物理学相关的问题。

3.2.2 物理学科的发展:数学教学的改进

20世纪初,美国大学物质科学家对自身学科的发展作出了反思。大多数科学家把美国的落后归因于传统的实用文化,而少数一部分人则认为,实用文化本身也是一种优势。另一些科学家认为,是他们自身忽视了对数学的学习,同样的数学家也忽视了科学家对数学的需求。1903年,担任美国物理学会主席的物理学家阿瑟·韦伯斯特也持这种观点。他认为,像法拉第(Michael Faraday)这类实验物理学家,不应该成为美国物理学家的偶像。其缺乏必要的数学工具,所以无法发展成一套理论来解释电磁场的传播行为。而麦克斯韦掌握了偏微分方程,所以在法拉第失败的地方获得了成功。数学不仅有助于将系统化的理论与事实统一起来,而且能帮助实验工作者选择检验理论的内容。因此,物理学科的学生应在学业早期,便开始学习微积分、微分方程和微分几何。[①]

阿瑟·韦伯斯特的"处方"不仅建议物理学家学习更多的数学,同样重要的是,数学家也应学习足够的物理学知识。阿瑟·韦伯斯特对美国数学家将太多的时间花费纯数学问题,比如存在性定理(existence theorem)和级数收敛,颇有微词。其结果是,学习物质科学的学生对微积分、微分,或是无穷级数等数学问题心生畏惧。现实的情况是,许多美国大学要求新毕业的数学博士教授应用物理,这也要求数学家了解势函数或动力学等物理学知识。[②]

阿瑟·韦伯斯特建议物理学家与数学家之间建立联盟的关系,显然对两门学科的发展均有帮助,但这种联盟在美国主要存在两重阻力:其

---

① Arthur G. Webster, Some Practical Aspects of the Relations Between Physics and Mathematics, *Phys. Rev.*, 1904(18), pp. 297—318, esp. pp. 306—313.

② Ibid., pp. 297—318, esp. p. 313, p. 316.

一,美国数学家基本上致力于纯数学问题;其二,大部分美国科学家认为,科学就是在实验室做实验。事实上,一方面,20世纪早期,美国数学家开始考虑如何满足自然科学学生的数学需要。他们明显注意到自然学科注册学生最多,而高注册意味着更多的工作机会。另一方面,20世纪初,数学学科在美国大学已经走向成熟。在19世纪80年代,美国数学家把主要精力放在纯数学领域,他们要向欧洲同行展示,他们同样在抽象思维方面颇具天赋。这一战略导致数学与应用之间划开了一道鸿沟。二十年后,美国数学家在国内外均获得学术同行的尊重,他们不再是单纯的教学人员,而是知识的创造者。在这种新形势下,大学希望扩大数学学科的影响力,取代了数学学科最初发展纯数学的战略思想。尽管彼此之间的鸿沟并不容易填平,但双方的合作最终使得数学更适合科学家的"口味"。①

20世纪初,芝加哥大学的数学家摩尔(E. H. Moore)及其同事,最先在数学学科内引入"实验课程(Laboratory Courses)",标志着数学与物质科学之间的衔接。这些实验课程强调数学基本原理的图形解释,并且,自然科学和数学尽可能使用相同的术语。与以前抽象占支配地位的数学课程相比,摩尔等人的创举更能满足物质科学学生的需要。摩尔像他在德国的同事兼老师费利克斯·克莱因(Felix Klein)一样,充分认识到数学与物质科学之间彼此相互促进。② 1911年,一批由杰出的美国数学家组成的委员会,在参与研究国际数学教学的过程中,认同摩尔倡导的实验课程。委员会注意到美国数学学科过于抽象化,深刻认识到传统数学课程中应用数学的缺失。

此外,像兰德尔、法瑞通·丹尼尔斯、密立根和朗缪尔等物质科学家,也已充分认识到实验科学需要更加复杂的理论工具。他们在试图掌握欧洲最新的物理学发展成果之时,苦于不充分的数学准备。况且,随着量子理论的发展,物理学文献中的数学也变得更加丰富。这最终影响到他们培养学生之时,强调各系的数学教学,要求学生选修更多的数学课程。甚至他们还利用自己的影响,通过慈善基金会,对于那些从事数学物理的博

---

① Nathan Reingold, Refugee Mathematicians in the United States of America, 1933—1941: Reception and Reaction, *Ann. Sci.*, 1981(38), pp. 313—338, esp. pp. 334—337.

② John W. Servos, Mathematics and the Physical Sciences in American, 1880—1930, *Isis*, 1986(77), p. 620.

士给予给多的资助。于是,摩尔、兰德尔和法瑞通·丹尼尔斯等杰出的数学家和科学家,积极参与改变美国大学的课程模式。应该说,他们的改革是顺应当时国际物质科学发展的大趋势,因而取得了多方面的支持。欧洲同行早在20世纪初就强调数学与物质科学紧密联系的重要性。国外的数学家,尤其是德国数学家费利克斯·克莱因与其圈内人士,不断地在物质科学和纯数学之间找到新的颇具挑战的问题。理论物理学家也发现解决物理问题需要更复杂的数学工具。欧洲大陆这些发展,为美国大学提供了效仿的模板。从中可以看出,自19世纪后半叶以来,美国大学以物理学家、化学家为代表的物质科学家,自我反省意识不断增强,寻找美国科学学科何以对世界科学的贡献如此之少的各种原因。而传统的优势实验科学还继续保持着。数学家赢得学科地位之后,开始关注人数更多的学生,其在扩大数学家就业范围的过程之中,促进了应用物理学的发展,也为工程学提供了更好的服务。

1910年,耶鲁大学、哈佛大学、斯坦福大学、加州大学和密歇根大学,开设了为期一年的初等微积分,以满足物理学科发展的需要。但对主修化学学科的学生,只有加州大学才开设了一年的微积分。科学和技术院校对研究生的数学学习也做了具体的规定。总的说来,直到一战之后,主修物理化学课程的学生需要了解微积分,而主修物理的学生则需要学习课时更长且更深奥的高等数学。在某些系所,学校更加激进地鼓励学生学习数学。到1920年,美国众多的顶级大学要求主修化学学科的学生,必修为期一年的微积分。这并不是单纯地延长数学的学习时间,而且在数学教学质量和特性方面也发生了变化。在此期间,数学家与科学家之间彼此通力合作,尽量满足学生的需要和兴趣,与课程所提供的内容相匹配。在解决物质科学的问题方面,数学家在数学课程和教材之中,增加了绘图法和相关的解题技术。①

而且,大学进行上述系列变革的过程中,要处理好高中数学与大学物质科学学科之间的衔接关系。1904年至1914年,美国高中阶段的数学教学与前四十年相比,课程内容明显变得更为丰富。按照针对美国中学的调查报告,1900年至1916年间,提供三角学课程的学校翻了一番。而在

---

① John W. Servos, Mathematics and the Physical Sciences in American, 1880－1930, *Isis*, 1986(77), p. 623.

19世纪70年代被取消的大代数(college algebra)和解析几何(Analytic Geometry)课程,重新出现在高中课表之中。截至1910年,少数几所中学甚至提供了微积分的课程。[1] 需要注意的是,上述数学课程的变化并不是强加给每一位学生身上的。美国中学并不是单纯效仿法国的公立中等学校与德国的高级中学。它们根据"因材施教"的原则,也就是根据学生数学天赋的不同,安排课程的难易。对于那些天赋最好的学生,让他们进入难度较高的数学课程,而且可供选择的课程资源也更为丰富。1910年之后,美国中学开始采用标准化的智力测试,并且效果良好。到了20年代中期,大多数中学按照学生的天赋分层教学。在一些城市,他们为天才学生创办了专门学校,而评选天才的标准是通过广泛的竞争性考试甄选的。这类中学,比如纽约的斯图佛逊(Stuyvesant)高中和洛杉矶的工艺学校(Polytechnic),师资优良,为这些学生提供最优良的教育,尤其在数学方面。整个美国教育机构是为大多数学生设计的,而以能力为基础的分层教育,有助于为少数天赋迥异的学生提供良好的训练。[2] 1910年至1925年间,美国某些高等院校出现了类似于高中阶段教育的模式,也就是作为必修课的数学课程并不是强加给每一位学生。

美国大学和中学经过20世纪初头二十年在数学教育方面的改良,取得了卓越的成就。20年代中期和末期,一批年轻的美国学生到欧洲留学,并很快在理论领域崭露头角。[3] 他们不像朗缪尔等一代人,大多能适应新理论所需的数学要求。也正是在这一时期,美国大学出现重要的理论物理学中心,代表人物有:奥本海姆、坎布尔、斯莱特(John C. Slater)、哈罗德·尤里(Harold C. Urey)、鲍林、格雷戈里·布赖特(Gregory Breit)、康顿(Edward U. Condon)、菲利普·莫尔斯(Philip Morse)和范·韦勒克(John Van Vleck)等人。可以说,美国大学在物质科学领域发生巨大变化,其中很重要的原因在于,美国整个教育系统数学教学水平的显著提升。

---

① Edward A. Krug, *The Shaping of the American High School, Vol. I*, New York: Harper and Row, 1964, p. 348.

② Ibid., pp. 347—351.

③ Stanley Coben, Scientific Establishment and the Transmission of Quantum Mechanics to the United States, 1919—32, *American Historical Review*, 1971(76), pp. 448—450.

3.2.3　量子论在大学的传播

20 年代前后,美国物理学家经过短暂的迟疑徘徊之后,大多数已认为,虽然量子理论正确与否还有待验证,但物理学科要想持续健康地发展,大家必须熟悉量子理论的发展。为了达成这一目标,大学积极邀请欧洲顶级量子论专家来美国开设讲座,促成美国物理学家和欧洲物理学家面对面的交流。除此之外,美国大学开始增添量子理论的教学,出版量子理论教材和相关的阅读材料。所有这些措施有效地促进量子理论不但在老一代物理学家当中传播,而且引发新一代年轻物理学家对量子理论新问题的强烈兴趣。

3.2.3.1　国际交流

美国大学的物理学家要从事量子理论研究,可谓困难重重。20 年代早期,整个美国物理学界远离欧洲发展的主流,要了解量子理论,只有通过欧洲理论物理学家来美国旅行,或者去欧洲短期访问。就当时的技术条件而言,知识信息的传递还是相当的缓慢。像德国的《物理学杂志》(Zeitschrift für Physik),欧洲科学家一两个星期就能获得,美国的西海岸常常要晚 6 个星期的时间。而且,美国大学物理学科从事量子理论研究的人数本身很少,加上幅员辽阔,东西海岸各个院校之间相距甚远,进一步稀释了理论物理学家的密度。理论家之间彼此无法享受更多批判式的交流,像泡利对拉尔夫·克罗尼格(Ralph Kronig)说的,“你的任务是,你要用非常详尽的论据,反驳我说的每一个观点。”[①]即使是像明尼苏达大学,所组建成良好的量子理论的团队,最初能享受彼此之间非正式的交流,指出各自思考中存在的缺陷,但是也很快就剩下范·韦勒克。[②] 在旧量子时代,美国一些物理学家还是做出非常有意义的工作,但理论物理学家的密度如此之低,从整体上影响了其工作质量。

美国大学物理学科专业化发展的过程之中,受益于欧洲杰出物理学家的来访。一战期间与盟友建立的亲密合作关系,无疑为美国大学的发展打下良好的基础。战争结束之后,美国大学很快又恢复了邀请欧洲物

---

① R. Kronig, *The Turning Point*, New York: Interscience Publishers Inc., 1960, p. 36.

② Stanley Coben, Scientific Establishment and the Transmission of Quantum Mechanics to the United States, 1919—32, *American Historical Review*, 1971(76).

理学家访学的传统。不少美国物理学共同体的老朋友,再次聚集在美国大学,相互交流,共同推进物理学科前沿的发展。比如1922年1月至3月间,荷兰物理学家洛伦茨在加州理工学院担任访学教授。此外,威斯康星大学专门邀请他作专题讲座。在他四月份回到欧洲之前,他还在哈佛大学发表演讲。他在加州理工学院所作的系列讲座不久编撰成书籍《现代物理学问题:加州理工学院系列讲座》(Problems of Modern Physics: A Course of Lectures Delivered in the California Institute of Technology)。1924年,洛伦茨再次访问加州理工学院。[①] 1923年,英国物理学家J·J·汤姆生,在富兰克林研究所(Franklin Institute)作了5个报告,随后以《化学中的电子》(The Electron in Chemistry)出版。[②] J·J·汤姆生在三四月份,还访问了霍普金斯大学、普林斯顿大学和耶鲁大学,以及通用电气公司和贝尔实验室。[③] 1924年,英国物理学家卢瑟福作为研究助理,来到加州理工学院。一战时期,他与美国国家研究委员会的成员围绕潜艇检测的研究,有着良好的合作关系。卢瑟福还先后在明尼苏达大学、哈佛大学、哥伦比亚大学和加州大学伯克利分校,作系列演讲。[④] 1922年3月,新诺贝尔奖得主阿斯顿(Francis William Aston)[⑤]到美国富兰克林研究所访问。之后他在哈佛作了两个报告,内容涉及原子结构和同位素。[⑥] 其中一些量子物理学家在帮助美国进入量子理论领域,起到特别重要的作用。其代表人物为:玻尔、埃伦菲斯特(Paul Ehrenfest)和索末菲。

1923年秋,玻尔分别于十月、十一月份,在阿姆赫斯特学院和耶鲁大学的西利曼讲座发表系列演讲,针对的是大众而不是科学界人士。此外,他还在哈佛举办了两次研讨会,并在芝加哥举行的美国物理学会上发表演讲,题为《多电子原子的量子理论》(The Quantum Theory of Atoms

---

① H. A. Lorentz, *Problems of Modern Physics: A Course of Lectures Delivered in the California Institute of Technology*, Ginn, Boston, 1927.

② J. J. Thomson, *The Electron in Chemistry*, Lippincott, Philadelphia, 1923.

③ J. J. Thomson, *Recollections and Reflection*, the Macmillan Company, New York 1937, pp. 243—266.

④ R. T. Birge, *History of the Physics Department, Vol II*, University of California, Berkeley, 1968, p. VIII.

⑤ 弗朗西斯·威廉·阿斯顿(Francis William Aston),英国化学家及物理学家。他因在非放射性元素的同位素的发现过程中取得重大进展而获1922年诺贝尔奖.

⑥ *Science*, 1922(55), p. 395.

with Several Electron),吸引了三百五十多人。[①]

1924 年春,埃伦菲斯特作为研究助理的角色,到加州理工学院访学。相比较而言,他的影响力较大,因为他还在加州大学伯克利分校、明尼苏达大学、哥伦比亚大学和哈佛大学等院校,作了一系列以量子统计为题的报告。[②] 埃伦菲斯特与爱普斯坦(Paul Epstein)合作研究的过程之中,对美国实验物理学家威廉·杜南(William Duane)提出的新量子化条件进行了深入研究。

与美国物理学家的交流过程中,众多来自欧洲的科学家对美国实验物理学家所做出的富有革新意义的理论创新思想惊讶不已。这与美国实验物理学的传统:主要是验证欧洲物理学家的理论思想,开始与之分道扬镳。这种情况同样发生在索末菲来美国大学访学时期。

在所有来美国作物理学讲座的物理学家当中,索末菲在美国院校呆的时间最久,长达 6 个月,所作的报告最多,遍及从东海岸至西海岸的六所以上的主要院校。索末菲讲座的对象主要是面向研究生层次水平的学生和教职人员。有时他还介绍年轻的美国物理学家前往欧洲留学,或者指导学生撰写博士论文。而且,索末菲撰写的《原子和光谱》(Atombau und Spektrallinien)教科书,已经在美国大学得到广泛的阅读,因此他是促使美国科学界接受量子理论的杰出人物。

1924 年,英国科学促进会在加拿大的多伦多(Toronto)举行第 92 届年会。参加会议的英国物理学家有威廉·亨利·布拉格(W. H. Bragg)和其儿子威廉·劳伦斯·布拉格 (W. L. Bragg)、埃丁顿(A. S. Eddington)、拉曼(C. V. Raman)和卢瑟福。一批以阿瑟·康普顿为首的美国物理学家,参与了该会议,并与杜南围绕康普顿效应的正确与否,展开了激烈的争论。[③]

虽说国际形势并不利于美国与原轴心国的优秀物理学家交流,但在 1921—1925 年间,像爱因斯坦、索末菲等重要的理论物理学家,与美国物理学家战后迅速恢复了交往。应该说,1921 年物理学家爱因斯坦和

---

① *Science*, 1923(58), p. 429; *Phys. Rev.*, 23, 104(1924).

② R. T. Birge, *History of the Physics Department, Vol II*, University of California, Berkeley, 1968, p. VIII.

③ Arthur Compton, The Scattering of X-Rays as Particles, *Am. J. Phys.* 1961(29), pp. 817—820.

1922—1923年索末菲的来访,具有科学和政治双重含义。爱因斯坦访问美国主要是为了筹集资金,支持犹太复国运动。[①] 就索末菲而言,他在威斯康星大学担任卡尔·舒尔茨(Carl Schurz)访问教授之时,他明显感觉到美国人的反德国情绪。[②] 然而无论出于各种科学还是其他的动机,所有欧洲物理学家在美国收到热情接待。

在此过程中,美国私人财富扮演极其重要的角色。除了耶鲁大学的西利曼讲座之外,美国许多其他院校在20年代逐渐有能力提供数额可观的费用,支付这些来访的杰出欧洲物理学家。事实上,其中一些欧洲讲座教授只要拿到一所或者更多所美国院校给予的车旅费,他们就乐意开设讲座。通过这种方式,美国大学的物理家才有机会与欧洲的物理学家进行面对面的接触。来到美国大学进行讲座的教授,由于获得更多的邀请,从而使得他们的影响力不只限于美国几所重要大学。而且当时的交通主要是依靠铁路,因此这些欧洲的物理学家可以沿着旅途在不同的院校进行演讲。

3.2.3.2 量子理论的教学状况与相关的阅读材料

1910年至1920年间,美国物理专业内出现了一批领导人。遗憾的是,这些颇具影响力的科学家们除了其所擅长的实验之外,很少在量子物理学的理论方面做出贡献。然而到1920年,这些科学家当中的大多数人很好地意识到欧洲大陆正在酝酿的理论物理的发展,并意识到对整个物理专业潜在的影响力。结果,在赢得年轻的理论物理学家介绍量子理论课程之前,他们当中最杰出的实验物理学家,比如芝加哥和加州理工学院的密立根、普林斯顿大学的卡尔·康普顿、芝加哥的阿瑟·康普顿、密歇根的兰德里和哈佛大学的皮埃斯,他们亲自教量子理论或其中的重要部分。其中,皮埃斯的习明纳曾经的题目为“放射现象与电磁波”,在1915年改名为“辐射与量子理论”。当自己的学生坎布尔于1919年开始在哈佛教授量子理论的课程时,皮埃斯把习明纳的题目改为“辐射和量子理论在辐射领域的应用”。1929年,坎布尔和斯莱特教授量子理论,皮埃斯把

① 爱因斯坦的行程表之中,很少能腾出时间与美国科学家接触。但他在普林斯顿大学做了一系列以相对论为题的讲座,并获得普林斯顿大学的荣誉博士.

② 虽说部分美国人还记得与德国处于敌对的态势,因此非常谨慎地对待爱因斯坦和索末菲的访问,但这只是孤立的事件,并且人数甚少,无法与主流美国大众的热情相比.

"量子理论"这一术语完全从他的课程中划去。①

1920年早期,美国大学仍旧是实验物理学占据支配性地位。但随着量子理论得到越来越多的物理学家、化学家和数学家的关注,理论物理学方面的培养,尤其是量子理论,成为研究生课程的必修课。表5概括了1923—1925年间,美国各个院校提供的量子理论课程和教授课程的教师。虽说美国许多院校开设了量子理论的课程,但是水平落差较大。像芝加哥,教授量子理论的阿瑟·康普顿、卡尔·康普顿是实验物理学家,而麻省理工学院的H·B·菲利普斯(H. B. Philips)是数学家改行教授量子理论。

表5　1923—1925年间,美国大学开设的与量子力学相关的课程

院校	授课教师	课程名称
加州大学伯克利分校	贝戈	辐射与原子结构
	W·H·威廉斯(W. H. Williams)	量子理论
加州理工学院	埃斯普坦	热辐射与量子理论
	物理光学和光谱量子理论	托尔曼
芝加哥大学	阿瑟·康普顿	X射线和量子理论
	霍伊特(F. C. Hoyt,1925年夏)	动力学与量子理论
康奈尔大学	肯纳德(E. H. Kennard)	物质与量子原理的动力学理论
哈佛大学	坎布尔	量子理论与辐射(系列讲座)
	皮尔斯	光谱、原子结构和动力学
	斯莱特	气体原理和亚红外线光谱
麻省理工学院	H·B·菲利普斯②	量子理论

① Harvard University Catalogue, 1912—13, p. 380; 1915—16, p. 416; 1919—20, pp. 383, 385; 1929—30, p236. 转引自:Stanley Coben, Scientific Establishment and the Transmission of Quantum Mechanics to the United States, 1919—32, *American Historical Review*, 1971(76). 另可参阅:赵佳苓. 美国物理学界的自我改进运动[J]. 自然辩证法通讯,1984,(4).

② H·B·菲利普斯是数学系的教职人员,由于物理系缺少教授量子理论的教师,所以由他担任这一门课程的教学工作.

(续表)

院校	授课教师	课程名称
密歇根大学	沃特·库巴(Walter F. Colby)、奥斯卡·克莱因、巴克(E. F. Barker)	量子理论、原子结构
明尼苏达大学	布赖特、韦勒克	辐射与原子结构
普林斯顿大学	亚当斯、卡尔·康普顿	统计力学、气体动力学原理和量子理论、原子结构
斯坦福大学	大卫·韦伯斯特	现代物理学
耶鲁大学	李·佩奇	辐射与原子结构

资料来源：Katherine Russell Sopka, *Quantum Physics in America: the Years Through 1935*, Tomash Publisher, 1988, p. 92.

由此可见,20年代初期,美国大学物理学科虽然对量子理论反应颇为快捷,但合格的理论物理学家非常稀缺。哥伦比亚大学和霍普金斯大学,较为特殊。两所学校的理论物理学家,主要是从事牛顿经典物理学。至于量子理论,主要通过求助于外校的教授,填补课程教学的空缺。像哥伦比亚大学利用暑期时间,邀请国内量子力学的专家来校讲学,主要是弥补其他学校流行的课程而已。因此,哥伦比亚大学等大学,根本不具备培养量子理论博士的条件。而且,量子理论专家如此之少,以至于美国大学根本无法与欧洲现代物理学的中心媲美。从积极的方面讲,全美一些重要的高等院校,大多已开始重视量子理论给学校带来的影响。像芝加哥大学、加州大学伯克利分校,在这一时期,已开设有暑期补习班。而密歇根大学的暑期研讨班,也开始聘请物理学的客座教授(Guest Lecturer),像普林斯顿的卡尔·康普顿、哈佛的尚德斯(F. A. Saunders),是第一批讲座教授。①

客观地说,1920—1925年间,在美国各个院校,教授量子物理的教职人员,其数量是非常有限的。像哈佛等名牌学校,拥有三位量子物理学家,已经十分奢侈了。绝大多数的院校不超过一名。但对于量子理论感兴趣的群体,包括物理学家、化学家和数学家,在美国各个院校则相对比

① S. A. Goudsmit, The Michigan Symposium in Theoretical Physics, *Michigan Alumnus Quarterly Review*, 1961(5).

较庞大。

量子理论在美国大学传播的过程中,学生和教师对阅读材料的需求有所增加。物理学家在各个场合所作的报告,经过整理之后出版,为整个物理学专业提供最新的发展状况。这些报告有的以教材的方式出版,有的作为研究生的相关阅读材料。旧量子论时代,第一本经典的书籍是由慕尼黑的理论物理学家索末菲撰写的《原子和光谱》(Atombau und Spektrallinien),于1919年9月出版。[①] 该书在量子力学诞生之前,总共更新了三次。而且美国大学的发展还受益于英国同胞的翻译工作。1923年6月,英国诺丁汉大学(Univ. of Nottingham)的亨利·布罗斯(Henry L. Brose)将索末菲撰写的《原子和光谱》第三版翻译成英文,题为《原子结构和光谱线》(Atomic Structure and Spectral Lines)。[②] 美国物理学家,尤其是新一代年轻的物理学家、化学家和物理化学家,比如克罗尼格、林德赛(R. B. Lindsay)、鲍林、尤里、哈里森(G. R. Harrison)、坎布尔、斯莱特和范·韦勒克等,都无法回避这本重要的量子论专著。[③]

索末菲的书籍只提供很少的一般性的阅读材料。[④] 总体而言,该书最适合物理学科的研究生。当然,其中一小部分适合于物理学科低年级的学生、化学家等需要。在此期间,国家研究委员会的物质科学分部,组织了一批物理学家,专门负责撰写当前物理学发展最新动向的报告。最终,

---

① Arnold Sommerfeld, *Atombau und Spektrallinien*, Vieweg, Braunschweig, 1919, 1920, 1922, 1924.

② Arnold Sommerfeld, *Atomic Structure and Spectral Lines*, translated by Henry L. Brose, Methuen, London, 1923.

③ R. S. Mulliken, Molecular Scientists and Molecular Science: Some Reminiscences, *J. Chem. Phys.*, 1965(43), pp. 2—11.

④ 在此期间,年轻一代通过自学,成为成果颇丰的量子理论专家的人物甚为稀缺,其代表人物是在纽约大学兼职担任物理教授的惠勒·鲁密斯。他于1917年在哈佛获得实验物理学哲学博士学位。鲁密斯从热力学转向量子理论研究的经历,颇能说明美国大学发展的状况。首先他受困于教材。虽然索末菲的教科书《原子和光谱》第一版早在1919年就已出版,但实际上鲁密斯并没有读到这本书,因为1919年该教科书在美国很少看到,就连哈佛图书馆都没有。阿瑟·康普顿于1920从剑桥带回来的书籍《原子和光谱》,可能是美国第一本索末菲的书籍;其次,量子研究学术群体非常稀缺。尽管鲁密斯的成果被索末菲在《原子和光谱》书籍中引用,但是欧洲物理学家克莱泽(A. Kratzer)也发表了类似的成果。在当时,美国物理学家丧失成果的优先权是常有的事。转引自:Katherine Russell Sopka, *Quantum Physics in America: the Years Through 1935*, Tomash Publisher, 1988, p. 97.

这些报告以《国家研究委员会会刊》(National Research Council Bulletin)为名,并以单行本的方式发行。20年代早期,许多"会刊"的内容涉及量子理论。像物理学家亚当斯,将他在普林斯顿大学所教的量子课程,以题为《量子理论》(Quantum Mechanics)发行,它是一本仅为81页的小册子。[①] 由于是美国物理学家自行负责,所以这些快报大多明显强调实验成果。然而这些会刊的出现,表明美国大学物理学共同体,对量子理论的发展颇为警觉,力图将它广泛地在美国科学界传播。

1925—1926年间,也就是旧量子时代结束量子力学兴起时期,国家研究委员会发行的两期会刊,发生了两方面的变化。首先,它们较以往更加全面,属于书籍而非手册;其次,会刊内容主要是理论性的。它们分别是范·韦勒克撰写的《量子原理和光谱》(Quantum Principles and Line Spectra);[②]坎布尔、贝戈、科尔比、鲁密斯(F. W. Loomis)和佩奇撰写的《各种气体的分子光谱》(Molecular Spectra in Gases)。[③] 当时,量子理论处于非常活跃的时期,而且许多重要论文是由德文写作的,所以要跟上最新的发展是非常困难的。况且范·韦勒克也不可能知道,就在他给会刊撰写手稿之时,矩阵力学几个星期之后就在欧洲问世了。同样的,坎布尔等人撰写《各种气体的分子光谱》之时,经历了数年的准备,就在手稿完成之时,量子力学的问世顿时间将他们的手稿宣布为"废品"。范·韦勒克和坎布尔等人完成了一项非常艰苦的综述工作,而最终被证明是徒劳。这段经历是令人沮丧的,但这也充分展示了美国物理学家有能力从事量子理论的研究工作。

总的说来,20年代早期,美国物理学家撰写的一系列与量子理论相关的出版物,为不同层次的学生提供各种阅读物,充分说明美国大学学术共同体对量子论的兴趣。尽管这些研究工作很快就过时了,但它们对于美国大学物理学科的发展至关重要。因为当新的量子理论出现之时,美国物理学家已经具备甄别和参与其发展的能力。

3.2.3.3 理论物理学博士的培养

普林斯顿大学校长约翰·海本(John Grier Hibben)认为,"我们明显

---

① E. P. Adams, Quantum Mechanics, *N. R. C. Bulletin*, 1920(5).

② John H. Van Vleck, Quantum Principles and Line Spectra, *N. R. C. Bulletin*, 1926(54).

③ E. C. Kemble、R. T. Birge、W. F. Colby、F. W. Loomis and L. Page, Molecular Spectra in Gases, *N. R. C. Bulletin*, 1926(54).

出处于一个需要更多关于物质世界惊人发现的时代。”[①]但在 20 年代初期,美国大学在培养理论物理学人才方面,不容乐观。年轻一代的物理学家要想从事量子理论领域的研究,他们很难找到合格的教师。因为美国大学在制度方面,尚未有意识地将理论物理学家作为重要的教职人员,因而影响物理学科理论人才的梯队建设。在美国大学内,加州大学伯克利分校的物理学家贝戈和哈佛的物理学家坎布尔,较早就提倡从事量子理论的研究工作,韦勒克是坎布尔的第一位博士生。尽管康普顿兄弟是实验物理学家,但他们非常关注现代物理学的发展。麻省理工学院的数学家 H·B·菲利普斯,与物理系学生合作研究量子理论。某种意义上说,正是这少数几位物理学家和数学家为美国大学今后十年理论物理学的发展,打下了坚实的基础。

美国各个高等院校虽然缺少量子理论方面成名的物理学家,但在 1922—1926 间,至少有十多篇博士论文,与当时量子理论的发展密切相关。在此时期,美国大学总共授予了三百多个物理学哲学博士学位,上述十多篇量子理论的博士论文显得颇为寒酸。[②] 但与过去十年相比,美国高等院校物理系的态度发生了变化。它们从最初不愿授予理论博士学位,到从制度上确保理论研究的博士学位授予,无疑是巨大的进步。当然,这些博士论文的水平参差不齐,而且其中一部分年轻人也没有继续研究该领域。在量子理论领域较为著名的人物分别为:范·韦勒克、康顿、丹尼森和迪克(G. H. Dieke)。

与欧洲大学相比,美国大学除了缺乏合格的理论物理学导师之外,其培养模式也不利于年轻一代理论物理学家的成长。美国大学教育系统,将学生从中学水平培养到研究生水平,需要经历四年的本科生教育,这对于培养美国有潜力的年轻一代理论物理学家颇为不利。而欧洲学生,比如德国的,从高级中学升到大学之时,他们马上就有机会接触到现代理论物理学,较美国年轻一代的物理学家更早。例如,1919 年,年仅 17 岁的古

① Frederick P. Keppel, Excerpt from the Annual Report of the Carnegie Corporation, *Science*, 1924(60), p. 516.

② Stanley Coben, The Scientific Establishment and the Transmission of Quantum Mechanics to the United States, 1919—32, *American Historical Review*, 1971(76), pp. 442—466.

德斯密特开始跟随埃伦菲斯特从事研究,次年他就发表了研究论文。① 而年仅19岁的海森堡,就成为索末菲的学生。②

欧洲大学培养的方式是“按需学习”:个人根据研究的需要,可以自己独立地学习某些专业知识。也就是说,许多物理学家在本科阶段所接受的物理学知识体系是不完整,明显留有“空缺”。在量子理论发展的重要阶段,欧洲大学培养物理学家的方式显得较为灵活。而美国高等院校的本科课程设置方面,牛顿经典物理学显然还占据重要的地位,本科生层次的量子理论教学甚为稀缺。要想获得本科学位,物理系的学生必须掌握好经典物理学,而且在做博士论文之前,要进行全面的考试。③

此外,与欧洲相比,美国显然没有真正的理论物理学中心。像哈佛大学物理系,量子小组由坎布尔、皮尔斯和斯莱特三人组成,在美国大学之中,可称得上豪华阵容。它就是量子理论的中心,也是美国大学唯一个中心,但学术成就难于欧洲的哥廷根大学、柏林大学、哥本哈根理论物理研究所和慕尼黑大学等理论物理学的中心媲美。

另外一个事实是,在1920—1925年间,与欧洲大多数物理学家所作的工作类似,美国物理学家所做的许多成就,很快就被海森堡的矩阵力学、次年薛定谔的波动力学取代。但是,我们仍旧需要学会欣赏这段美国大学物理学家从事理论物理学研究的活动——尽管它最终被取代。因为他们的积极参与,使得学科本身对物理学的前沿非常敏感。从逻辑上更是显而易见的,没有参与旧量子时代的发展,下一个阶段的物理学活动几乎是不可能的。

3.2.4　加州理工学院物理学科的发展

从地方上一所普通的技术学院,每年毕业生中只有少数几位能获得学士学位,其他学生多数是初级和中级教育的水平,然后经过十年的发展,最终成为世界一流的大学。这在欧美大学史上,也只有美国加州理工

---

① Daniel Lang, *A Farewell to String and Sealing Wax Ⅱ*, The New Yorker, 1953, pp. 46—67.

② 大卫·C·卡西第. 海森伯传[M]. 北京:商务印书馆,2002. 121—146.

③ Katherine Russell Sopka, *Quantum Physics in America: the Years Through 1935*, Tomash Publisher, 1988, pp. 100—101.

学院曾经创造出如此辉煌的奇迹。[1] 其中,很重要的原因是加州理工学院聘请到以实验物理学家密立根、物理化学家阿瑟·诺耶斯(Arthur A. Noyes)为核心的科学家。

海尔作为美国大学交叉学科研究的倡导人之一,他提出的美国科学发展的思想,开始成为加州理工学院的办学思想。他希望围绕威尔逊天文台(Mount Wilson Observatory),组成由物理学家和化学家构成的学术团队。为此,海尔向富裕的南加州人募捐数额颇巨的资金。这些富裕的商人与国家研究委员会的主席海尔可谓志同道合,他们认为科学中心的建立,将有助于发展地区工业。为了招聘与巨额资金相匹配的研究人员,海尔成功地说服麻省理工学院的物理化学家诺耶斯,来加州理工学院工作。作为物理化学家的诺耶斯,特别符合海尔交叉学科的发展思想。而且,诺耶斯在加州理工学院,用的是美国最典型的培养方式:不是预先设计好课程,而是根据教授对学科的理解来设定课程,遵循的是“从下而上”的原则。于是,诺耶斯利用麻省理工学院“失败”的经验教训改造加州理工学院,即注重基础研究,并强调数学对化学发展的重要性。在量子理论发展的背景下,诺耶斯顺应这次变革,在物理化学领域很快超越哈佛等美国顶级大学的同行。

至于物理学科的学科领导人选,海尔特别青睐国家研究委员会的同事密立根。为了将密立根聘请到加州理工学院,一位慈善家宣称新建立的学院,不动产的投资就达到400万美元。与之形成鲜明对比的是,结束战时研究的密立根回芝加哥大学之后,他想从事原子研究项目,却并未得到大学行政人员的支持。该项目包括建造新实验室,以及运行一家专业研究所,组织物理学家和化学家合作研究物质结构。所需的费用估计达到100万美元,是洛克菲勒第一次捐赠整个芝加哥大学的费用。芝加哥

---

[1] 色罗珀大学(Throop University)是由来自芝加哥的退休富商色罗珀(Amos G. Throop),于1891年在帕萨迪纳(Pasadena)创办的,1913年改名为色罗珀技术学院(Throop College of Technology),1920年改名为加州理工学院(Caltech)。1914年,麻省理工学院的物理化学家兼副校长诺耶斯在该校兼职,1919年伊始全职在该校工作。1920年,密立根在该校从事了三个月的研究工作。除了初创时期商人色罗珀的投资之外,许多年来,逐年富裕的加州人慷慨地将资金捐赠给加州理工学院。最大的一笔来自阿瑟·弗莱明(Arthur Fleming),他将其所有的财产,价值400万美元,悉数捐赠给加州理工学院,以至于密立根每年都有10万美元的科研经费用于发展物理系。转引自:舸昕.从哈佛到斯坦福:美国著名大学今昔纵横谈[M].北京:东方出版社,1999.362—373.

大学对密立根的研究计划颇为冷淡,首先是因为原子学科研究经费过高,其次是密立根希望芝加哥大学允许他在加州理工学院从事研究工作。1921年,密立根离开芝加哥大学到新成立的加州理工学院担任该校的行政主管,相当于校长。虽说名义上这是一所技术大学,但主要从事纯研究的工作。而且密立根所在的加州理工学院,在原子领域研究所获得的资助,不仅在美国,即使从整个世界范围来看,其资助都是空前的。德国物理学家伦琴吃惊地说:"想象一下吧,听说密立根一年的科研经费就有10万美元。"①当时美国一个物理系的研究经费只在14 000美元到18 000美元之间。在富有科学启发性的大学管理部门、慷慨的本地商人帮助之下,通过与领袖级的物理学家、政府和基金会的官员之间的联系,密立根把规模颇小的帕萨迪纳(Pasadena)工程学院改造成现代科学的中心。那么,密立根是如何发展加州理工学院物理系的呢?

密立根领导的物理系,对本土理论物理学的落后给予充分的关注。他清楚地认识到理论上的缺陷是提高美国物理学水平的主要障碍。他认为,只有将实验与最深奥的理论分析结合起来,才有可能产生伟大的进展。密立根上任之后,马上着手筹建新的物理系。首先,他于1921年说服爱普斯坦从欧洲来到加州理工学院工作。爱普斯坦是一位已展示杰出才能的年轻理论物理学家。可以说,他是众多才华横溢的年轻欧洲物理学家的先驱,他们移民至美国并不是作为难民,而是因美国大学给年轻人更大的机遇。与此相反,欧洲大陆静态的讲座制度,严重地阻碍了年轻科学家的发展。

影响物理学发展的另一个重要因素是美国的地理位置远离欧洲的科学中心。20年代的欧洲物理学家一个星期之内就可以到两三个国家的研究中心参加活动,而量子理论的发展与国家学术交流密切相关。但是,大西洋和辽阔的美国国土使得学术交流颇为困难。20年代早期,爱普斯坦是美国唯一一位在量子理论方面持续发表具有重要意义论文的物理学家,他与每一位在美国的量子理论学家一样,承受学术上的孤独感。显然,密立根对这种地理孤立状态很敏感,于是他从国内聘请了在德国学过现代理论的托尔曼和贝特曼,在加州理工学院组成了最早的现代理论物理学家的梯队。但爱普斯坦学术上的孤独感一直持续到20年代晚期。

---

① Otto Glasser, *Wilhelm Concard Rontgen and the Early History of Rontgen Rays*, Springfield, Ⅲ: Charles C. Thomas, 1934, p. 180.

他回忆道:“在慕尼黑大学和莱顿大学,以及我从事科学生涯的莫斯科,你总能依靠你的朋友帮助你指出你也许错过的有趣的东西。但在这儿,那是不可能的。”[①]密立根不久就安排了每年至少一位欧洲顶级的理论物理学家访问加州理工学院。从 1921 年至 1926 年期间,柏林大学的爱因斯坦、莱顿大学的埃伦菲斯特、慕尼黑大学的索末菲、剑桥的达尔文(C. G. Darwin)和哥廷根大学的玻恩,作为访问学者来加州理工学院从事科学研究。密立根的名声、个人魅力和坚持不懈地努力,美国日益繁荣的科学学院,以及密立根提供给访问学者丰厚的薪水,将这些重要的物理学家吸引到帕萨迪纳(Pasadena)。此外,加州理工学院所建的巨型望远镜,便于科学家们为证明他们理论的普适性寻找证据。

随着加州理工学院名声日隆,一群由国家研究委员会或国家教育董事会资助的,具有非凡才能的年轻理论物理学家很快被吸引到帕萨迪纳,他们当中有迪克、卡尔·埃卡特(Carl Eckart)、奥本海姆、鲍林、休斯顿(William V. Houston)、罗伯逊(H. P. Robertson)和塞维(Fritz Zwicky)。这些年轻科学家的到来,极大改善了加州理工学院的科学氛围,有助于彼此之间相互启迪。比如说,乌伦贝克(G. E. Uhlenbeck)惊讶地发现,埃卡特早在 1926 年已经写出波粒相干性(the coexistence of wave and particle mechanics)方面主要问题的合理的解答,而埃卡特感兴趣的问题是通过在加州理工学院倾听玻恩的讲座得到的启发,其重要的数学建议来自爱普斯坦。有趣的是,爱普斯坦无意间听到埃卡特和塞维讨论他的科研论文。这种交流在哥廷根大学、莱顿大学和柏林大学是非常普遍的,但是在 20 年代中期的美国大学校园内,也只有在加州理工学院有可能发生。[②]

与加州理工学院相比,20 年代早期哈佛学生学习量子理论的方式非常散漫。尽管如此,他们中的少数人所受的训练是为将来在欧洲学院从事研究做准备的。而在普林斯顿大学,从哥廷根大学留学回来的亚当斯教授学习量子理论所必备的数学课程。这一课程的开设对于参加欧洲最有难度研讨会的学生来说是足够了,对于埃卡特将来在加州理工学院做出杰出的工作,也提供了足够的数学知识储备。尽管卡尔·康普顿关于原子结构的

---

① Stanley Coben, Scientific Establishment and the Transmission of Quantum Mechanics to the United States, 1919—32, *American Historical Review*, 1971(76), p. 452.

② Jammer Max, *The Conceptual Development of Quantum Mechanics*, New York: McGraw-Hill, 1966, p. 275.

研讨会主要培养实验学家,但也强调玻尔和其他现代理论学家的假设。

当密立根决定离开芝加哥大学之际,校长朱德逊(Judson)警告他说:"密立根,如果你决定去加利福尼亚,你会失去对你最有益的联系。那将是你科学生涯的尾声。"[①]那么,密立根离开之后,芝加哥大学物理系的发展如何呢?事实上,芝加哥大学的教职人员霍伊特,从1923年至1928年以来一直是一位孤独的理论物理学家,因为在那儿他很少听到1925—1926年间用公式简洁地表达量子力学理论的讨论。所以,随着密立根来到加州理工学院,芝加哥物理学中心的地位完全让位于新兴的加州理工学院。

3.3　大学物理学科专业化的发展:依附阶段

20年代早期,美国大学物理学科朝着专业化继续发展,主要包括专业学会的活动、研究杂志的发展、从事物理学专业的教育机会、从事研究所需的设备,以及美国物理学家与整个国际学术共同体的关系。尽管一战结束之后的数年间,物理学在美国大学逐渐繁荣起来,但是物理学发展的主流仍旧在欧洲。

回顾历史,我们还无法在20年代初期,预见美国大学将在新的物理学领域扮演重要的角色。只有到了1926年之后,美国大学获得充分的动力,促进理论物理学全面的专业化,以确保大学物理系全面参与量子力学的研究。因此,在20年代的头五年,为理论物理最终成为大学的一项重要的职业奠定基础。就制度而言,1920—1925年间,理论物理在大学专业化不断得到发展;从智力方面而言,玻尔的量子理论在解释原子结构模型时,只是取得了部分的成功,尚未完全取代经典物理学的解释,还需要不断寻找满意的解答。年轻一代进入物理学职业之时,他们已经不像20世纪初那样,被告知物理学的大厦已经落成,在他们面前展现的物理世界是相当具有挑战性,而玻尔已经为他们铺开了前几级台阶,大量的谜底尚未被解开。因此,这种形势使得物理学对于年轻一代而言充满新的挑战与吸引力。

3.3.1　物理学会的发展

1921年,美国物理学会的会员已比战前增加了一倍多。20年代伊

① 舸昕. 从哈佛到斯坦福:美国著名大学今昔纵横谈[M]. 北京:东方出版社,1999. 368.

始,攻读物理学哲学博士学位的学生每年保持在百分之七左右的年增长率。[①] 1920—1925年间,美国物理学会明显的特征是,学会成员达到1 260人,增幅达至50%。但学会会士(Fellowship)的数量为491名,增幅仅为7%。[②] 成员的增加充分说明,美国人对物理学越来越感兴趣,但美国对物理学发展做出贡献的人数增幅却较小。在这段时期,美国物理学会的主席分别由埃姆斯、西奥多·莱曼、孟德霍和米勒(D. C. Miller)担任,他们都属于实验物理学家。量子理论之所以在美国大学立稳脚跟,很大程度上是因为美国实验物理学家需要理论物理学家为其实验给予解释。

新出现的一代物理学哲学博士,毕业之后没过几年,90%—95%成为美国物理学会的成员。这些成员中的四分之三,在整个二三十年代都留在教育部门,[③]但这些未来的教授并不是均匀地分布在美国数百所大学,而是呈高度集中化趋势。20年代,20所美国顶级的物理系雇用了所有参与美国物理学会的物理教师的40%有余。[④] 这20所物理系发表的论文,占据了美国顶级的杂志《物理评论》四分之三的版面,并培养了大约全国

---

① Nathan Reingold, *Science in Nineteenth-Century America*, Octagon Books, New York, 1979, p. 296.

② 1921年,美国物理学会在芝加哥召开的学会会议,首次采用学会会士(Fellowship)和学会会员(Membership)区分不同成员。引自:Phys. Rev., 19, 241(1922)。1904年开始,美国物理学会将成员分为:副成员(Asscoiate Member)和正式成员(Regular Member)。Phys. Rev., 18, 295—296(1904). 物理学会会员通常是年轻的研究生、物理教师和其他对物理学科感兴趣的人员;物理学会会士通常是那些在物理学领域做出重要贡献的会员,而所谓的贡献通常是以文章的方式发表.

③ Nathan Reingold, *The Sciences in the American Context: New Perspectives*, Smithsonian Institution Press, Washington. D. C., 1979, p. 331.

④ 20所顶级大学分别为:加州大学伯克利分校(University of California, Berkeley)、加州理工学院(Caltech)、芝加哥大学(University of Chicago)、哥伦比亚大学(University of Columbia)、康奈尔大学(Cornell University)、哈佛大学(Harvard University)、爱荷华州立大学(State University of Iowa)、伊利诺斯大学(University of Illinois)、霍普金斯大学(Johns Hopkins University)、麻省理工学院(MIT)、密歇根大学(University of Michigan)、明尼苏达大学(University of Minnesota)、纽约大学(University of New York)、西北大学(Northwestern University)、宾夕法尼亚大学(University of Pennsylvania)、普林斯顿大学(Princeton University)、斯坦福大学(Stanford University)、华盛顿大学(Washington University(St. Louis))、威斯康星大学(University of Wisconsin)、耶鲁大学(Yale University)。一战之后,克拉克大学(Clark University)的地位被加州理工学院(Caltech)所取代.

百分之九十的新物理学哲学博士。[1] 因此,美国大学物理系的历史,可以说是描绘物理学的发展史。

一般地,美国物理学会一年举行5至6次会议,而年会继续与美国科学促进会一同在12月末举办。另外,二月份在纽约召开的会议通常是一天,四月份在华盛顿召开的会议为两天,六月份在西海岸物理学会分部举行一天的会议,[2]十一月份通常会选择更具欧洲特色的地区,比如芝加哥、美国俄亥俄州的克利夫兰(Cleveland),或密歇根州的安阿伯(Ann Arbor)。另外整个学年当中,还不定期地举行一次会议。美国物理学会在西海岸设立分部,主要原因是加州大学伯克利分校、加州理工学院和斯坦福大学的兴起。

1920年至1926年刊登在《物理评论》上的会议记录表明,在某些会议上,出席的人数已超过二百五十人,提交论文的数量超过六十篇,以至于学会不得不延长会议的时间,或者严格限制分配给个体演讲者的时间。为了保证参会人员有充足的报告时间,物理学会秘书哈罗德·韦伯(Harold Webb)建议,将大家分成若干个分会场分别陈述论文。该建议遭遇密立根为首的物理学家们的强烈反对,他们非常讨厌看到学科被人为割裂开来。最终,解决的办法是规定每一位陈述者只有六分钟时间。1921年至1922年间,担任物理学会主席的莱曼首度使用闹钟提醒每一位陈述人所费的时间。20世纪初,物理学会收到论文的较少,但20年过去了,论文多到不得不为每一位陈述者实行定额分配时间。[3]

3.3.2　物理学科专业杂志的发展

1920至1925年间,伴随着物理学会人数和会议论文的增加,学术期刊也面临新的发展机遇。作为美国物理学会主办的杂志《物理评论》,1920年的论文数量不到九十篇,1925年增至一百八十篇左右。此外,美国物理学家还在《天体物理学杂志》(Astrophysical Journal)、《美国艺术与科学学院学报》、《美国光学学会杂志》(Journal of the Optical Society of

---

① Nathan Reingold, *The Sciences in the American Context: New Perspectives*, Smithsonian Institution Press, Washington. D. C., 1979, p. 333.

② 西海岸物理学会分部(West Coast Division)于1917年成立.

③ E. Merritt, Early Days of the Physical Society, *Rev. Sci. Instrument*, 1934(5), p. 146.

America)和《富兰克林学会杂志》(Journal of Franklin Institute)等杂志上发表论文。1921年末,麻省理工学院开始发行它们创办的杂志《数学物理杂志》(Journal of Mathematics and Physics)。当然,美国物理学家非常重视在欧洲杂志上发表学术论文,尤其是在德国的《物理学杂志》上。

对于美国物理学家而言,国内物理学期刊仍旧无法满足学术界快速而广泛地传播他们研究成果的需要。要知道,20世纪20年代,量子物理学非常活跃,而《物理评论》经常性的延迟发表物理学家的学术成果,遭致学界的批评。为此,《美国国家科学院学报》(Proceedings of the National Academy)开创性地刊登研究摘要,它们通常是由科学院院士或其他美国研究人员所做的并被认为有重要价值的研究成果。科学院还将学报推向国际领域流通,以彰显美国科学所取得的成就。[①] 20年代,在量子理论领域,最好的论文当时是用德语写作的,但美国具备良好的国际意识,试图将本国的英语杂志推广到欧洲去,扩大美国科学家在欧洲的影响力。

对于《物理评论》杂志,主要有两条编辑遵循的政策导致论文延迟发表。第一,单纯由论文审稿人决定论文发表与否,与科学家学术声望无关。而对于年轻一代尚未成名的物理学家而言,通过学界颇具声望人物直接推荐而发表论文的方式,暂不可行。很明显,不在杂志编辑部直接审稿,而将论文邮寄到审稿人那里,通常要花费不少的时间。在量子理论和实验日新月异的时代,很容易造成"优先权(Priority)"的争议;第二,1923—1925年间,戈登·弗尔彻(Gordon Fulcher)担任《物理评论》的总编,为了规范论文的写作,他既要作者提交论文摘要,而且论文写作要符合戈登自行规定的风格。这些较为刻板的要求,一定程度上拖延了文章的发表。[②]

事实上,《物理评论》延迟发表学术论文时间有时过于冗长,对美国大学物理学家、学科发展乃至大学声望,造成巨大的潜在伤害。就拿实验物理学家阿瑟·康普顿为例,他首先做出了X射线散射实验,后来被称为康普顿效应。其理论解释的论文于1922年12月提交,但直到1923年5月

① E. B. Wilson, *History of the Proceedings of the National Academy of Science*, Washington, D. C., 1966.

② 在这个时期,德国看起来并不像美国那么诚实,科学杂志通常并不采取匿名评审,学术声望和权威推荐更加行之有效.

才正式发表。在这五个月间,物理学家德拜(P. Debye)[①]将康普顿实验的理论解释提交给《物理学杂志》。德拜的论文在提交之后一个月内就发表了,时间是1923年4月,较康普顿的论文早一个月发表。尽管德拜自己将所有的荣誉都归于康普顿,但在随后的文献之中,出现的是康普顿—德拜效应(Compton-Debye Effect)。[②]

在扩大美国物理学科影响力方面,美国物理学家的处境更加不利。像《物理评论》等美国科学杂志,在20年代早期,并无多少读者。因此,美国物理学家非常渴望在欧洲科学杂志上发表学术论文。范·韦勒克曾回忆说:"1922年,当我得知我的博士论文被英国的《哲学杂志》录用之后,我感到非常高兴,因为将会有更多的人阅读我的文章。"[③]

应该说,20年代早期美国科学杂志数量已经不少,尽管在编辑方面有一些缺点,但已能为物理学家提供较好的服务。美国本土一流的实验物理学家为《物理评论》等杂志不断建立良好的名声,可要融入国际物理学共同体之中,美国大学物理学科专业依旧任重道远。

3.3.3　物理学科发展的机遇、条件和所获得的荣誉

在洛克菲勒基金会的资助下,1919年至1920学,国家研究委员会授予第一批博士后奖学金获得者,其中包括6位年轻的物理学家。从1919年至1926年,总共有52位年轻人获得一年以上的博士后奖学金,在他自己选择的院校从事博士后研究项目。最初获得博士后奖学金的年轻物理学家,大多在第二年也同样获得了资助。像柯蒂斯(L. F. Curtiss)、库斯(E. H. Kurth)、勒布和佩因(G. P. Paine)甚至延长至四年。在此期间,奖学金资助额度总计达到20万美元。一些获得者整个学年留在单一的一所院校,而有的则在两至三所院校。早期,奖学金的获得者只有少数允许到国外留学,比如布赖特去荷兰莱顿留学,阿瑟·康普顿留学剑桥,而

---

① 彼得·德拜出生于荷兰的美国物理学家,因从事偶极子运动、X射线和气体中电子散射的研究获1936年度诺贝尔奖.

② R. H. Stuewer, *The Compton Effect: Turning Point in Physics*, Science History Publications, New York, 1975.

③ J. H. Van Vleck, American Physics Comes of Age, *Phys. Today*, 1964(6), p. 22.

霍伊特留学哥本哈根。①

国家研究委员会的奖学金资助项目,主要针对培育美国国内高等院校的科研活动。但对于那些热切想去欧洲学习量子理论的年轻人来说,这种限制令其十分不满。尤其是旧量子时代,量子理论对物理、化学等实验的现象解释力尚不充分。当然,对于实验室物理学家而言,这种限制相对要小一些,因为美国大学实验室的设备相当先进。事实上,20世纪20年代,美国大学物理学实验室设备的先进程度,已经领先于欧洲诸多院校,尤其是德国。1923年,德国理论物理学家索末菲访问美国之时,在加州大学伯克利分校给研究生做演讲时说,"如何将科学转化为技术领域,你们美国人拥有特殊的才能。最近几年,你们成功地发展了实验物理和物理化学。但在我的国家,我担心,用不了几年,实验工作几乎无法开展,因为我们非常贫穷。"②

20年代早期,对于那些想以博士后身份,前往欧洲从事量子论研究的年青一代的物理学家而言,要获得财政资助并不容乐观。最初他们只有通过"美国—斯堪的纳维亚"基金会(American-Scandinavian Foundation)或者由各自的学术院校提供资助。洛克菲勒和古根海姆纪念基金会的出现,很快使之黯然失色。由洛克菲勒基金会资助的奖学金项目,则是所有基金会之中规模最大,覆盖面最为广泛的。1923年创办的国际教育理事会,就是其中的重要项目之一。国际教育理事会影响到美国乃至欧洲物理学的发展进程。国际教育理事会是由年长的约翰·洛克菲勒(John D. Rockefeller, Sr.)创办的,旨在提升并促进世界范围内的教育。③

国际教育理事会的奖学金并不只限于美国,它对世界上任何一个国家的申请人开放,获得资助的个体可以自由地选择他想去的国家和院校。通常,大部分来自欧洲的访问学者,是作为科学使臣来到美国"传教"的,

---

① Myron J. Rand, The National Research Fellowships, *The Scientific Monthly*, 1951 (73), pp. 71—80.

② Katherine Russell Sopka, *Quantum Physics in America: the Years Through 1935*, Tomash Publisher, 1988, p. 71.

③ George W. Gray, *Education on an International Scale: A History of the International Education Board*, Harcourt Brace, New York, 1941; Raymond B. Fosdick, *Adventure in Giving: The Story of the General Education Board*, Harper and Row, New York, 1962.

但是这些年轻的科学家是第一批来自欧洲的“学徒”,同时也是潜在的定居者。当然,这只是一个非常小的开始,还无法形成气候。对于大部分美国学生来说,他们需要继续到欧洲留学,寻找参与发展物理学科前沿的机遇。除了基金会的资助之外,美国大学凭借自身的资源,资助科学家到欧洲访学。

20年代早期,大约有十二位年轻物理学家有机会到欧洲学习理论物理。这对美国大学20年代后期的发展是至关重要的。首先,年轻一代理论物理学家在欧洲科学中心的出现,表明美国物理学科在保持传统学科优势的情况下,有意识地克服学科自身的缺陷。其次,美国大学培养理论物理学家的能力欠缺的情况之下,年轻人有机会留学欧洲,为培养下一代物理学家打下了坚实的基础,帮助他们全面参与物理学前沿的发展。

总的说来,20年代大量的资金来源于富裕美国人的捐赠,用于资助个体或学院,从事物理学研究。回想起1873年,英国物理学家廷德尔呼吁美国关注纯科学,[①]之后是1883年罗兰发出《为纯科学请愿》,[②]直到20世纪20年代,整整半个世纪过去了,他们的呼声才得到回音。美国对科学事业的广泛资助让美国和整个科学共同体均受益。原因是多方面的。美国在一战之中,不仅在物质和人力方面很少遭受损失,而且他们在战争之中,为物理、化学为核心的物质学科赢得了地位,从而确立了纯研究最有利于促进实用研究的理念,取代了爱迪生的手工作坊式的发明方法;一战之后,一批颇有天赋的年轻人进入科学队伍,加速了美国科学的发展;20年代,将物理学科视为死亡学科的文化已经彻底的结束了,原子结构的实验与理论的研究,不仅引起物理学家,而且引起化学家,乃至数学家的广泛关注,在这过程中,吸引了一批前途无量的年轻人进入该领域的发展。

1925年,美国大学物理学专业已经形成高度稳定的金字塔结构。在金字塔的底部,为数众多的大学和学院为年轻一代的美国人从事科学研究打好基础;在金字塔的中部,20所研究学院培养了百分之七十五以上

---

① K. J. Sopka, An Apostle of Science Visits America: John Tyndall's Journey of 1872—1873, *Phys. Teach.* 1972(10), pp. 369—375(1972).

② Henry Rowland, A Plea for Pure Science, *Science*, 1883(2), pp. 242—250.

的物理学哲学博士，他们的能力伴随着20年代科研经费的集中，科研条件的改善，得到更多的发展机遇。在这些研究生院，大量的经费投入到新实验室的筹建和旧实验室的改造。某些院校的物理学科，研究经费达到每年3万美元，是一战之前科研经费的5—10倍。① 此外，1920—1925年间，美国大学物理学家在国际舞台上的表现颇佳：一个诺贝尔奖，并有4人获得索尔韦国际会议的邀请。然而，这也暴露出一个很重要的缺陷：在这段时期，美国只有实验物理学家才能获得此项殊荣。

---

① 1920—1921年，哥伦比亚大学用于物理学研究的款项人均仅为1 000美元，1929—1930年人均达到7 200美元；1928—1929年，伯克利人均达到12 000美元；1927—1930年，普林斯顿物理系每年人均达到30 000美元。转引自：Daniel J. Kevles, *The Physicists: The History of a Scientific Community in Modern America*, Vintage Books, New York, 1978, p. 198.

第4章 量子力学时代美国大学物理学科的发展(1926—1932年)

20年代中期,量子理论进入新的发展时期。1925年末,德国物理学家海森堡首先提出新的理论即矩阵力学,之后他与玻恩、约旦等三人合作将之系统化。接着,泡利(Pauli)成功地运用矩阵力学的方法解决了氢原子能级问题,并求解出旧量子无法解决的氢原子光谱问题。[①] 矩阵力学的成功引起了物理学家的兴趣,但新出现的概念与数学技巧令众多老一代物理学家感到困惑。令人欣慰的是,次年,薛定谔的波动力学提供了用传统的微分方程描绘微观粒子的规律。总的说来,旧量子理论无法解答的难题,新量子理论却逐一地给出较为完善的解答。因此,物理学发展的新纪元已经来临。玻尔利用牛顿经典的物理模型构建原子理论的时代,虽然直观、形象,但已然被宣布为“旧量子”时代。而从旧量子时代废墟上出现的量子力学理论,所需的复杂数学工具已成为其基本特征。量子力学的出现,意味着量子理论领域中最重要的难点突然间被解决。这一明显的理论进步使得美国学科领导人更容易让基金会和大学官员相信,额外的研究授权和人员任命变得更加重要。

问题在于,美国物理学家向来对传统的物理模型有所偏爱。尽管在世纪之初,美国大学物理学科已经加强了数学教育,但面对量子力学所需复杂的数学工具,其在数学方面的训练显得尤为不足。正如德国物理学家索末菲所言:“假如你想成为物理学家,你必须做三件事。第一,学习数学;第二,学习更多的数学;第三,重复前两步所做的。”[②]因此,新量子理论的诞生势必要影响美国大学物理学科的发展进程。可以说,量子力学的出现,使得美国大学物理学科的发展,处于紧要的十字路口。从消极的方面讲,大多数美国大学物理学科培养学生过程之中存在明显的缺陷,对参

---

① 李艳平,申先甲. 物理学史教程[M]. 北京:科学出版社,2003. 304—307.

② Daniel J. Kevles, *The Physicists: The History of a Scientific Community in Modern America*, Vintage Books, New York, 1978, p. 200.

与量子力学的发展准备不足,因而不利于物理学科走向成熟;从积极的方面来讲,假如物理学科在培养学生的过程之中,克服两方面的缺陷:第一,从对物理学直观模型的偏爱转向更为抽象的物理学图景;第二,培养出一批掌握新的数学工具的学生,鼓励其进入新的理论物理学领地,那么,美国大学有可能更早地促使物理学科迈向成熟。

就在量子力学诞生前夕,美国大学物理学科发展所需的国际环境进一步得到改善。1925年12月1日,德国和其他欧洲国家在瑞士的洛迦诺,签订《洛迦诺公约》(The Locarno Pact),以此来促进和平并维持现存领土边界。之后,1926年国际研究委员会最终废除反对前轴心国的禁令。[①] 当然,海尔主持的国际研究委员,并没有全面阻止美国大学物理学家对外交流。早在1926年之前,到欧洲留学的美国物理学家,通过参与独立于国际联盟的组织,避开反对德国科学家的禁令,与之交流。

4.1 美国大学物理学科对新量子理论的反应

一战结束之后至1925年间,美国物理学界与欧洲物理学共同体联系日趋紧密。新理论所具备的抽象性及对深奥数学工具的要求,深刻影响着物理学家个人和院校的教学和研究活动。1925末至1926年间,海森堡、薛定谔分别提出矩阵力学和波动力学之后,理论物理学已经达到令人敬畏的状态。虽然美国高中、大学在20世纪最初的二十年,加强了数学方面的教育,但1926年之后,新的数学方法仍旧层出不穷,几乎每一个星期都在发生重要的变化。在物理学发展进入智力成果"井喷"的时代,就连引领量子理论发展的物理学家,同样遭遇巨大的智力挑战。

经过1920年至1925年的发展,美国物理学家已经深入了解到,玻尔轨道量子理论存在的困难。而矩阵力学和波动力学在非常短的时间之内,解决了玻尔轨道量子理论无法解释的难题,这些学术成就很快就在美国物理学界传开来。可以说,美国物理学共同体对矩阵力学和波动力学的反应速度,几乎是与欧洲学术共同体是同步的。当然,美国物理学家尚不熟悉新的物理概念、含义和数学语言。原因是多方面的:有的止步于新

---

① Paul Forman, Scientific Internationalism and the Weimar Physicists: The Ideology and Its Manipulation in Germany after World War Ⅰ, *Isis*, 1973(64), p. 173.

的数学形式;有的习惯于传统物理学确定的物理学量,难以接受量子力学统计特性;而对于人到中年的物理学家来说,思维大多已定型,他们很难理解新理论的哲学内涵。耶鲁大学57岁的物理系系主任泽令尼,①与众多同行一起目睹量子力学兴起,认识到旧量子理论创建的世界被量子力学的发展所取代。② 像美国物理学家泽令尼这一代人,在大学内从事学科建设工作的过程之中,可以说四分之一个世纪是在新思想新观念的洪流中度过的。他们清楚地知道,世纪之初,美国接受普朗克的量子论和爱因斯坦的相对论等“异端邪说”主要依靠年轻人,所以面对量子力学的发展,最好的方式就是培养新一代的物理学家。

然而,美国大学通过欧洲物理学中心培养本国颇具天赋的学生或者说是未来的教师,并非一帆风顺。一方面,美国新一代物理学家面对欧洲杰出的天才,比如海森堡、泡利和作为本科生就和费米齐名的英国天才狄拉克等人,③不免怀疑自身能否胜任如此激烈的智力竞争。比如在国际舞台上崭露头角的康顿,从欧洲留学回来之后仍旧对自身的能力深表怀疑,以至于回国之初选择了贝尔电话实验室的出版署。④ 另一方面,人际关系有时也令美国学生烦恼不已。像才华横溢的泡利,态度傲慢且粗暴;哥廷根大学的马克思・玻恩同样傲慢自大,且与学生关系疏远,以至于美国学生学习不久就离开,迁移至慕尼黑大学跟随老教授索末菲。在智力竞争最激烈的阶段,尼耳斯・玻尔经常过度工作,因而脾气并不好。他不时地拒绝接受学生,他的学术圈子有时也表现出排斥新来者的气氛。但总的说来,欧洲物理学导师包括玻尔,乐于接受留学生。⑤

4.1.1 与欧洲学术共同体之间的关系

总体而言,整个美国物理学界表现出热切想了解量子理论新进展的愿望,但美国学术共同体大多限于数学基础准备不足,所以只有一小部分

---

① John Zeleny, The Place of Physics in the Modern World, *Science*, 1928(68), p. 634.

② Ibid., p. 635.

③ 1926年,费米与狄拉克独立提出费米-狄拉克统计.

④ Thomas Charles Lassman, *From Quantum Revolution to Institutional Transformation: Edward U. Condon and the Dynamics of Pure Science in America, 1925—1951*, Ph. D. diss., Johns Hopkins University, 2000, p. 24.

⑤ P・罗伯森. 玻尔研究所的早年岁月(1920—1930)[M]. 北京:科学出版社,1985. 1—177.

有能力参与量子力学的发展。从 1920 年至 1925 年间,美国大约有 12 位从事旧量子理论的理论物理学家。经过他们在大学的传播,1926 年至 1929 年间,从事量子论研究的群体已达到六十人左右,①而这些人可分为三批。第一批是以坎布尔、范·韦勒克和斯莱特为代表的老一代理论物理学家,从事旧量子论的研究至少在三年以上;第二批是以康顿和鲍林为代表的,从事量子论研究的时间较短;第三批则是奥本海姆和拉比(Isidor. I. Rabi),他们在量子力学发展之初才涉足该领域。

1925 年末至 1927 年,量子力学发展的步伐很快。对于尚未形成群体优势的美国物理学家来说,他们要想跟上最新的发展是非常困难的。不过还是有一批美国理论物理学家设法跟上日新月异的量子力学的发展。为了实现这一目标,美国物理学家与欧洲科学家交流主要有两条途径:其一,利用洛克菲勒等基金会给予的博士后奖学金,到欧洲最好的物理学中心去学习。年轻一代的物理学家,比如康顿、韦勒克,由于获得各类奖学金的资助,有机会在欧洲留学,所以对量子力学的发展较敏感;②其二,与那些来美国旅游或做报告的欧洲量子理论专家,进行直接的交流。该方式受到地域与时间的限制。再说,在量子理论繁荣的 20 年代后期,理论物理学家单纯依靠个人的努力,试图通读最新的文献跟上学科前沿,难度太大。所以,在美国某些地区,一些人组成协作互助小组,共同学习量子力学。此外,国家研究委员会的奖学金资助从事量子力学的研究人员之中,很多人来到了加州理工学院或哈佛大学从事博士后研究。通过上述这些方式,1926－1929 年间,美国大学成功地培养了一批理论物理学家。

在美国科学共同体内部,还有很大一批化学家和数学家,尽管当时他们的工作并没有受到新出现量子理论的直接影响,但他们热切希望通过理解量子理论,认真思考量子力学与它们学科之间的关系。他们学习量子理论的途径同样受到诸多限制。通常,他们通过倾听欧洲客座教授的

---

① Stanley Coben, Scientific Establishment and the Transmission of Quantum Mechanics to the United States, 1919－32, *American Historical Review*, 1971(76), pp. 442－446.

② 1927 年,范·韦勒克写信给哈佛理论物理学家坎布尔,描绘了他对量子力学发展的感受。他们刚刚学完海森堡的矩阵力学和薛定谔的波动力学,就听同事谈论狄拉克方程和量子电动力学。坎布尔因为留在美国,故而对量子理论新的发展较为迟钝。引自:Egil A. Hylleraas, Reminiscences From Early Quantum Mechanics of Two-Electron Atoms, *Rev. Mod. Phys.* 1963(35), pp. 421－431; http://prola.aps.org/thumbnail/RMP/v35/i3/p421_1? start=0, 2007－04－16.

口头报告,获得有益的帮助。但这种帮助颇为有限。在新的阅读材料获得之前,他们更多的是向美国少数几位能理解量子理论的物理学家学习。在培养新一代量子理论的学生方面,美国大学需要及时地调整课程,包括向学生提供合适的阅读材料或书籍。

美国物理学家因为地域的缘故,不但距离欧洲物理学共同体甚远,而且在国内彼此之间也较为疏远。欧洲出现量子力学的新发展之时,因其发展太快,新的伟大思想不断涌现,极大加重了美国物理学家的"孤独感"。在这种新形势下,在新纽约(New York City)、华盛顿特区(Washington, D. C.)出现了非正式的研究小组,彼此分享最新阅读的文章,如德国杂志《物理学杂志》。通常,这类小组是以对量子力学理论感兴趣的物理学家为核心,由他组织人员一起分享最新发展动向。这种类型的习明纳通常由不同学术院校的人员组成。

美国年轻一代的研究生和博士后,在学习量子力学之时,主要面临三方面的困难:量子力学理论变化太快,对理论所使用的数学工具较为陌生以及缺少相应的阅读材料。所以,围绕量子力学组建的习明纳小组,对他们而来非常重要。这样的小组一直延续到1930年,当时国际间的学术交流更加频繁,而更多的美国大学能够提供量子理论的专业教学,非正式的学习小组的重要性才被弱化。①

我们可以从美国科学界自发组织习明纳,研读量子力学这件事情上,看到美国科学界对量子力学的重视程度。正是在这样的背景下,来自欧

---

① 不少年轻一代的物理学家,尽管并非单独研究量子理论,但其研究特点更多表现为"自学"的特性。比如普林斯顿的物理学家菲利普·莫尔斯,他于1926年至1929年跟随卡尔·康普顿从事实验研究。正是在攻读博士学位期间,莫尔斯发现自己对理论物理学更加感兴趣。1928年,他参加了在密歇根大学举办的暑期理论物理研讨班,倾听了克雷默斯的讲座,并通过与克雷默斯和在普林斯顿做博士后的瑞士人斯特科博格(E. Steuckelberg)进行非正式的讨论,从而熟悉量子理论。此外,1928年至1929学年,莫尔斯与康顿合写了第一本由美国人撰写的量子力学书籍。引自:H. Feshback and K. U. Ingard, *In Honor of Philip M. Morse*, MIT Press, Cambridge, 1969. 与莫尔斯同时期在普林斯顿大学的威尔逊,他当时是本科生,也开始自学量子力学。由于当时康顿已经离开普林斯顿,所以他主要依靠非正式的学习方式。况且,当时量子力学对数学的要求非常之高,普林斯顿大学化学系也未开设量子力学的课程。鲍林是第一位在美国大学加州理工学院的化学系开设量子力学课程。
引自:http://www.chemheritage.org/exhibits/ex-oral-detail.asp? ID=61&Numb=1#interviewer, 2008-01-12.

洲精通量子力学的物理学家才在美国大学拥有广泛信徒。当然,量子力学之所以在美国大学迅速得以传播,很大程度上得益于美国大学教职人员、学生以欧洲最杰出的物理学家为师。新理论诞生之际,欧洲有很多杰出的物理学家来美国作报告。其中,玻恩在麻省理工学院所作的一系列报告尤其重要,通过他们唤醒了许多美国物理学家对量子力学的警觉。当时量子理论刚刚诞生,它向美国年轻一代的物理学家展现一片尚待探索的物理学新大陆。[①] 而且,玻恩还把量子力学理论撒播到加州理工学院、加州大学伯克利分校、威斯康星、芝加哥和哥伦比亚等大学。

从1926年至1929年,大约有二十多位欧洲物理学家来美国作学术访问,有的做短期访问,有的长达数月乃至一个学期。内容大多与量子力学理论相关。在量子理论教材相对稀缺,新领域不断扩展的年代里,这种面对面的交流显得尤其重要。实际上,欧洲量子力学领域最杰出的物理学家,在这期间都来过美国。像狄拉克、海森堡、洪特、薛定谔等,在不同时期来美国大学传播量子力学的思想。这与美国大学对物理系特殊的要求分不开的。即使像麻省理工学院以实用为主的院校,也要求物理系每一个学年至少有一位客座教授前来讲学,当然包括欧洲量子理论学家。[②]

20年代末期,各个大学的客座教授项目,为美国年轻一代的理论物理学家提供了与欧洲杰出物理学家直接交流的平台。在此期间,美国年轻一代的物理学家已减少了对欧洲物理学家的敬畏之心,在国际物理学共同体中赢得了更多的尊敬和平等。但欧洲的学术氛围仍是美国物理学共同体难以媲美的。因此,留学欧洲仍旧是美国教师和学生参与量子力学发展的重要途径。实际上,量子力学源于欧洲很小的一群物理学家,他们围绕着哥廷根和哥本哈根,组织起非正式的联系网络,取得了欧洲其他物理学中心无法与之媲美的成就。

在制度层面,美国大学对新理论发展的反应也是相当快捷的。在量子理论发展初期,它们派遣了比以往更多的美国人,前往欧洲理论物理学中心留学。1926年至1929年间,几乎欧洲每一个物理学的中心都会聚集两位以上的美国人,他们不仅来自物理学科,而且还有少数来自化学和数

---

① Max Born, *Problems of Atomic Dynamics*, MIT Press, Cambridge, 1926.

② Katherine Russell Sopka, *Quantum Physics in America: the Years Through 1935*, Tomash Publisher, 1988, pp. 322－326.

学学科——因为量子力学的发展帮助自然科学找到彼此相互衔接的基础。所以说,普林斯顿大学数学系主任奥斯特瓦尔德,试图促进数学系与物理系之间的交流,①并不是单个美国大学的行为,符合当时量子力学发展的潮流。②

4.1.2 在量子力学领域开展的教学与科研

在量子力学发展的头几年,尚无成熟的阅读材料,所以本科生和研究生教学主要是通过研读、讨论、评述期刊上的最新文献完成的。这样的教学方式富有研究性特征。③ 所以说,美国大学在参与量子理论发展的过程之中,越来越成为"探究"的场所。伯顿·克拉克曾经在阐述现代大学中科研与研究生教育的关系时,提出构建"科研—教学—学习"联结体。他说:"科研本身能够是一个效率很高和有效的教学形式。如果科研也成为一种学习模式,它就能成为密切融合教学和学习的整合工具。"④美国理论物理学家在培养学生时显然非常注重"科研—教学—学习"的连接体模式,他们和学生一道面对物理学科的前沿阵地。

4.1.2.1　教授量子力学课程

虽然美国大学物理系受制于教材,但在1926年至1929年,越来越多的美国高等院校开设量子力学的课程。与1930之后量子力学成为大学非常重要的组成部分相比,该阶段还处于过渡时期。我们可以从美国大

---

① 奥斯特瓦尔德曾参与一战时期的合作研究,并形成了数学与物理交叉学科的思想。20世纪20年代中期,大学物理学科和化学学科得到慈善基金会的大力资助,但数学得到的资助却很少,奥斯特瓦尔德认为这是不公平的。他认为,一战时期数学也做出重要的贡献。为了便于为数学系筹款,于是他一方面强调数学在战争中的贡献;另一方面,他鼓励数学系的师生要适应物理学的新发展,倡导数学系和物理系之间交叉学科的研究。于是,他通过各种方式增进数学系与物理系师生之间的交流,比如两个系的学生共用一个礼堂,在数学系的窗户上贴上爱因斯坦的公式等。但两个系所在交叉学科方面的成果却很少,最终数学系走向了纯研究,于是奥斯特瓦尔德交叉学科实践的思想宣告流产。引自:Feffer, Loren Butler, Ostwald Veblen and the Capitalization of American Mathematics: Raising money for Research, 1923—1928, *Isis*, 1998(89).

② Loren Butler Feffer, Ostwald Veblen and the Capitalization of American Mathematics: Raising money for Research, 1923—1928, *Isis*, 1998(89), pp. 474—497.

③ 李尚群. 科学探险及其教育意蕴——玻尔研究所如何培养年轻物理学家[J]. 学位与研究生教育,2006,(4).

④ 克拉克. 探究的场所——现代大学的科研和研究生教育[M]. 王承绪译. 杭州:浙江教育出版社,2001. 288.

学在课程、博士论文和博士后研究奖学金获得者在大学从事与量子力学相关的研究,审视量子理论对物理学科组织的影响。

表 6　1926—1929 年间,提供正式教授量子力学课程的大学及其教师

院校	教职人员
布朗大学	H・B・菲利普斯
加州大学伯克利分校	W・H・威廉斯、H・B・菲利普斯(1928 年夏)
加州理工学院	爱普斯坦、鲍林
芝加哥大学	埃卡特、霍伊特、马利肯、海森堡(1929 年春)
哥伦比亚大学	克罗尼格(1926—1927 年)、康顿(1928 年春)①
康奈尔大学	肯纳德(1927—1928 年)
哈佛大学	坎布尔、斯莱特、洪特(1929 年春)
霍普金斯大学	布赖特、尤里
密歇根大学	丹尼森、古德斯密特、拉波特、乌伦贝克
明尼苏达大学	范・韦勒克(1928 年)
普林斯顿大学	康顿、外尔(1928—1929 年)
斯坦福大学	斯莱特(1926 年夏)、范・韦勒克(1927 年夏)
威斯康星大学	德拜(1928 年春)、范・韦勒克(1928—)、狄拉克(P. A. M. Dirac, 1929 年春)
耶鲁大学	林德赛

资料来源:rine Russell Sopka, *Quantum Physics in America: the Years Through 1935*, Tomash Publisher, 1988, p. 176。

表 6 罗列了具有代表性的 14 所院校在 1926—1929 年间,物理系所能提供的正式的量子力学课程。由于量子力学的理论体系尚未成熟,所以各个大学所使用的教材无法统一,而且变化过快。总的说来,这段时期,各个院校量子力学课程的教学处于不稳定的状态。有的因为获得基金会的奖学金前往欧洲留学,有的因为受到其他更好院校的诱惑。在理论物理学家数量相对比较少而各院校亟需理论物理学家的情况下,理论物理学家就职的前景较为广阔。而且,物理学家要想跟上最新的发展,自身需要不断地学习。有的院校为了留住他们,在管理制度方面给予很大

① 对于哥伦比亚大学的统计中,守科帕没有把 1929 年从欧洲回来的物理学家拉比统计进去。拉比是犹太人,也是哥伦比亚大学物理系教职人员当中首位犹太裔的教授.

的支持,允许其工作半年学习半年。

整体上而言,20年代后期的美国大学,对量子力学课程的教学需求已然非常迫切,物理系的各个系主任愿意给予那些精通量子理论的物理学家诸多优惠条件,包括刚开始之时,免除沉重的教学负担,并承诺尽快提升其职位。像拉比等新一代理论物理学家很快被提升为教授。[①] 要知道,拉比等第三代理论物理学家,是在量子力学出现之后才开始钻研量子理论的。1926年,受到不断涌起的新思想的激励,新婚不久的拉比大量的阅读欧洲期刊,时常盼望着学校新到的国外物理学杂志,借此跟上量子力学发展的进程。幸运的是,海森堡在美巡回演讲时,推荐拉比到哥伦比亚大学担任教师。[②]

美国大学化学系的学生和物理系的学生一样,希望能跟上量子理论的最新发展,有的化学系学生甚至直接在物理系注册。此举进一步扩大了新量子论的影响。诺耶斯的学生鲍林,1927年最先在加州理工学院把量子力学的课程引入化学系,此后量子力学成为美国大学化学系的基础课程。

1927年秋,从欧洲留学回来的鲍林,对如何发展化学学科已经形成非常确定的信念:量子力学的革命性发展必然引发化学的新革命。他给美国各个大学化学系的学生作报告的过程中,不断宣传学科的新信念,即强调量子力学在理解化学的重要性。此举更深远的意义在于,美国其他院校化学系的学生认识到量子理论对化学学科发展的重要意义。1927年,鲍林已是加州理工学院的助理教授。1929年至1934年间,他每年得抽出两个月,在伯克利担任化学和物理的访问讲师,所讲授的课程是:从量子力学的视角理解化学键的特性。[③] 霍普金斯大学在尤里[④]的努力下,化学系研究生的课程也引入量子力学。美国某些院校,教职人员认识到将量子力学纳入到课程体系的必要性,但很难聘请到优秀的物理学家。

---

① 1929年前后,中等以上的大学为新毕业的博士,提供2 400美元的年薪;教授的年薪超过七千美元。甚至在处于中下水平的大学,教师人员的薪水也比美国平均的工资待遇还要高.

② Daniel J. Kevles, *The Physicists: The History of a Scientific Community in Modern America*, Vintage Books, New York, 1978, p. 214.

③ L. Pauling, Fifty Years of Physical Chemistry in the California Institute of Technology, *Annual Review of Physical Chemistry*, 1965, pp. 1—14.

④ 尤里在1924—1929年在霍普金斯大学工作,1929年之后在哥伦比亚大学工作.

他们通常邀请访问学者讲授一个学期,而无正规的学术任命,因此这些课程的授课时间较短,内容也较为粗浅。

此外,1930 年之前量子力学的书籍虽然甚少,但康顿和莫尔斯合著了经典的《量子力学》(Quantum Mechanics)。还有玻恩撰写的《原子动力学问题》(Problems of Atomic Dynamics)。该书是玻恩于 1925 年至 1926 年间,在麻省理工学院所做的 30 场报告汇集而成。当时矩阵力学刚刚在欧洲问世,该书属于新旧量子理论的过渡性版本,坎布尔认为,该书有助于美国物理学家和研究生及时跟上物理学发展的主流。①

美国理论物理学家从 1913 年来受制于闭塞的信息,处于世界学科发展的边缘,到战后获得各类的奖学金资助"取经"欧洲;从跟踪学术前沿到参与国际交流、竞争的过程之中,为美国大学理论物理学科的贡献是多方面的。除了物理学家个人本身就能为学科乃至大学带来极高的声望之外,理论物理学家所拥有的特殊品质,对学科发展的裨益也是多方面的。比如其善于抓住学科发展的前沿,提升了学科在研究生层次上的教学和博士培养水准。像范·韦勒克、奥本海姆、康顿等物理学家,在教学方面颇具天赋,且将国内外最新的研究成果及时地作为教学内容。通过这种方式,学生能够感觉到自己是处在学科的前沿,且能极大激发其求知欲。密歇根大学的麦克莫瑞奇(J. P. Mcmurrich)认为,"研究者将被证明比非研究者是更合格的教师,简单的原因是它可能更善于与学科的进步保持同步,他传递的知识更是原创性来源,而不是易受影响的书本。"②参与量子力学前沿阵地归来的物理学家们,充分展示了最好的研究者也是最好的教学人员的信念。

然而,尽管表 6 中展示了 14 所高等院校为物理系、化学系的学生开设量子理论课程,但大多是介绍性的。在 1926 年至 1929 年间,各个大学选修量子理论课程的学生人数众多,但有能力达到撰写博士论文水平的学生却寥寥无几。显然涉及师生两方面的原因:一方面,不少导师虽然传

---

① E. C. Kemble, Book Review of Problems of Atomic Dynamics, *Phys. Rev.*, 1926(28), pp. 423－424.

② Julie A. Reuben, *The Marking of the Modern University: Intellectual Transformation and the Marginalization of Morality*, The University of Chicago Press, 1996, p. 68. 转引自:黄宇红,知识演变与美国现代大学的确立[D]. 北京:北京师范大学教育学院,2005. 176.

授量子力学课程,但并不积极从事该领域的研究;另一方面,20年代大多数美国学生并不熟悉量子力学的概念和数学工具,所以量子力学领域的选题对于他们而言,难度太大。

4.1.3 物理学科人才培养的制度性创新

鉴于20世纪前20年美国大学缺乏一流的理论物理学家和理论物理学中心,我们不妨设想一下,假如耶鲁大学的理论物理学家吉布斯更加合群一些,数学物理或许已经在19世纪末在美国大学扎下了根。尽管吉布斯收到了来自世界各地科学家的来信,索要他的论文,这在客观上扩大了他的国际影响。但是在教学方法方面,吉布斯是不称职的。他过着离群索居的生活,只带了几位研究生,尽管当学生向他请教时,他颇为热心地讲解他的观点,学生也能从他的言谈之中,听得出是位大物理学家在说话。但是,他从不邀请本来就为数不多的学生参与他的研究工作,他向学生展示的学术成果,都是“成品”而不是半成品。[①]

时至20年代后期,美国大学已经充分认识到理论物理学对实验物理学发展的重要性,那么,如何从制度上为培养这类人才作出反应呢?应该说,整个20世纪20年代,面对欧洲出现的量子力学发展的新形势,如何推进物理学科,尤其是量子物理学科的发展,始终是美国大学发展的重要主题。有感于欧洲大学不断涌现出新一代的物理学大师,阿姆赫斯特学院(Amherst College)的物理学教授S·R·威廉斯(S. R. Williams)建议美国大学各个系采用德国讲座制的模式,也就是每一个系均由一位杰出的科学家负责研究方向以及所有博士的培养工作。显然,他对美国大学的“系”缺乏应有的信心。[②] 这一建议遭遇美国学术界强烈反对。美国科学家固然需要融入更广泛的学术界,但并不是简单抄袭欧洲模式。物理学家勒布、卡尔·康普顿和贝戈认为,与欧洲不同的是,美国院校能够提供更多的教授席位。而且,由众多慈善基金会资助的博士后项目,为大学培养了一批训练有素的研究人员;年轻一代通过物理学会,欧洲的访问学者等方式,积极参与国际交流,已经踏入学科的前沿;有志于从事物理学

---

① Lynde Phelps Wheeler, *Josiah Willard Gibbs: The History of a Great Mind*, New Haven and London: Yale University Press, 1962, pp. 46—106.

② S. R. Williams, Center of Research, *Science*, 1928(68), p. 61.

领域研究的学生,拥有更多的选择机会,如加州伯克利、芝加哥、哈佛、密歇根、普林斯顿和霍普金斯大学。[①] 再说,在系结构的制度下,美国大学物理学科已经获得巨大的发展。

需要注意的是,在科学方面,美国从 19 世纪已经养成以欧洲为师的传统。罗兰 27 岁时之所以在霍普金斯大学的任职,依赖的是他与麦克斯韦的通信。自 1872 年约翰·廷德尔(John Tyndall)作为科学的传教士来到新世界,半个世纪过去之后,20 世纪 20 年代欧洲科学家远涉重洋,不远万里来到美国,等待他们的是一群对科学充满热情的人们,懂得如何尊重他们科学成就的新世界,并且给予他们丰厚的薪水。但在 20 年代之前,美国物理学家在物理学领域还只是个"新手"而已,欧洲科学家主要是把自己的科学成就与新手分享。到了 20 年代晚期,欧洲科学家对美国科学家的态度发生了重大的转变。更多的欧洲年轻科学家,一方面羡慕美国先进的实验设备,另一方面也愿意和美国理论物理学家合作研究。不少业已成名的欧洲物理学家也看到美国科学发展的良好势头,选择留在美国大学从事研究。

20 世纪 20 年代,密歇根大学物理系的发展是制度创新的经典范例。密歇根大学是一所财政颇为拮据的州立大学,没有得到基金会的支持,但物理系的系主任兰德尔,他完美地诠释了一个卓越的领导人在缺少资金的情况下如何筹建杰出的大学物理系。20 代早期,兰德尔就意识到,其他地方的理论物理学家正在利用密歇根大学实验物理学家发表的数据,并且享受本来属于密歇根大学的荣誉。此外,兰德尔和库巴尝试教授理论课程,但不包括量子物理,而这方面的培训有助于跟上近来量子力学的发展。既然无法聘请美国主要大学内才华出众的年轻的理论物理学家,兰德尔一方面自己培养大有可为的学生丹尼森,另一方面他从欧洲聘请年轻的理论学家来校任职。

幸运的是,颇有人缘的库巴由于在欧洲从事不定期的研究,从而认识了许多物理学科带头人。1926 年夏,库巴拜访了荷兰莱顿大学的物理学家埃伦菲斯特。他两位杰出的学生古德斯密特和乌伦贝克,在 20 年代中期因发现电子自旋而闻名于世的。埃伦菲斯特认为,假如密歇根

---

① L. Loeb, Karl T. Compton and R. T. Birge, "Center of Research" a Reply, *Science*, 1928(68), pp. 202—203.

大学仅邀请一位年轻的欧洲物理学前往,这是不可能实现的任务,除非聘请两位或者更多。在导师埃伦菲斯特的推荐下,两位年轻的物理学家决定前往密歇根大学任职。古德斯密特较为迟疑,因为美国科学看起来非常沉闷且对科学缺乏兴趣,但埃伦菲斯特敦促他们接受密歇根大学的职位。[①] 等到丹尼森在欧洲完成研究同意回到安阿伯,[②]加上索末菲在慕尼黑大学的学生之一拉波特的到来,密歇根大学物理系一下子拥有四位优秀的年轻理论物理学家。名义上,4 位年轻的理论物理学家是在库巴和组建该理论小组的系主任兰德尔领导下工作。同期,美国院校聘请的理论物理学家流动性较大。就规模而言,尚无其它院校拥有如此规模的优秀理论物理学家,因此密歇根大学的理论物理学科已领先于美国其他院校。

古德斯密特、乌伦贝克、拉波特、丹尼森和库巴一道提供了现代物理学理论完整的研究生课程,包括量子理论方面一系列课程,比如原子结构、理论数学、光谱原理、近来发展的热力学、分子运动论和分子振动。[③]于是,永久性理论物理小组的出现,使得密歇根大学研究生的数量也在成倍地增加。20 年代早期物理学哲学博士授予的数量从一两个逐年增加,到 20 年代后期增加到 7 人。然而拥有美国最好的理论小组并不意味着学科能长期保持优势地位。摆在系主任哈里森·兰德尔面前的课题是:如何让这些年轻的科学家更加充满活力?要知道,美国其他大学也亟需优秀的理论物理学家,因此要挖密歇根大学理论小组“墙脚”的也不少。比如说,哥伦比亚大学 1929 年提供给古德斯密特高薪的职位,但他以不胜任为理由谢绝了。究其原因在于兰德尔建立的各项有利条件:较轻的教学负担、请假制度和乌伦贝克、拉波特和丹尼森等人的存在。因此,在兰德尔的领导下,一个在美国大学内很普通的物理系,迅速转变成培养现代物理学家一流的教育基地。[④]

---

① S. A. Goudsmit, The Michigan Symposium in Theoretical Physics, *Michigan Quarterly Review*, 1961(5).

② 安阿伯:密歇根州东南部一城市,位于底特律西部。是研究和教育中心,密歇根大学(建于 1817 年)就座落在该城市.

③ Stanley Coben, Scientific Establishment and the Transmission of Quantum Mechanics to the United States, 1919—32, *American Historical Review*, 1971(76), p. 460.

④ Stanley Coben, Scientific Establishment and the Transmission of Quantum Mechanics to the United States, 1919—32, *American Historical Review*, 1971(76), p. 461.

考虑到年轻人颇感学术上的孤独,密歇根召开了暑期理论物理研讨会,邀请欧洲、美国最好的理论学家聚集在安阿伯。事实上,密歇根于1923年就开始聘请物理学家,暑假期间在密歇根大学作演讲。而且在美国大学物理学科发展史上,密歇根大学的暑期研讨班,第一次把学生与欧洲、本土优秀的物理学家之间非正式的学习、非正式的学术交往制度化。暑期研讨班不但向密歇根大学的学生、教职人员开放,而且其他院校的学生只要交纳40美元的费用,也可以获得参与的机会。而已经拥有物理学哲学博士学位的人则无需交费。古德斯密特认为,会议期间,最重要的并不是正式的报告,而是非正式的交流氛围。① 报告的时间压缩到每天早上一个小时的时间,每一次通常是由两位杰出的报告人出席。下午自由活动的节目非常丰富,可参与讨论、远足、野餐、游戏或游泳。对于两位报告人来说,他们拥有大量的闲暇时间,用于创造性的思考。因此,这种安排曾经吸引了全美众多的理论物理学家和实验者。

在理论物理学领域,在富有创造性的人之间交流思想显得尤其重要。而且,这些人大多数是年轻人,他们的思想不受传统的羁绊,有的想法还只是处于半完成状态。当然这些想法通常是错误的或者是缺乏启发性的。但这些不成熟的思想,时不时引发大家对原子和分子的特征做出更深入的思考。通常,物理期刊刊登的是物理学家较为成熟的想法,之前的思考很少有机会读到。而暑期研讨班就是提供这样的机会,从彼此并不成熟的思考中学习。甚至随后的几年,科学杂志上的许多文章的思想源于研讨会上的讨论。因此,这种聚会取得了国际性的影响,而不是地区性的。②

密歇根大学首次在美国建立了一个持久的理论物理学研究中心,为美国大学理论物理学科的发展提供了一个经典的范例,即持久的理论小组和独特的暑期研讨会。应该说,美国大学总体上缺少玻尔式的人物:不仅善于提出富有创见的假设,而且愿意把整个思维过程暴露在学生面前,让他们参与他的思考。而密歇根大学暑期研讨班的实践进一步说明,大学学科发展的重大财富在于,教师在获得最后的成就之前,学生有幸参与

---

① S. A. Goudsmit, The Michigan Symposium in Theoretical Physics, *Michigan Quarterly Review*, May 20, 1961, p. 179.

② S. A. Goudsmit, The Michigan Symposium in Theoretical Physics, *Michigan Quarterly Review*, May 20, 1961, pp. 178—182.

教师的整个思维过程。吉布斯拥有天才的思考力,可惜没有学生参与了解他的思考。缺失了这块财富,耶鲁大学即使拥有吉布斯这类物理学家,仍旧无法培养出一流的理论物理学家,更无法形成理论物理学的中心,结果他的学生最终都是实验物理学家。

4.1.4　美国实验物理学的发展及欧美学科信念差异

美国大学物理学家的成就,是与大学对量子理论物理学家的需求分不开。他们在参与量子力学发展的过程中,地位不断得到提升,极大推进理论物理学科专业化的进程。随着量子力学对传统化学学科的冲击,大学对精通量子力学的物理学家需求进一步增加。例如,1929年秋,27岁的康顿获得了6所不同院校的聘任书。就薪水而言,当时年薪达到3 500美元已令人难以置信了。但在1929年至1930年间,康顿担任明尼苏达大学理论物理学教授席位的薪水是5 000美元。① 美国许多其他年轻的理论物理学家也遭遇类似的情况。但国内理论物理学家量还是太少,于是有的院校到欧洲聘任物理学家,比如密歇根大学聘任古德斯密特和乌伦贝克,霍普金斯大学聘请了赫兹菲尔德,俄亥俄州州立大学聘请了托马斯(L. H. Thomas),以满足日益增加的教学和研究的需要。

美国高等院校对理论物理学家的需求,不仅促使美国学生愿意选择理论物理学作为终生职业,而且能提供本科生、研究生各个层面的理论物理学的教学。从课程的安排来看,美国在研究生学习阶段,还不分实验和理论物理学家,但对于理论物理学家而言,他不必花费太多的时间去掌握先进的实验技术,就能期望获得理论物理学哲学博士学位之后,获得承认并找到满意的工作。而且,有不少从事实验物理学研究的人才,在做物理实验的过程中,因无法解释实验中的问题,转向理论物理学领域的研究。实际上,在大多数美国院校之中,新一代的理论物理学家与从事实验物理的同行关系较为密切。

在现代实验物理学领域,比如X射线、原子和分子光谱、电子散射和光电现象,美国大学拥有世界一流的导师。阿瑟·康普敦和密立根等物

---

① Thomas Charles Lassman, *From Quantum Revolution to Institutional Transformation: Edward U. Condon and the Dynamics of Pure Science in America, 1925—1951*, Ph. D. diss., Johns Hopkins University, 2000, p. 52.

理学家,主要从事一流的实验物理学研究工作。其实,早在十年前,玻尔提出旧量子理论伊始,原子领域的研究逐渐集中在理论方面。而美国大学物理学科在培养新一代理论物理学家,明显落后于欧洲同行。海森堡和薛定谔提出革命性的理论之后,美国大学实验物理学家对理论物理学家的需要也迅速增加。

量子力学进入美国大学,很大程度上是为了维持美国传统学科优势:实验物理学。因为美国实验室物理学家认识到,假如一所大学的物理系缺乏量子理论物理学家,那么,光凭先进的仪器和最新的实验数据,是无法保证其拥有一流学科的声望。加州理工学院就遭遇此困境。其物理系在诺贝尔奖得主密立根领导下,原子领域的实验研究饮誉世界。面对量子力学对诸多物理实验显示出良好的解释力,密立根及其同事一致认为,实验惟有与最深奥的理论分析相结合,才能取得大发展。为了推进原子领域的研究,加州理工学院计划筹建数学物理研究中心。于是,它聘请了美国本土的理论物理化学家托尔曼,从国外引进了世界一流的理论物理学家爱普斯坦。[①]

值得注意的是,许多欧洲物理学家喜欢讨论量子力学的哲学含义、非经典物理学的特征。比如,他们经常思考:“物质特性的存在仅仅是因为测量的结果?如果是,那么被观察的世界是真实的、客观的吗?”“客体和主体能够分开吗?或者两者之间形成了一个无法分解的整体?”对于玻尔、爱因斯坦、海森堡、约旦和其他物理学家,上述问题就像用量子力学理论计算物质问题一样重要。少数美国物理学家也对海森堡测不准原理内涵的哲学颇感兴趣。但总体而言,他们并不怎么关心与量子力学相关的哲学问题。欧洲物理学家爱谈的哲学话题,很难进入美国物理学家撰写的论文、编写的教材之中,因为他们讲究的是实用主义。斯莱特在 1937 年的哲学观点,被大多数美国物理学家所接受:“理论物理学家对他的各种理论只问一件事情:如果他用理论计算实验结果,那么,在实验误差范围之内,理论必须与实验结果取得一致。物理学家通常不用费神去争辩理论的哲学内涵。”[②]在美国科学共同体内部,只有康顿、肯纳德和罗伯逊

---

① Daniel J. Kevles, *The Physicists: The History of a Scientific Community in Modern America*, Vintage Books, New York, 1978, p. 169.

② Helge Kragh, *Quantum Generations: a History of Physics in the Twentieth Century*, Princeton, New Jersey, 1999, p. 172.

等少数物理学家,思考量子力学所包含的哲学意义。①

确实,欧洲物理学家独特的思维方式,有助于他们在量子理论领域作出一系列开创性的研究。与此同时,美国物理学共同体在学科信念方面,也发生了变化。美国老一代物理学家注重概念,坚持牛顿以来的机械论:坚持用力学模型来解释物理学。但美国年轻一代的物理学家、化学家较老一代物质科学家,在数学方面获得更好的教育,因此他们对坚持机械论的观点颇不以为然。像年轻一代的物理学家尤里,写信给年长的同事诺耶斯说,“在我看来,海森堡和薛定谔的量子力学,是解决分子结构问题的唯一方案。它与我们牛顿经典力学的机械模型截然不同……我发现,这一理论让人非常沮丧,因为原子结构领域的进步,只有精通高等数学的物理学家,才能促进其进步。”②

量子力学刚问世便显示出优于旧量子论的诸多优点,较好地理解了旧量子论所遭遇的困境。因此,在美国大学物理学界,很少有人公开拒绝接受量子力学,但这并不意味着美国物理学家欣然接受学科发展的新方向。数学的复杂性、概念的抽象性以及经典因果律的背离,无论对于年轻一代还是老一代物理学家,其难度都是不言而喻的。

4.2 大学物理学科专业化的发展:参与阶段

众所周知,20世纪前20年,美国大学物理学科主要的劣势是,未能为从事理论物理学的学生提供坚实的数学基础,更缺乏理论物理学的中心。但到了20年代后期,美国大学物理学科已经发生质的变化。物理学科发展的缺点,比如物理学家数学基础薄弱、缺少理论物理学的团队、学术标准低下等,均得到了纠正,于是,物理学科从跟踪欧洲量子理论的发展,逐渐过渡到参与开拓量子理论的前沿阵地,最终与国际学术大家庭紧密地融合在一起。像哈佛、霍普金斯等大学的物理系,顺应量子力学的发展,始终保持着美国顶级物理系的水平。而新兴的大学,像加州理工学院,积极参与量子力学的发展,也逐渐迈入顶级物理系的行列。

---

① Jammer, Max, *The Conceptual Development of Quantum Mechanics*, Tomash Pub., 1989, pp. 332—335.

② John W. Servos, Mathematics and the Physical Sciences in American, 1880—1930, *Isis*, 1986(77), p. 621.

4.2.1　物理学会的发展

1926 年至 1930 年间,美国物理学会成员从一千三百多名增至一千八百多名。在这一时期,获得物理学会会士的人数增幅却相对缓慢。其中两位是来自欧洲的物理学家薛定谔和外尔。① 而且,获此荣誉的美国科学家中许多是年轻的理论物理学家,他们是在一战之后,从事量子理论实验或理论方面的研究工作,其中包括康顿、斯莱特等人。有趣的是,即使在量子力学最繁荣的时期,美国大学物理学始终是实验物理学家占据主导地位。或者说,美国物理系始终保持传统的学科优势。

物理学会的会议继续遵循以往固有的模式:一年四届。即二月份在纽约,四月份在华盛顿特区,十一月份在中西部,以及 12 月份的年会,地点选择在之前美国科学促进会召开会议的地方。同样的,西海岸学会分部的会议维持在一年两届。此外,量子力学的发展,进一步促进了美国各个学会之间的合作。在此期间,美国光学学会和美国数学学会,或者数学学会和化学学会,与物理学会联合举办会议。对于美国学术共同体而言,这些由多个学会举办的联合会是非常具有吸引力的。②

鉴于当前物理学发展处于颇为复杂的阶段,新开拓的前沿阵地不断更替。因此缺乏团队协作精神的个体,根本无法跟上学科最新的发展动态。而物理学会指定每一位报告人只有十分钟的报告时间,使得报告人只能简短地介绍自己本专业的工作,且所涉及的主题较为单一。听报告之人不免产生只见树木不见森林之感。于是,1927 年物理学年会上通过了改变学会会议报告形式的决定,即要求每一届会议的各个分会场所邀请的报告中,需要覆盖多个研究领域的最新成果。③ 虽然物理学会与美国科学促进委员会、以及其他科学学会一直以来联合举办学术会议,但该决议的通过,保证了每一届物理学会会议主题的丰富性。

美国物理学会的成员不仅积极参与学会的会议,而且经常邀请欧洲的物理学家作为参会人员,如海森堡、洪特和索末菲等物理学家。并且,学会在会议期间,向所有对物理学发展感兴趣的人员开放,而不以是否递

---

① 该数据引自 1926 至 1929 年,发表在《物理评论》杂志的信息.

② Phys. Rev., 1929(33), p. 1067.

③ Phys. Rev., 1928(31), p. 301.

交学术论文做为参会的资格。学会上述各种措施有效地促进了美国大学物理学科的发展,时至20年代末,美国物理学会已成为颇为繁荣的科学组织,学会会员的人数超过了两千人。而且,美国物理学会并不是一个孤立的组织,在量子力学日益需要精深的数学工具的情况下,它与数学、化学等学会保持良好的互动关系,极大促进物理学科及相关学科的发展。在美国物理学会以及与数学等学会合办的研讨会上,由物理学家撰写的关于量子力学方面的报告很快得到传播。

4.2.2　物理学科专业杂志的发展

1926年至1929年间,美国新一代理论物理学家,通过跟踪欧洲量子力学前沿,并积极参与该理论的发展。与此同时,美国学会专业期刊也赢得国际声望。其中为物理专业期刊的发展做出卓越贡献的人物,要数约翰·泰特(John T. Tate),他于1926年担任美国物理学会所负责的专业期刊《物理评论》的总编。首先,泰特邀请了量子理论家参加编辑委员会,其中有坎布尔(1925－1927年)、范·韦勒克(1926－1928年)、布赖特(1927—1929年)、马利肯(1928—1930年)和康顿(1929—1931年)。在量子力学发展的重要时期,量子理论物理学家在该杂志编辑委员会占据重要地位,以便保证美国物理学的发展与现代物理学发展的趋势相吻合。其次,作为《物理评论》杂志的总编,泰特还解决了美国大学量子理论家最忧心的难题:"害怕成果延迟发表而丧失成果的优先权"。① 关于优先权的问题一直困扰美国物理学界。一篇文章从投递到发表,有的长达半年之久。需要注意的是,由于科学共同体内部,个人、学科乃至大学的声望,均依赖于研究成果的优先权。比如1927年被授予诺贝尔奖的阿瑟·康普顿,由于《物理评论》杂志延迟发表了他的研究成果,以至于不得不与欧洲物理学家分享研究成果。显然,这对美国大学物理学科的发展造成颇为不利的影响。为何1926至1929年间,量子力学领域科学发现的"优先权"会变得比以往任何时候都严重呢?原因在于,在此期间,量子力学的新发现过于丰富与集中,很多物理学家发现自己已不可能像牛顿一样,鲜

---

① 德国物理权威杂志《物理学杂志》,在量子力学发展最兴盛的时期,对于取得声望的物理学家同样取消了审稿人。引自:Helge Kragh, *Quantum Generations: A History of Physics in the Twentieth Century*, Princeton, New Jersey, 1999, p. 168.

有干扰的情况下单独完成一个理论体系。他总能发现很多参与者在他开创的领域做出新的成就。

与此同时,美国物理学家也迎来了最光荣的时刻:他们能够参与理论物理学前沿的竞争,尽管很多时候成为竞争的"失败者"。范·韦勒克在哥本哈根的经历提供了经典的范例,展示了美国理论物理学家所面临的残酷竞争。1926 年春,范·韦勒克计算出一个方程的解:论证了狄拉克重要假设能够用新的量子力学得到证实之后,他把文章呈给玻尔时,却发现海森堡已经在他之前提交了一篇和他阐述相同观点的文章。次日,他写的另一篇文章和狄拉克发表的文章重复了。类似的,密歇根大学的丹尼森,在苏黎世完成他的第一篇重要的论文之后,结果发现哥本哈根的海森堡仅仅几天前宣读了和他完全相同的文章;埃卡特与薛定谔几乎在同一个时期论证了"矩阵力学与薛定谔波动方程在数学上的等价性",但他还是丧失优先权。[①] 于是,成果能否顺利发表,是否享有优先权成了不仅关乎学者个人的、而且触及大学物理学科发展的声誉。泰特考虑到美国量子理论的发展尚无法与欧洲的科学中心媲美,论文审稿人的偏见、个人喜好和学识涵养,很可能阻碍颇有价值文章的发表,从而可能丧失优先权。所以,泰特有时只是邀请非正式的审稿人较为匆忙地审阅稿件,即可发表。对于美国重要的理论物理学家的文章,他根本就没有请审稿人审阅。

与 19 世纪末理论物理学家吉布斯当年发表文章有所不同。当时,他的文章全美国都没有哪位物理学家、数学家能读得懂。文章之所以未经审稿人审稿就能发表,很大程度是因为吉布斯的声望。[②] 而到了 1926 年至 1929 年间,《物理评论》竟也不设审稿人。默顿认为:"事实是科学论文的发表决不是不受限制的。发表在有声望的杂志上的文章并不仅仅反映其作者的观点;它要得到作者可能已经咨询过的编辑和评议人认定它具

---

① 美国人不是这次严厉竞争过程中唯一的牺牲品。例如,费米用高尚、精美的批评告诉狄拉克,他最近发表的理想气体理论实际上与费米八个月前在世界主要物理学杂志上发表的理论是等同的。最后费米推断说,"我猜想你可能没有看到我的文章。"引自:Stanley Coben, Scientific Establishment and the Transmission of Quantum Mechanics to the United States, 1919—32, *American Historical Review*, 1971(76), pp. 457—458.

② Lynde Phelps Wheeler, *Josiah Willard Gibbs: The History of a Great Mind*, New Haven and London: Yale University Press, p. 84.

有科学可靠性的发表许可。审稿人是决定整个科学事业运转的关键。"[①]但在非常时期,默顿的观点尚需重新评估。

在量子理论日新月异的阶段,欧洲不少杂志,例如英国的《自然》(Nature),早已通过发布简短的研究摘要,传播新成果和新思想。[②] 1929年中期,泰特模仿欧洲杂志的风格,给《物理评论》杂志增设新的栏目:编辑快报(Letter to the Editors),以简洁的短文方式公布作者最新的研究成果。[③] 与此同时,杂志也改为半月刊。尽管《物理评论》不断地扩版,洛克菲勒对博士后的慷慨资助,对于美国大学物理学科的发展固然重要,但美国大学众多的物理学家留给人的印象是,他们无法有效地把握住现代物理学发展最核心也是最令人激动的问题。那么,从一战结束到20年代末期,《物理评论》杂志究竟在国际舞台上处于什么样的位置?可以从拉比在哥伦比亚从事研究的感受窥其一斑。1923年至1927年间,拉比在康奈尔和哥伦比亚大学作研究生。他认为在两所学院物理教学水平"难以置信地低……我从来没有理解到物理学的本质。这看起来像是你在测量铜的电阻,其数量精确到下一个小数点而已。"他宣称,就目前的课程而言,量子理论在康内尔和哥伦比亚并不存在。当拉比于1927年到德国进行为期两年的学习时,他发现美国物理专业杂志《物理评论》完全不受到重视,哥廷根大学一直等到年末才一次性地购买十二期杂志,目的是为了省邮资。乌伦贝克也证实了欧洲理论学家对在美国出版的论文显示出极低的尊重:"当我1927年在荷兰莱顿大学,《物理评论》是一本有趣的杂志,你会马上看这本杂志,但从来不会真正地认真思考其中的文章。"[④]显然,美国物理学会承办的物理学杂志《物理评论》,能否在国际舞台上颇具影响力,很大程度上取决于美国大学自身的研究水平。但是,在量子力学发展最疯狂的年代,原创性的理论基本上出于欧洲人之手,因此《物理评论》的杂志没有获得欧洲科学界的重视,也是很自然的。

---

① [美]R·K·默顿. 科学社会学——理论与经验研究. 下册[M]. 上海:商务印书馆,2003. 634.

② Daniel J. Kevles, *The Physicists: The History of a Scientific Community in Modern America*, Vintage Books, New York, p. 218.

③ Phys. Rev., 1929(34), p. 161.

④ Stanley Coben, Scientific Establishment and the Transmission of Quantum Mechanics to the United States, 1919—32, *American Historical Review*, 1971(76), p. 456.

4.2.3　物理学科发展的机遇、条件和所获得的荣誉

1926年至1929年间,从事物理学研究所需的各类条件,比如基金会资助的博士后奖学金、研究生层次教育活动和研究实验室,均得到了进一步的发展。

在量子理论发展最迅猛的时期,美国为了在培养通晓量子力学方面的人才,创造了很多的机遇。其中最重要的教育机会是各类博士后奖学金项目。受洛克菲勒基金会之托,国家研究委员会每年大约资助二十四位年轻而颇具天赋的物理学家,从事博士后的研究工作。鉴于物理学的发展中心在欧洲,所以对获得资助的博士所选择的院校未加任何限制。其中有15人选择到国外院校从事博士后研究工作。另外一部分博士后研究人员留在国内院校,他们主要集中在加州理工学院、普林斯顿和哈佛大学。[①] 此外,国际教育理事会继续资助各国物理学家从事博士后研究工作,并延续到1929年它并入洛克菲勒基金会的自然科学部门(Natural Science Division)为止。尽管国家教育董事会的宗旨是,资助项目不受国籍的限制,强调开展国际性的研究,但在20年代后期,尤其欢迎从事量子力学的物理学家申请该奖学金。[②] 美国还于1925年新成立了约翰·西蒙·古根海姆纪念基金会。[③] 该基金会的宗旨是学习国外先进的研究成果,借此提高美国教育质量。古根海姆的奖学金通常长达六到八个月,而不是一整个学年。所以,在古根海姆基金会的赞助下,在1926年至1929年量子力学迅猛发展的任何一个阶段,多达4位美国的理论物理学家在欧洲理论中心学习。而且,除了资助博士从事研究之外,该奖学金经常授予更成熟的科学家,比如坎布尔和阿瑟·康普顿。[④] 对于刚毕业的博士来

---

① Neva E. Reynolds, *National Research Fellowships 1919 — 1944*, NRC, Washington, D. C., 1944.

② *The Rockefeller Foundation Directory of Fellowship Awards 1917—1950*, Rockfeller Foundation, New York, 1951.

③ 古根海姆:美国工业家及慈善家家族,包括梅尔(1828—1905年),他经营铜业,大大增加了家族财富。其子丹尼尔(1856—1930年)和西蒙(1867—1941年)及其孙女,被称为"伯蒂"的玛格丽特(1898—1979年),都是艺术事业的赞助者。该家族在纽约捐助建立了古根海姆现代艺术博物馆(1959年).

④ *Directory of Fellows of the John Simon Guggenheim Memorial Foundation 1925 — 1967*, John Simon Guggenheim Memorial Foundation, New York, 1968.

说,拥有不受干扰的时间从事学习和研究,对于个人和随后与之相联系的大学学科的发展,具有不可估量的价值。尤其那些与欧洲物理学大师学习过的物理学家,所培养的独特的学术品位,是美国物理学界缺少的。

在国际荣誉方面,较旧量子时代,美国大学物理学家的表现获得更多欧洲科学家的承认。虽然20年代后期,绝大多数去欧洲科学中心的美国物理学家都抱着学习的态度,但也有例外。有的物理学家因做出卓越的贡献而受到来自欧洲科学中心的邀请,如1927年因发现康普顿效应而获得诺贝尔奖的实验物理学家阿瑟·康普顿。而且,美国理论物理学家所作的工作,开始被欧洲物理学家引用。比如理查德森引用了大卫·丹尼森对于氢原子的研究;索末菲引用了康顿关于波动力学和氢分子常态的研究;玻恩引用了奥本海姆通过α粒子轰击原子核的研究,另外他还引用诺伯特·维纳关于算子理论(Operator Theory)的研究。[①] 尽管20年代后期,美国仍旧以实验物理学赢得欧洲同行的认可,但正在成长的新一代美国物理学家不再是理论领域的旁观者。

从1926年至1929年这三个学年间,美国研究生教育在该时期得到稳步的发展。美国大学总共培养了270位物理学哲学博士。其中,有超过二十五所院校有能力授予博士学位,但其中6所占了总数的一半。当然,这些博士论文的主题仍旧是实验物理学研究占据主导地位,[②]这与该时期实验条件的进一步改善密切相关。

4.3　大萧条时期美国大学物理学科的发展

通过20世纪20年代将近十年的发展,美国大学物理学科取得了长足的进步。在此过程中,美国大学克服了20世纪初学科发展的种种弊端。至30年代早期,美国物理学界已融入欧洲物理学共同体,并有能力在本土培养出一流的理论物理学家。当然,他们不像欧洲最重要的物理学家爱因斯坦、玻尔那样,沉迷于所谓的哲学思考。理论的重要与否,最终取决于它对实验现象解释力,这符合美国传统实用哲学。然而,1929

---

① Katherine Russell Sopka, *Quantum Physics in America: the Years Through 1935*, Tomash Publisher, 1988, p. 148.

② W. H. Howell, *National Research Council: A History of the National Research Council, 1919—1933*, National Research Council, 1976.

年伊始的全球性大萧条,对美国大学物理学科与其他物质科学学科造成了严重的影响。

4.3.1 大萧条时期美国大学物理学科面临的困境

1929年10月美国华尔街股票市场的大崩盘,标志西方资本主义社会全面陷入严重的经济危机,由此造成了持续数年的大萧条。这场危机是空前的,作为资本主义的头号大国,美国在此次大萧条时期,蒙受惨重的经济损失。从1929年,美国国民收入开始大幅度下降,一直到1937才回复之前的水平。其中,1929至1933年间是最严重的时期。显然,大萧条对美国社会的冲击是全方面的,科学界亦不例外。[①]

4.3.1.1 大萧条对大学收入和教师薪水的影响

最紧迫的问题是科研经费匮乏。国会大幅削减所有联邦政府的科研机构,平均达12.5%。[②] 而全国各州拨给各个州立大学,比如加州大学、威斯康星和密歇根大学,科研经费呈直线下滑。在伊利诺伊,由立法机构划分大学的预算,其科研经费减幅更甚。在私立大学方面,由斯坦福大学和麻省理工学院倡导的新筹款运动不幸夭折;许诺给加州理工学院数量可观的部分捐赠、康奈尔的全部捐赠均流产。所有私立大学都面临资金匮乏的厄运,比如圣路易斯华盛顿分校因缺乏资金为新建物理楼购买新的仪器,以至于三楼改为儿童的室内溜冰场。[③]

据美国教育署估计,1929年至1930年,美国公立大学的收入减少了40%,私立大学收入减少了31%。各州议会大幅度削减大学的教育预算,私立大学的捐赠显著减少,直接影响大学物质科学学科的发展。最严重时期是在1934年,减少最多的是与生产有直接关系的专业,如采矿、工程、企业管理、农业等,但基础科学的变化并不显著。大学收入的减少导致了教师薪水的削减,根据抽样调查,1932年至1933年度,有83%的大学削减薪水在10%以上,各个学校经济状况不同,削减的幅度也不一致,三个实例如下:(见表7)

---

① 赵佳苓. 大萧条对美国物理学界的影响[J]. 自然辩证法通讯,1985,(4):30.

② Reductions in the Appropriation for Scientific Work Under the Federal Government, *Science*, 1932(76), p. 94.

③ William Knapper, Arthur L. Hughes, *Washington University Magazine*, 1962(8), p. 18, p. 20.

表7 大萧条时期美国三所大学教师薪水的降低幅度

	校长、院长	正教授	副教授	助理教授	讲师
密立根大学	11%	7%	5%	4%	0
弗罗里达大学	20%	10%	10%	10%	10%
华盛顿大学	31%	29%	23%		15%

资料来源：赵佳苓. 大萧条对美国物理学界的影响[J]. 自然辩证法通讯,1985,(4):30.

大学削减教师薪水的是全校性的,所以物理学家的情况也是一致的。从1931—1933年,美国物理学学会的会员中欠会费的比例由8%激增至19%,大多数人的理由是生活拮据。但实际上,收入减少给他们造成的困难要比想象的要少。许多教授至少削减了10%的薪水,但因通货紧缩政策,教授们实际购买能力并未受到影响。学院和大学教师比大多数行业生活得更好。①

此外,斯宾塞·沃特(Spencer R. Weart)对美国当时十所具有一定代表性的大学物理系的状况做了统计。这十所大学分别为:加州大学伯克利分校、加州理工学院、芝加哥大学、康奈尔大学、爱荷华州立大学、麻省理工学院、密歇根大学、俄亥俄州立大学、普林斯顿大学和威斯康星大学。研究表明,物理系总体教学人员,包括讲师和教授,1925年为122人,1930年增至154人,1933年为153人,1936年为154人,1939年增至163人。只是1933—1936年间,增幅明显趋缓。而正教授的人数总体是稳定增加的,助理教授和副教授的人员在1930—1933年间,略有下降。而讲师人数在1930年之后下降较为明显。②

4.3.1.2 物理学哲学博士面临艰难的就业形势

最新获得物理学哲学博士学位的物理学家,他们则面临能否顺利就业的压力。总体而言,1930年大学教师的失业率平均是:公立大学为

① 当然,有的院校教授的薪水比其他院校的影响更大,他们实际生活水平的确有所下降。他们抱怨说,他们得亲自动手维修房子,而且再也无法雇佣仆人为之服务。引自:Nathan Reingold, *The Sciences in the American Context: New Perspective*, Smithsonian Institution Press, Washington, D. C., 1979, pp. 134—135.

② 薪水方面的史料较少。但美国大学降薪是面向全体教职人员的。引自:Nathan Reingold, *The Sciences in the American Context: New Perspective*, Smithsonian Institution Press, Washington, D. C., 1979, p. 344.

6.9%,私立大学为 7.9%,与超过百分之二十的失业率,情况看起来并不十分严重。实际上,在 1933 年前后几年,美国大学很少招聘新的教职人员,有时甚至解聘职位较低的人员。在物理学杂志上刊登求职广告的人中,既有年轻资质尚浅的物理学家,也有近二十年教学与研究经验的,并担任过系主任的教授。这说明在某些地方,物理学家的状况比平均状况更为严重。

1933 年,芝加哥大学的物理学家塞缪尔・埃里斯(Samuel Allison)写信给哈佛的坎布尔,推荐三位优秀的物理学哲学博士,对薪水的期待仅限于维持基本生活。但即使这样,也无法提供任何就业的机会。坎布尔甚至自己手头也有一大把物理学哲学博士,正苦于无法将他们"推销"出去。唯一可行的办法是,每一所大学自行"消化"。[①] 根据美国物理学会的统计,1934 年毕业的物理学哲学博士中,几乎有一半留在母校,是正常年景的两倍多。物理学哲学博士失业,对美国大学物理学科的发展无疑是一个沉重的打击,严重损害了他们从事物理学研究的积极性,有的从此离开科学界。根据不完全统计,1934 年毕业的物理学哲学博士中,大约有百分之八的人离开了原先的专业。[②] 而对于从事量子力学研究的理论物理学家,只有少数几位顶级的能够在大萧条时期生存下来,其余处境大多较为艰难。情况变得更糟糕的是,国家研究委员会的奖学金数量也急剧下降。1920－1932 年间,国家研究委员会的奖学金授予的人数,占每年博士

---

① F. K. Richtmyer and Malcolm M. Willey, The Young College Instructor and the Depression, *American Association of Univ. Professor Bulletin*, 1934(22), pp. 507－509.

② 美国物理学家中,约有四分之一在政府机构和工业界中,从事工业物理方面的研究工作。他们更易遭受经济危机的影响。在 1932 年至 1933 年财政年度,联邦科学机构的预算平均减少了 12.5%,雇佣物理学家最多的国家标准局的预算拨款减少了 50%,成员减少了三分之一以上。工业界的情况大致相同。比如两家雇佣物理学家最多的大公司中,美国电话电报公司削减了百分之二十五以上的研究经费,雇佣的科学家的人数也下降到 1927 年的水平;通用电气公司的研究减少了 30%,人员减少约一半。许多公司都停止不能当下无法产生利润的研究工作。新毕业的物理学博士的去向也表明了工业物理学的颓势。1928－1929 年,110 位新毕业的物理学博士,有 24 到工业界,有 4 人在政府研究机构。但在抽查 1934 年毕业的 63 名博士时,发现仅有 4 人在工业界找到职位,没有一个在政府研究机构工作。引自:赵佳苓. 大萧条对美国物理学界的影响[J]. 自然辩证法通讯,1985,(4).

毕业人数的15%,而1933—1941年间,仅为3%。①

为了使更多的毕业生能够找到工作,物理学界也向社会推荐科学人才。教授们很清楚,科学界和企业界有同样的要求,都要为他们的产品找到市场。物理学界的一位领袖直言不讳地承认,学院物理学家数量的增长取决于物理学专业的学生数量,如果物理专业的学生的就业机会多,显然也利于物理系本身的发展。

高等院校之外,物理学家最大的就业市场是工业界。但工业界自身从事纯研究的科学人员已经饱和。为此,美国不少大学的物理系对课程作了一些变动,添设了相当一部分应用物理的课程,以使学生毕业后尽快适应工业界的需要。而且,物理学界的领袖们开始定期与企业界会晤,有计划地促进物理学在工业中的应用,这项工作主要是由美国物理学联合会(American Institute of Physics, AIP)负责。结果,工业发展与大学物理学科的发展愈发紧密。凯特灵(Kettering)对商人强调时说,"研究是唯一赢得新市场、增加利润的方法,甚至创造劳动力短缺。"②航空工业一直是缺乏训练有素的工程师,也开始增加对物理学家的需求;同样的,石油公司早已发现地球物理学知识,能提高勘探石油的效率,也开始大量招聘物理学家。1936年,据麻省理工学院的物理系报道,物理系的研究生在工业领域供不应求。尽管大学加大了应用物理学的培养力度,但企业实验室的经理仍旧抱怨,毕业生知道得太多的原子和核物理,与时下流行的技术相关的传统研究,掌握得不够。

4.3.1.3　科学家与人文学者之争

大萧条时期,人文主义学者从大萧条时期的经济灾难中获取新的灵感,更新了对科学的批判。现代新教和天主教出版界再次强调笃信科学方法的错误性。一部分神学人员和新闻界的人士危言耸听,指责科学造成了美国失业的局面,破坏了人民的生活,最终导致大萧条的发生。而在一部分民众当中,也对科学产生了矛盾的心理,他们认为科学似乎发展得

---

① 1935年,所调查的71位物理学博士,13位获得了博士后奖学金,其中8位由学校资助,仅3位获得私人基金会的资助。1940年,所调查的69位物理学博士,有8位获得博士后奖学金,其中有5位得到私人基金会的资助。引自:Myron J. Rand, The National Research Fellowships, *The Scientific Monthly*, 1951(73), pp. 74—75.

② Daniel J. Kevles, *The Physicists: The History of a Scientific Community in Modern America*, Vintage Books, New York, 1978, p. 273.

太快了,以致于人类来不及理解和掌握它,因此最好的办法是放慢科学研究的步伐。各式各样的人文学者,正统或现代,世俗或宗教,甚至提出暂停大学、政府研究机构以及工业实验室的科学活动。① 密立根与阿瑟·康普顿关于宇宙射线认识上的分歧暴露在公众面前,增添了他们对科学家人文方面的认识。碰巧的是,这一事件为人文学者充满敌意地攻击科学提供了佐证。

这些反对科学或放慢科学研究的舆论,使科学界感到震惊和忧虑。科学家认为,这种威胁最终只能导致国家的灾难。于是他们作出了强烈的反应,有的举行各种集会,有的以发表讲话和文章的形式向公众说明,由于科学技术的进步产生了全新的工业,使数百万人有了工作。他们指出,正是因为科学技术的进步,所以美国才能在萧条时期仍然保持了比其他国家高的生活水平。他们告诫说,不要因为科学的成果有部分被滥用,就杀死科学这只下金蛋的鹅。在危机最深重的 1932 年,科学家利用芝加哥举办博览会的机会,提出科学应该是博览会的主题,大力宣传科学的作用和价值。物理学家设计了 90 个物理学的展览,强调科学的进步和成就,让公众了解科学在社会结构中的真实地位。这些努力得到了一些著名人士的理解和支持。1934 年,罗斯福总统给正在主持"科学产生更多的职业"专题讨论会的卡尔·康普顿寄来一封信,指出"科学思想和科学研究对文明的价值是无可怀疑的"。爱因斯坦也指出,"继续保持以前的研究规模……对国家是有利的"。② 这些人的态度无疑对公众产生有利于科学的影响。尽管没有确切的指标来表示科学家抗击"反科学运动"的效果,但普遍的看法是,科学家的努力会减轻科学界受到的打击,反科学运动只是昙花一现,并没有造成太大的危害。

1930 年早期,不同类型的改革者逐渐达成共识,科学事业本身必须重新自我定位,以满足美国当前社会和经济的需求。对于从事原子物理学研究的物理学家而言,这是一个新的课题。20 年代近乎整整十年,量子理论的发展在各个基金会的资助下,并未要求直接与政治论相联系。但大萧条来临之后,学科的外部环境发生了重大的变化,能否与政治论直

---

① Chesterton, A Plea That Science Now Halt, *New York Times Magazines*, 1930(10), p. 2.

② 赵佳苓. 大萧条对美国物理学界的影响[J]. 自然辩证法通讯,1985,(4):33.

接相联系,成为学科发展首要解决的课题。

4.3.2 量子力学学科教学发展状况

美国大学物理学家在数量方面的稳定增长,相应的也促进了学科论文数量的递增。从中看到的是,美国大学研究职能在学科层面得到确立和发展。一些调查报告研究了1910年与30年代物理系教师花费在科研方面的时间:1910年大学物理教师花费在科研上的时间大约占工作的三分之一,30年代大学物理教师的科研时间与之相仿。以哥伦比亚大学为例,根据其物理系的教授汇报,1932年他们花费在科研上的时间,占工作时间的27%,比1910年科研时间23%高了三个百分点。因此,与20世纪初相比,二三十年代的物理教师在研究时间上并无明显的增加。但由洛克菲勒资助的,国家研究委员管理的博士后奖学金,即国家研究奖学金,为加强美国大学物理学科研究职能提供了动力之源。整个20年代及30年代早期,大约百分之十五的博士得到了博士后奖学金,在其选择的院校从事一至两年研究工作,而无教学压力。在1926—1938年间,7所大学的物理系占据了192位博士后奖学金获得的123位,占总人数的64%。①

尽管20年代美国物理学界未能在推进量子理论发展方面提供重要的想法,但是参与该过程的物理学家,已经准备好以卓越的方式教导国内下一代物理学家。美国年轻的物理学家们参与异常残酷的智力竞争过程之中,虽然输给了欧洲天才,但这笔"失败"的财富珍贵无比。其一,从波普尔的知识增长来看,②他们虽然丧失了优先权,但能够与欧洲最杰出的天才做出相同的论文,说明他们已经能够很好地把握物理学发展最激动人心的问题;其二,美国年轻一代物理学家丧失论文发表的优先权,主要是因为他们与欧洲研究中心融为一体。如果论文投往美国,他们可能晚一些也能在《物理评论》上发表,最终能与欧洲物理学家分享荣誉。经历激烈智力竞争的年轻一代的物理学家,在培养美国新一代学生之时,已经非常自信。奥本海姆声称,这些年轻物理学家在教学方面有其独特的品

① Nathan Reingold, *The Sciences in the American Context: New Perspective*, Smithsonian Institution Press, Washington, D. C., 1979, p. 298, pp. 336—337.

② 卡尔·波普尔系统地论述了知识的一般理论:知识的增长是借助于猜想与反驳,从老问题到新问题的发展:"…P1—TT—EE—P2…"。引自:卡尔·波普尔. 客观知识:一个进化论的研究[M]. 舒炜光等译. 中国:中国美术学院出版社,2003. 260.

性:“在他们所教的课堂里,流动着发现者所具备的兴奋、惊奇的氛围。”①他们不再是二流的科学家,不只会观察和采集数据,而且在观察的基础上提出学科世界性的前沿问题,知道何种问题将引导学科发展的主流。当这些年轻的物理学家在 1927—1929 年回到国内,他们很快提升物理系的教学质量和研究水平。

而且,20 年代末至 30 年代初,由于量子力学传入美国,众多美国高等院校在聘请教职人员,提供实验设备和资金等方面,优先满足物理系量子力学的发展。像加州大学伯克利分校、麻省理工学院、普林斯顿大学和威斯康星大学,顺应欧洲物理学发展的新潮流,逐渐建成强势的理论物理学科优势。事实上,美国其它学院也跟上这一潮流,如表 8 所示。

表 8　30 年代早期美国一些物理系从事理论研究的教职人员

布朗大学	林德赛
加州大学伯克利分校	奥本海姆、W·H·威廉斯
加州理工学院	埃斯普坦、休斯顿、奥本海姆
芝加哥大学	埃卡特、霍伊特、马利肯
哥伦比亚大学	拉比
华盛顿大学	伽莫夫(1934 年)
哈佛大学	坎布尔、范·韦勒克(1934 年)
伊利诺伊大学	巴特莱特(J. H. Bartlett)、 莫特史密斯(H. M. Mott-Smith)
霍普金斯大学	迪克、赫兹菲尔德、波特梅(M. Goeppert-Mayer, 1932 年)
麻省理工学院	埃里斯、N·H·弗兰克、斯莱特、J·A·斯特拉顿、瓦拉塔
密歇根大学	丹尼森、古德斯密特、拉波特、乌伦贝克
明尼苏达大学	弗兰克尔(J. Frenkel, 1930—1931 年)、E·希尔
俄亥俄大学州立大学	兰德、托马斯
普林斯顿大学	康顿、罗伯逊、冯·纽曼(1930—1933 年)、维格纳
威斯康星大学	范·韦勒克(1934 年)、布赖特(1935 年)、 文策尔(G. Wentzel, 1930 年)
耶鲁大学	玛格劳

资料来源:Katherine Russell Sopka, *Quantum Physics in America: the Years Through*

① J. R. Oppenheimer, *Science and the Common Understanding*, New York, 1953, p. 36.

1935, Tomash Publisher, 1988, p. 245. 表中省略了那些从事经典理论物理学研究的物理学家.

表8说明,美国大学物理系从事量子理论的理论物理学家,其密度尚不足以帮助他们克服孤独感。所以,密歇根大学每年一度举办的理论物理学暑期研讨班,对美国理论物理学的发展至关重要。即使在大萧条时期,暑期研讨班继续举办,人数维持在六十人左右。可以肯定,以密歇根大学为代表的研讨班的成功举办,进一步加强了美国物理学家在理论方面的活动,使得美国成为国际理论物理学学术共同体的一部分,为美国大学物理学科的成熟做出了贡献。

在教材方面,鉴于20年代早期,也就是旧量子理论时代,基础理论日新月异,一些可作为书籍的讲稿尚未整理成书便已遭淘汰。所以,美国大学在培养物理学家的过程中,将期刊当成教材传授,几无系统可言。时至30年代早期,量子理论的发展体系逐渐成熟,出版量子理论的书籍也到了恰当的时机。而且不少美国理论物理学家在充分参与量子理论发展的过程中,已具备了撰写量子理论方面的书籍和综述文章的能力。

在量子理论物理学家积极参与下,美国大学物理学系实现了教材国际化,充分体现了最好的研究者是最好的教材撰写人。虽然美国大学出现了由本土理论物理学家、物理化学家撰写的关于量子理论多种版本的教科书,以便为美国学生提供层次不同的学习需要。但他们从未拒绝使用由欧洲科学家撰写的教科书,比如狄拉克的《量子理论原理》(The Principles of Quantum Mechanics),①在大学高年级学生群体中有着广泛的影响。其他的书籍,像弗兰克尔(J. Frenkel)的两本教材:《初等波动力学原理》(Wave Mechanics: Elementary Theory)和《高等波动力学原理》(Wave Mechanics: Advanced General Theory);②外尔的《群论和量子力学》(The Theory of Groups and Quantum Mechanics)、③索末菲的《波动力学》(Wave Mechanics),④均受到广泛的欢迎。

美国大学培养新一代理论物理学家的能力日益增强。早年通过欧洲

---

① Dirac, *The Principles of Quantum Mechanics*, Clarendon, Oxford, 1930.

② J. Frenkel, *Wave Mechanics: Elementary Theory*, Clarendon, Oxford, 1932; *Wave Mechanics: Advanced General Theory*, Clarendon, Oxford, 1934.

③ H. Weyl, *The Theory of Groups and Quantum Mechanics*, Methuen, London, 1931.

④ A. Sommerfeld, *Wave Mechanics*, Dutton, New York, 1930.

研究中心培养未来的物理教师和研究者,进而实现本土化培养的计划已经实现了。但美国并没有因此减缓与欧洲同行联系的步伐,而是进一步与国际学术共同体融为一体。这一点在量子理论教材的出版方面,颇具代表性,如表 9 所示。

表 9　1929—1935 年间美国大学有关量子理论书籍的出版状况

作者	书名	出版时间	备注
[美]康顿、莫尔斯	《量子力学》(Quantum Mechanics)	1929 年	国际系列专著
[美]鲍林、[德]古德斯密特	《线性光谱的结构》(The Structure of Line Spectra)	1930 年	国际系列专著
[美]鲁阿克、[美]尤里	《原子、分子和量子》(Atoms, Molecules and Quanta)	1930 年	
[美]罗伯特・巴赫、[德]古德斯密特	根据光谱分析原子能态(Atomic Energy States as Derived From the Analyses of Optical Spectra)	1932 年	
[美]约翰・斯莱特、[美]N・H・弗兰克	《理论物理导论》(Introduction of Theoretical Physics)	1933 年	
[美]鲍林、[美]威尔逊	《量子力学应用于化学之导论》(Introduction to Quantum Mechanics with Application to Chemistry)	1935 年	
[英]狄拉克	《量子力学原理》(The Principles of Quantum Mechanics)	1930 年	
[英]弗兰克尔	《初等波动力学理论》(Wave Mechanics: Elementary Theory)	1932 年	
[英]弗兰克尔	《高等波动力学理论》(Wave Mechanics: Advanced General Theory)	1934 年	
[德]赫曼・外尔	《群论和量子力学》(The Theory of Groups and Quantum Mechanics)	1931 年	1930 年德文版
[德]索末菲	《波动力学》(Wave Mechanics)	1930 年	1929 年德文版
[美]范・韦勒克	《电磁磁化率原理》(The Theory of Electric and Magnetic Susceptibilties)	1932 年	国际系列专著

(续表)

作者	书名	出版时间	备注
[美]康顿、[美]肖特雷	《原子光谱理论》(The Theory of Atomic Spectra)	1935年	在英国出版
[美]达罗	《波动力学导论》(Introduction to Wave mechanics)	1929年	1929年被译成德文
[美]达罗	《物质、辐射和电学的统计理论》(Statistical Theory of Matter, Radiation and Electricity)	1931年	1931年被译成德文
[美]达罗	《初等量子力学导论》(Elementare Einführung in die Quantenmechanik)	1933年	德文写作

4.3.3　理论物理学中心在美国大学的兴起

随着一批以奥本海姆为首的从事量子力学研究的理论物理学家的出现,量子理论新教材的引进和密歇根大学暑期研讨班的举办,美国大学年轻的物理学家不再觉得有必要到国外求学。这意味着,美国大学除了能提供第一流的实验物理教学,首次有能力提供与欧洲最好大学或研究所可媲美的第一流的理论物理教学。其中,洛克菲勒基金会负责人罗斯倡导的"高峰造峰"的思想在促进美国物理学中心的形成,起到非常重要的作用。该思想鼓励量子理论物理学家聚集在少数几所主要的大学,并且拥有最好的数学家和物理学家的学科或系,收到了由通识教育理事会提供的大部分捐赠资金。20年代末期,获得国家研究委员会博士后奖学金的物理学家,接近一半选择了在加州理工学院使用这笔资金;另一半分别选择了哈佛大学、加州大学伯克利分校、芝加哥大学或普林斯顿大学等院校,于是,美国大学最终创立了学习和研究现代理论物理学的中心。

19世纪下半叶,耶鲁大学的吉布斯在美国物理学界还是一位孤独的理论物理天才,但在20世纪二三十年代,美国理论物理学家开始形成群体,他们对理论物理做出持久的贡献。其中有范·韦勒克、斯莱特、卡尔·埃卡特、奥本海姆、鲍林等。① 因此,就其质量而言,大学所培养的新

① 斯莱特与玻尔及其助手克雷默斯的合作研究,促成旧量子论向新量子力学的发展;埃卡特与薛定谔各自独立地证明了波动方程和矩阵力学的等价性;奥本海姆在研究狄拉克方程方面成果颇丰;鲍林的杰出贡献在于把量子力学应用于化学键的研究.

一代物理学家,已经跟得上欧洲同行,一同开拓量子理论的前沿阵地。

其中,国家研究委员会的贡献卓越。在审核程序上,国家研究委员会的理事,根据申请人研究计划的特点,以及他们所选择院校的声望,判别申请人是否有资格获得资助。因此,博士后奖学金主要授予刚获得博士学位,并打算从事物理学最活跃的研究领域的博士。而且,奖学金的授予具有强烈的指向性,它强有力地引导美国年轻而优秀的物理学家应该从事何种特性的研究。[①] 更重要的是,国家研究委员会倾向于把大部分的奖学金授予 5 所大学的物理学科,分别为加州大学伯克利分校、加州理工学院、普林斯顿大学、芝加哥大学和哈佛大学,因为其集中了美国最富有才华、成果最多的物理学家群体。从客观上讲,奖学金项目让新一代物理学界的精英,有机会与上一代物理学界的精英聚集在一块,并在其恰当指导和监督之下从事研究。这种方式在培养和发展杰出人才方面无疑是卓有成效的。

可以说,30 年代初期,新一代物理学家已经占据学科的前沿阵地。他们无论在教学、实验和理论解释实验现象的能力,均已达到一流的水准。他们同时克服 19 世纪末的孤独感,了解彼此的研究工作。而且,他们是合格的理论物理学家,能甄别世界上一流的理论物理学家所作的工作,故而能胜任《物理评论》的理论物理学领域的编委。而不像美国科学院前主席,著名的动物学家艾迪生・费瑞(Addison E. Verrill),仅凭借大物理学家麦克斯韦曾认可过吉布斯以前写的文章,故而出版吉布斯的新作。[②] 而且,在美国物理学会召开的重要会议上,理论物理学家开始占据支配地位,促使物理学会的面貌发生了根本性的变化。因此,美国大学物理学科已经不再是地方性、边缘性的学科,已经与世界最好大学的物理学科相媲美。据统计,在物理学领域,由国际教育理事会资助的国外博士后奖学金获得者之中,每 5 人之中就有 1 人选择到美国本土从事博士后研究。因此斯莱特颇为自豪地回忆,甚至欧洲科学家在来美国教的和学到

---

① Daniel J. Kevles, *The Physicists: The History of a Scientific Community in Modern America*, Vintage Books, New York, 1978, p. 219.

② Lynde Phelps Wheeler, *Josiah Willard Gibbs: The History of a Great Mind*, New Haven and London: Yale University Press, 1962, p. 84.

的一样多!①

此外,欧洲大学和研究所的讲座制,仍旧像20世纪初一样,严重阻碍了年轻一代物理学家的晋升。在那里,年轻的物理学家必须花费数年的时间在中学从事教学,或者在大学赢得席位之前,他们只能成为教授的助手。对于具有犹太血统的物理学家来说,面对等级森严的学术制度,加上日益高涨的反犹太主义在欧洲的兴起,使得他们在欧洲大学获得职位的机会更为艰难。但在美国大学,年轻的物理学家,包括犹太血统的物理学家,无此顾虑。索末菲曾经告诉他的学生说:"(在美国大学)每一个年轻的人都变成了助理教授。"②截至1931年为止,美国大学已聘请了至少十五位欧洲大陆的物理学家,其中包括乌伦贝克、古德斯密特、兰德和维格纳。因此,对于欧洲年轻一代科学家来说,美国大学的系制充满吸引力。截至1932年,也就是在欧洲移民科学家到来之前,以美国大学为首的物理学共同体,已经成为世界物理学学术共同体最有能力、最富有活力的支流之一了。

总体而言,美国物理学科的发展核心是实验物理学,理论物理学的发展是实验物理学发展的内在要求。量子力学的发展促进了美国大学实验物理学的发展,使得美国现代物理更强调理论与实验的结合。

4.3.3.1 五个理论物理学中心的兴起

美国第一个理论物理学中心在加州大学伯克利分校和加州理工学院的物理系。两个中心都是以理论物理学家奥本海姆为核心。奥本海姆与吉布斯有许多相似之处,他俩都拥有超群的理论物理学方面的天赋,且两人都是单身。与吉布斯喜欢离群寡居不同,奥本海姆与学生交往的方式甚多,教学地点不限于教室或实验室,还包括餐厅和咖啡馆。此外,吉布斯只是耶鲁大学物理系的教职人员,且最初学校也未给他发薪水。而奥本海姆在加州大学伯克利分校、加州理工学院均有任职。为此,两所学院为其制定了不同时间的课程表。

像欧洲其他理论物理学中心一样,大师身边之所以能凝聚一批英才,依靠的不是行政权威,而是学术权威和个人教学魅力。虽说早期奥本海

---

① Daniel J. Kevles, *The Physicists: The History of a Scientific Community in Modern America*, Vintage Books, New York, 1978, p. 220.

② Stanley Coben, Scientific Establishment and the Transmission of Quantum Mechanics to the United States, 1919—32, *American Historical Review*, 1971(76), p. 454.

姆的教学进度较快并缺乏耐心，但经过数年的锻炼，他的教学不但能传授学生丰富的知识，而且能启发学生产生新的思想火花。① 他将物理逻辑结构之美和物理学令人兴奋的发展融合在一起，以致于不断有学生第三、第四次选听他的课程。起初，奥本海姆所教的一门课程是关于量子理论领域的系列讲座，其难度非常大，只有少数几位学生选他的课，但随着教学法的改进，他拥有了许多信徒。

此外，奥本海姆与研究生一起的工作方式也颇为新颖。他的小组由8－10位研究生和大约六位博士后奖学金获得者组成。他通常每天一次来到办公室与学生会面，依次讨论每一位学生的问题，其他学生和博士后研究人员则一边倾听，一边给予适当的评论。他们的研究课题分布很广，包括电动力学、宇宙射线、天体物理和核物理。②

1930年早期，到加州大学伯克利分校攻读理论物理学哲学博士的学生，比如梅尔巴·菲利普斯(Melba Philips, 1933)、格伦·坎普(Glen Camp, 1935)和阿诺德·霍尔(Arnold Hall, 1935)，都是以奥本海姆为导师。此外，名义上由W·H·威廉斯指导的另外3位研究生，哈维·霍尔(Harvey Hall, 1931)、卡尔森(J. F. Carlson, 1932)和利奥·内德斯基(Leo Nedelsky, 1932)也是与奥本海姆一起工作的。而国家研究奖学金的获得者，休·沃尔夫(Hugh Wolfe, 1929－1931)、温德·费瑞(Wendell Furry, 1932－34)、爱德华·伍岭(Edward Uehling, 1934－36)和罗伯特·瑟铂(Robert Serber, 1934－36)③等年轻一代的物理学家都是奥本海姆学术圈内的人员。30年代，以奥本海姆为首的物理学中心，取得了丰硕的学术成果。而伯克利分校之所以变成美国理论物理学家的主要培养场所，这很大程度上归因于奥本海姆逐渐地把教学集中在伯克利分校

① 1932年获得诺贝尔奖的安德森曾在1929年登记旁听奥本海姆的量子理论课程。他很快意识到自己在数学知识方面准备不足，并告诉奥本海姆他不得不放弃这门课程的学习。为了挽留他唯一的学生和他的课程，奥本海姆向安德森许诺，给他一个慷慨的成绩以便他留下来继续旁听。转引自：Stanley Coben, Scientific Establishment and the Transmission of Quantum Mechanics to the United States, 1919－32, *American Historical Review*, 1971(76), p. 458.

② R. T. Birge, *History of the Physics Department*, *Vol. Ⅲ*, Scribners, New York, 1970. p. Ⅸ.

③ Neva E. Reynolds, *National Research Fellowships 1919－1944*, NRC, Washington, D. C., 1944.

而不是加州理工学院。①

此外,诺耶斯在加州理工学院从事物理化学领域的教学与研究,终于培养出杰出的物理化学家鲍林。鲍林和托尔曼通过把量子理论应用到化学,尤其是化学键,获得了丰硕的成果。德国科学家普朗克曾深刻地洞悉道:“科学是内在的整体,被分解为单独的部门不是取决于事物的本质,而是取决于人类认识能力的局限性。实际上存在着从物理到化学,通过生物学到人类学到社会科学的连续链条,这是一个任何一处都不能被打断的链条。”②重要的是,如何找到这条路?而量子力学的发展为这条路找到了最初的原点。在迅速传播量子力学知识的过程中,美国科学家在推进新理论的应用方面取得了领先地位。在化学键方面,最早由德国科学家沃尔特·海特勒(Walter Heitler)和弗里兹·伦敦(Fritz London)于1927年6月30日在《物理杂志》发表文章,向化学家论证了量子力学如何解释化学键。但欧洲化学家不像美国的化学家,他们并不研究高等数学和量子物理。按照鲍林的说法是,“其结果是欧洲化学家在促进现代物理化学或结构化学方面,成为失败者,而美国物理化学家在这个领域占据了主导地位。”③

第二个理论物理学中心在哈佛大学和麻省理工学院的物理系。30年代,两所院校在量子理论领域的研究非常活跃。我们知道,1930年卡尔·康普顿担任麻省理工学院的校长之后,致力于改造物理系,决心将之建成现代物理学的中心,为此校长从哈佛聘请了年轻一代的理论物理学家斯莱特。1933—1935年,来自普林斯顿的化学家乔治·科姆(George Kimball),在获得国家研究奖学金之后,选择麻省理工学院,研究量子力学领域在化学中的应用。普林斯顿毕业的物理学哲学博士肖特雷、密歇根大学的劳埃德·扬(Lloyd Young)和英国剑桥大学的物理学家西奥多·斯特恩(Theodore Sterne),选择哈佛和麻省理工学院从事研究。④

---

① 贝戈回忆说,密立根厌恶奥本海姆,认为他不配加州理工学院给予他的职位,并且经常性地恶语中伤奥本海姆。但奥本海姆未表现出任何在意的征兆。后来,尼尔斯·玻尔访问了两所加州大学,了解到具体的情况之后对伯克利分校的管理部门和奥本海姆建议:奥本海姆应该离开加州理工学院,专心在伯克利分校从事理论物理学的研究。引自:Nuel Pharr Davis, *Lawrence and Oppenheimer*, New York, 1968, p. 52.

② 路甬祥. 学科交叉与交叉科学的意义[J]. 中国科学院院刊,2005,(1).

③ Stanley Coben, Scientific Establishment and the Transmission of Quantum Mechanics to the United States, 1919—32, *American Historical Review*, 1971(76), p. 465.

④ Neva E. Reynolds, *National Research Fellowships 1919—1944*, NRC, Washington, D. C., 1944.

在哈佛,坎布尔仍旧是物理系最年长的理论物理学家。1934年坎布尔的学生范·韦勒克加入物理系。同时,费瑞在奥本海姆的指导下完成博士后研究工作之后,成为哈佛物理系的教职人员。两所院校很快就培养出一系列理论物理学的博士,并吸引了一批国家研究奖学金的获得者,到哈佛从事博士后研究工作。30年代早期,由坎布尔指导的研究生有巴特莱特(1930)、齐纳(1930)、约翰逊(M. H. Johnson, 1932)等7位学生。① 而范·韦勒克在威斯康星的学生马尔科姆·赫伯(Malcolm Hebb),1934年他也跟随导师来到哈佛,并于1936获得博士学位。②

第三个理论物理学的中心在密歇根大学的物理系。之前,我们专门讨论了它在物理学领域举办的暑期研讨班。而且,在系主任兰德尔的领导下,聘请了丹尼森、古德斯密特、拉波特和乌伦贝克,筹建了美国物理系理论物理学家人数最多,科研环境最好的队伍,因此学院有能力吸引一大批年轻人从事理论物理学研究。4位物理学家培养了一大批量子理论物理学家,比如罗伯特·巴赫(Robert Bacher)、爱德华·贝克(Edward Baker)、罗素·费希尔(Russell Fisher)等,③其中包括我国著名原子物理学家吴大猷(Ta-you Wu)。④ 需要强调的是,密歇根物理系在实验光谱领域颇

---

① James H. Bartlett, The Ionization of Multiatomic Molecules by Impact of the Slow Electron, *Phys. Rev.*, 1929(33), pp. 169—174; Zener, Quantum Mechanics of the Formation of Certain Types of Diatomic Molecules; Johnson, The Theory of Complex Spectra, *Proc. Nat. Acad. Sci.*, 1933(19), pp. 916—921.

② Hebb, On the Paramagnetic Rotation of Tysonite, *Phys. Rev.*, 1934(46), pp. 17—32.

③ Robert Bacher, Zeeman Effect of Hyperfine Structure, *Phys. Rev.*, 1929(34), pp. 1501—1506. Advisor: Dennison; Baker, The Application of Fermi Statistics to the calculation of the Potential Distribution of Positive Ions, *Phys. Rev.*, 1930(36), pp. 630—647; Advisor: Goudsmit; Fisher, Hyperfine Structure in Ionized Bismuth, *Phys. Rev.*, 1931(37), pp. 1057—1068. Advisor: Laporte. Ta-you Wu, Thomas — Fermi Potential and Problems in Atomic Spectra, *Phys. Rev.*, 1933(43), p. 496.

④ 吴先生大猷,广东省高要县人,前清光绪三十三年(1907年)9月29日出生于广州市,世代书香,名门高第,祖父桂丹公为清朝进士,翰林院编修,记名御史。父亲国基公,早年中举之后,改就西学,曾出使菲律宾;母亲关嘉娥,淑慎温恭。先生乃国基公独子,五岁失怙,由寡母教养成长。小学毕业后随大伯远基公赴天津,就读南开中学,民国十四年(1925年)先生以高二学历考取南开大学,十八年获理学士。二十年赴美,入密歇根大学物理系深造,跟随古德斯密特(Goundsmith)教授研习原子物理,至民国二十二年(1934年),短短两年内即取得博士学位(1933年6月)。二十三年(1934年)先生自美返国。引自:http://www. phys. sinica. edu. tw/~ tywufund/introduction. html, 2007—08—15.

为强势,最初缺的是理论物理学家,因此,在密歇根大学,理论物理学家与实验物理学家之间的合作甚密。

第四个理论物理学的中心在普林斯顿大学的物理系和高级研究所。20年代中期,普林斯顿尝试将量子理论和相对论的发展与数学系紧密地结合起来,但最终未能成功。数学系最终走向纯数学领域。[①] 30年代早期,物理系聘请了欧洲杰出的物理学家冯·纽曼[②]和维格纳,并且康顿也回到物理系,加上原有的罗伯逊,总共有4人。正是这段时期,普林斯顿物理系开始接收理论物理学哲学博士论文。

第五个理论物理学的中心在威斯康星大学的物理系。1934年范·韦勒克去哈佛之前,他在威斯康星大学担任理论物理学哲学博士和博士后的导师。范·韦勒克最先吸引力到获得洛克菲勒奖学金的欧洲博士后,比如来自苏格兰的罗伯特·夏莱(Robert Schlapp),在1931—1932年,选择到威斯康星大学跟随他从事量子力学的应用研究。[③] 另外一位获得联邦奖学金(Commonwealth Fellow)的获得者,英格兰人威廉·彭尼(William Penney),跟随他研究理论物理。[④] 国家研究奖学金获得者阿尔伯特·谢尔曼(Albert Sherman),于1933年在普林斯顿获得化学哲学博士,之后跟随范·韦勒克从事量子理论在化学中的应用研究。[⑤] 范·韦勒克于1934年去哈佛之后,威斯康星物理中心并没有因此消失。继任者布赖特曾于1929年在纽约大学从事量子理论的研究,维持从事强势的理论研究工作。

上述美国大学五个量子理论研究中心,做出主要贡献的是美国本土物理学家。代表人物分别是加州大学伯克利分校和加州理工学院的奥本海姆、哈佛的坎布尔和范·韦勒克、麻省理工学院的斯莱特和密歇根大学的丹尼森。但是,来自欧洲的理论物理学家所做的贡献丝毫不亚于美国

---

① Loren Butler Feffer, Oswald Veblen and the Capitalization of American Mathematics: Raising money for Research, 1923—1928, *Isis*, 1998(89), pp. 474—497.

② 1933年之后,冯·纽曼转到普林斯顿高级研究所工作。

③ *The Rockefeller Foundation Directory of Fellowship Awards 1917—1950*, Rockfeller Foundation, New York, 1951.

④ *Commonwealth Fund Fellows 1925—1937*, The Commonwealth Fund, New York, 1938.

⑤ Neva E. Reynolds, *National Research Fellowships 1919—1944*, NRC, Washington, D. C., 1944.

本土科学家。几乎所有美国本土杰出的科学家,都得到欧洲物理学家的指导和赏识,像奥本海姆获得的是哥廷根物理学哲学博士。而普林斯顿大学物理系,欧洲的物理学家占据一半的席位。普林斯顿大学早年虽有实验物理学家卡尔·康普顿,但 30 年代支撑物理系理论物理学发展的是冯·纽曼和维格纳。[①]

4.3.3.2　普林斯顿理论物理学研究中心的兴起

卡尔·康普顿在普林斯顿物理系是最有影响力的成员,他清楚地认识到,物理系需要一群掌握量子力学的现代理论物理学家。然而甚至到 1928 年,量子力学在该系仍旧没有进行系统的传授。20 世纪 20 年代,阻碍该系发展成为现代物理学中心最大的障碍是:大学管理层不情愿为研究创造良好的条件,更缺乏提供研究生教学的职位,而这些职位对于从欧洲留学回来的理论物理学家是非常有必要的。虽然普林斯顿大学早在 1905 年以来便开始向"研究型"大学转变,但其领导人信守本科层次的博雅教育传统,只是增补了强调人文学科且规模很小的研究生项目。在面对量子力学发展的新机遇面前,大学反应颇为迟钝。

直到 1925 年,普林斯顿大学学校董事会拨款 100 万美金作为普林斯顿 5 个科学系的捐赠基金,条件是必须从其他来源筹集 200 万资金并用于同样的目的:研究生教学与研究。150 万美元用于支付 6 个研究性教授席位的薪水:2 个物理学教授席位、数学、化学、生物和天文学各一席。另外 150 万美元作为研究基金,由 5 个系统一管理。1928 年,在收到两位著名候选人爱因斯坦和海森堡有礼貌的回绝之后,康普顿和数学学家奥斯特瓦尔德说服了苏瑞士伟大的数学家兼物理学家赫曼·外尔来到普林斯顿,并为他从加州理工学院聘请了威尔逊,这位被认为美国最受器重的年轻理论物理学家之一。[②]

在与欧洲科学家,比如威尔逊等人商谈的过程中,康普顿还劝说另外一位有前途的美国物理学家康顿加入普林斯顿大学。同时,康普顿向康顿许诺,他唯一的工作是负责在量子力学领域内研究生的研讨会,并于一年之后,他将被推荐直升为副教授。甚至在康顿开始担任普林斯顿的讲

---

① Katherine Russell Sopka, *Quantum physics in America: the Years Through 1935*, Tomash Publisher, 1988, p. 297.

② Stanley Coben, Scientific Establishment and the Transmission of Quantum Mechanics to the United States, 1919—32, *American Historical Review*, 1971(76), p. 462.

师之前,明尼苏达大学为他提供全职教授的席位。与此同时,他受到了来自伯克利分校、威斯康星大学和纽约大学的邀请。在量子力学发展的繁荣时期,大学为年轻一代的理论物理学家提供了广阔的就业市场。① 1929年秋,普林斯顿邀请了更年轻一代的伟大物理学家中的两位佼佼者,维格纳和冯·纽曼,加入数学和物理系。两位物理学家一起在匈牙利长大,一战之后同时在柏林开始大学工作。20世纪20年代,他们在柏林、哥廷根大学作为研究人员和教学助理一起工作。截至1929年,凡是熟悉物理学最新重大发展的物理学家们,均认识到维格纳和纽曼对量子理论领域所做出的杰出贡献。卡尔·埃卡特记得1927至1928年间聆听冯·纽曼的报告,他的感受是:"纽曼的演讲如此抽象,以至于那个时间,我们当中没有人真正理解他所谈论的话题。直到我们拿到他刚刚写得完的书,我们才开始明白他的思想是什么,它们是如何与整个问题相联系的。"这卷里程碑式的教科书《量子力学的数学基础》(Mathematische Grundlagen der Quantenmechanik, 1932),用数学工具全面描述了量子力学,可能唯有狄拉克的著作才能与之媲美。维格纳则于1927年开始,在随后一系列的文章中他把数学中群的概念引进量子物理中来,而这成了研究基本粒子必不可少的工具。②

在普林斯顿大学,维格纳最初感到自己很可怜,因为他无法讲一口流利的英语或者在如此小的大学校园内交到朋友。他非常确信,普林斯顿的物理系除了罗伯逊之外没有人能与他和纽曼分享对量子理论的兴趣。然而,1929—1930学年结束,维格纳和纽曼与物理与数学系达成一项协议:同意在普林斯顿新添两个研究型教授席位,条件是他们每年有6个月的时间在柏林从事研究。类似于密歇根大学为理论学家制定的轮流休假制度的安排,与过去的办事惯例相比,这是美国大学制度上一次剧烈的变更。

普林斯顿大学理论物理学的教职人员不断地增长,他们已经拥有了亚当斯、罗伯逊、维格纳和冯·纽曼,最近康顿从明尼苏达大学回到"母校"。1930年迎来了从柏林德国威廉皇帝物理研究所(Kaiser Wilhelm Institute)

---

① 康顿后来去了明尼苏达大学,赫曼·外尔后来返回了苏黎世大学。但康顿后因明尼苏达大学缺乏团队,使得他在学术上倍感孤单,最终他又回到普林斯顿。

② 1927年,维格纳和冯·纽曼分别为24岁和25岁.

所的鲁道夫·兰德布戈(Rudolf Ladenburg),他是康普顿的继任者。

尽管普林斯顿建立一个伟大物理系的意图是清晰的,并且也的确投入了数额巨大的资金致力于这项事业,但是维格纳最初并不相信,他加入了与哥廷根、柏林大学一样的科学共同体。当他第一次踏进普林斯顿校园时,该校物理学的质量,尤其是理论物理学的水准,简单到令人吃惊的程度:"我感到我有许多事要做,我经常感到我在进行一次与婴儿的对话。然而,几年之后,我意识到美国人对科学的兴趣是真诚的,他们并不想像婴儿一样说话,他们想学习,或者至少想要我教这些年轻人……但起初我并没有意识到。我最初认为,美国人把我和冯·纽曼从柏林聘请到美国来是一件非常奢侈的事,也许这样做根本就没有意义。但是,几年之后,我意识到他们想把物理系改造成现代的、进步的且强有力的系。"[①]几年之内,用维格纳的术语说,他的学生们简直不可思议。他的第一届研究生,包括弗雷德里克·塞兹(Frederick Seitz)、约翰·巴丁(John Bardeen)和科尼利厄斯·海瑞(Cornelius Hering),这三人后来成为了固体物理学的奠基人。[②]

4.3.3.3　美国大学物理学科的成熟:顺应学科发展的历史潮流

1930 年为止,早年从欧洲来到美国的理论物理学家,如爱普斯坦、古德斯密特、拉波特、纽曼、维格纳和乌伦贝克等人,成为了美国永久性的居民。当然,也有一些欧洲著名的物理学家拒绝美国大学的邀请。[③] 这种前所未有的运动清晰地表明,很多物理学家已经看到,美国大学较欧洲大学和研究所更富有活力,有更多的机会促进科学的发展。与此同时,美国新一代学生开始写理论方面的论文,并以此作为终身的职业。1930 年,美国大学有 13 位本土出生的杰出理论物理学家,分别为布赖特、阿瑟·康普顿、康顿、丹尼森、埃卡特、N·H·弗兰克、休斯顿、坎布尔、马利肯、奥本海姆、罗伯逊、斯莱特和韦勒克。

---

① 尤金. P·维格纳,安德鲁·桑顿. 乱世学人:维格纳自传[M]. 上海:上海教育科技出版社,2001. 148.

② Stanley Coben, Scientific Establishment and the Transmission of Quantum Mechanics to the United States, 1919—32, *American Historical Review*, 1971(76), p. 465.

③ Charles Weiner, A New Site for the Seminar: The Refugees and American Physics in the Thirties, in Donald Fleming and Bernard Bailyn, ed., *The Intellectual Migration*, Cambridge, Mass., 1969. pp. 196—200.

理论物理学家之所在美国大学颇受欢迎,原因是多方面的,其中主要的原因在于物理学研究自身特性的变化。乔治·梅格雅(George Magyar)的研究表明,在1910年,全世界的物理学文献仅有五分之一主要是关于理论方面的研究。然而整个20年代,量子理论引发的物理学革命,导致理论物理学家新时代的到来。1930年以来,将近有一半的物理学论文是关于理论研究的。①

理论物理学家受到美国大学欢迎的另一个重要原因在于,传统物理学科自身发展的需要,如光谱学。自从19世纪以来,美国物理学家在光学专业领域成就不凡。1935年的一项大学物理系各个学科的排名中,光谱学无论在研究设备和物理学家对此的兴趣方面名列前茅。② 随着量子理论的发展日新月异,光谱学变成了20年代理论物理学的主题,并且在数学工具和概念方面日益精深。因此,实验光谱学家需要理论的帮助。类似的需要几乎遍及了整个20年代美国大学物理系的发展。③ 像加州大学伯克利分校聘请理论物理学家奥本海姆,原因之一是希望他帮助物理系的教职人员解释实验过程中出现的理论问题。④ 表10通过实验物理学家和理论物理学家的比例,可以看出美国物理学科发展的特点:

表10 每年美国大学授予物理学哲学博士的数量

年份	实验物理学哲学博士与理论物理学哲学博士之比
1930	91:8
1931	93:5
1932	102:10
1933	119:18

---

① George Magyar, Typology of Research in Physics, *Social Studies of Science*, 1975(5), pp. 79—85.

② Appointments Available in Various Universities and Colleges to Graduate Students Majoring in Physics, *American Physics Teacher*, 1935(3), pp. 42—43, p. 58, pp. 194—195.

③ 斯莱特试图解释光谱学领域的实验现象,最终使得他转向量子理论的研究.

④ 另一个案例:梅格斯邀请索末菲到国家标准局做报告。索末菲的理论工作对梅格斯最感兴趣的光谱学具有重要的指导意义。Seidel, *Physics Research in California*, ph. D. dissertation, University of California at Berkeley, 1978, p. 64.

(续表)

年份	实验物理学哲学博士与理论物理学哲学博士之比
1934	103:8
1935	138:11

资料来源：Katherine Russell Sopka, *Quantum Physics in America: the Years Through 1935*, Tomash Publisher, 1988, p. 263.

表10中,只有在1933年,理论物理学的博士论文接近总数的百分之十五,其余的五年平均仅为7.4%。从物理学会主席盖尔的就职演讲,题目为"现代光谱学领域内理论与实验之间的相互影响"(The Interplay Between Theory and Experiment in Modern Spectroscopy),[1]可从一个侧面了解到,量子力学的发展很大程度上是因为占据支配地位的美国实验物理学家,需要理论物理学家解释实验现象。

① H. G. Gale, The Interplay Between Theory and Experiment in Modern Spectroscopy, *Phys. Rev.*, 1930(35), p. 289.

第5章　大物理学时代美国大学物理学科的发展(1933—1950年)

物理学科自身的问题是学科发展的根本动力所在。19世纪末，物理学被认为是死学科，这意味着教学与科研相统一的原则、系制和各种独特的培养方式，随着问题之源的枯竭而成为“摆设”。时值20年代末，正当量子理论风靡欧美大陆之时，19世纪末流行在整个物理学界的信念再次出现。在美国物理联合会(American Institute of Physics，AIP)举行的研讨会上，拉比谈起他在欧洲学习的感受：“(量子)物理学将在六个月内完工，至少像玻恩和海森堡等物理学家是这样认为的。”[①]但这种信念很快被核物理的兴起而迅速被人淡忘。于是，30年初期，世界各地的物理学家对核物理产生了强烈的兴趣。芝加哥大学的实验物理学家阿瑟·康普顿受到卢瑟福在普林斯顿大学所作报告的影响，开始把兴趣转向核能和离子加速器，并认为原子能具有工业价值。[②]

物理学家对微观领域的探索，因量子力学的发展而更为深入。但面对核物理领域，他们所知甚少。尽管有少数物理学家成功地将量子力学用于分析某些核物理现象，但在1931年，古德斯密特却不得不承认：“核物理的问题堆积成山，而我们在这一领域尚未取得任何进展。”[③]

在这时期，核物理这一术语包括同位素、宇宙射线、自然和人工放射现象和高能粒子的加速等领域。从当时物理学发展状况来看，这是历史的必然趋势。时至1930年，将量子力学应用于所有与分子有关的领域，

---

① Katherine Russell Sopka, *Quantum Physics in America: the Years Through 1935*, Tomash Publisher, 1988, p. 290.

② Stanley Coben, Scientific Establishment and the Transmission of Quantum Mechanics to the United States, 1919—32, *American Historical Review*, 1971(76), pp. 442—446.

③ Daniel J. Kevles, *The Physicists: A Scientific Community in Modern America*, Vintage Books, New York, 1978, p. 224.

已经成为科学研究的范式。[①] 而且,物理化学家在交叉学科领域内,做出了杰出的贡献,比如加州理工学院的鲍林提出了共价键理论。因此,物理学发展客观上要求通过物理学家研究原子核内部的发现,进一步促进物理学科的发展。其次,1932年堪称是美国大学物理学科发展的奇迹年。[②] 就在这一年,物理学家在核物理学领域做出了五项重大的发现:(1)美国物理学家哈罗德·尤里将天然液态氢蒸发浓缩后,发现氢的同位素"氘(Deuterium)"的存在;(2)英国物理家詹姆斯·查德威克(James Chadwick)证明了中子是原子核组成部分;(3)英国物理学家考克拉夫特(J. D. Cockcroft)与沃尔顿(E. T. Walton)发明了高电压倍加器,用以加速质子,实现人工核蜕变;(4)美国物理学家卡尔·安德森(Carl Anderson)通过研究宇宙射线,发现了正电子的存在;(5)美国物理学家劳伦斯(E. O. Lawrence)等人制造的回旋加速器,能将粒子加速到500万电子伏特的能级。其中,五个重大发现中的三项,是由美国科学家完成的。

需要指出的是,尽管上述引证的例子均与实验物理学相关,但在此期间,从事核物理学的实验物理学家与理论物理学家联系紧密。理论物理学家亟需了解实验物理学家最新的研究成果,从而推动新理论的发展。例如,加州大学伯克利分校的劳伦斯和奥本海姆,举办了"杂志俱乐部(Journal Club)",成为彼此激发学术灵感的重要场所;[③]1930－1935年间,芝加哥大学物理学家马利肯,虽然他本人主要从事理论物理的研究,但他的学生都是实验室物理学家,旨在加强理论与实验的合作。此外,根据《物理评论》上发表的论文、快报和摘要,我们可以看到核物理学在美国大学的发展状况。查尔斯·维纳(Charles Weiner)对30年代《物理评论》上发表的文章做了统计:1932－1933年间,核物理学的论文、快报和摘要从8%递增到18%,1937年增至32%;1930年,美国大学仅授予2位核物理学哲学博士,但到1939年却增至41位。[④]

---

① 20世纪30年代以来,美国逐渐使用"科学与技术"一词,而不是用纯研究和实用研究来区分.

② Charles Weiner, 1932－Moving into the New Physics, *Phys. Today*, 1972(5), pp. 40－49.

③ Childs, Herbert, *An American Genius: The Life of Ernest Orlando Lawrence*, Dutton, New York, 1968, p. 145.

④ Charles Weiner, 1932－Moving into the New Physics, *Phys. Today*, 1972(5), p. 47.

1930之后，核物理学在美国大学的兴起，充分说明了19世纪麦克斯韦的电磁理论和20世纪的量子理论，都不是物理学发展的终结篇章。最富才华的物理学家转向核物理学领域，也使得量子力学在随后的数十年内，在应用领域放缓了发展步伐。到1933年末，一些物理学家仍旧忙于研究宇宙射线，另一些则致力于电磁场的量子论(Quantum Theory of the Electromagnetic Field)，但是物理学科发展最重要的方向是原子核结构。因此大多数美国大学物理学的行政人员将建造回旋加速器放在学科发展的首位。然而，在大萧条时期从事核物理学研究，其费用几乎达到天文数字，单纯依靠私人或慈善机构捐赠的方式，即使在20年代资助最丰厚的阶段，也难以完成此项研究。更何况在大萧条时期，资助研究在大学每一个学科领域均大幅下降。那么，在经济大萧条时期，"大物理学"[①]是如何在美国大学物理系兴起的？它与传统物理学科的发展有何异同？它如何克服大萧条负面影响？以及大物理学对物理学科"学术自治、自由"的影响如何？其次，二战与美国大学之间的关系如何？二战对战时的美国大学影响如何？再次，战后美国大学物理学科发生了哪些变化？传统大学在二战之后遭遇了哪些挑战？

5.1　大萧条背景下美国大学物理学科发展的困境与机遇

5.1.1　物理学科发展寻求新的资助方式

20世纪20年代，年轻一代物理学家比如康普顿、康顿等，在基金会的资助下成长为一代物理学家。但到1930年早期，美国整个私人基金会体系受到大萧条的严重破坏，像卡内基、洛克菲勒基金会纷纷紧缩银根，因此，大学日益增加的资金需求无法得到满足，[②]工业资助则比以往更加谨小慎微。尽管1930－1939年间，美国成立了288个基金会，并根据1935

① 大物理学主要包含三个方面的特点：(1)以物理学为核心，多学科协作为特点；(2)高额的科研经费；(3)就地理位置而言，占据科学城或特定的地区。尽管如此，大物理学仍旧是一个难以定义的概念。二战以来，大物理学或大科学这一术语通常指的是，由联邦政府资金资助的科学项目，需要大规模的装备、经费，以及为之配备的大量科研人员。之后，大物理学或大科学出现新的特征：多国合作.

② Roger Geiger, *To Advance Knowledge: The Growth of American Research Universities, 1900－1940*, New York: Oxford University Press, 1986. p. 251; Charles Weiner, Physics in the Great Depression, *Phys. Today*, 1970(23), pp. 31－37.

年颁布的国家《税收法案》(The Revenue Act),国家少收企业净收入5%的税,鼓励其将这笔资金捐赠给社会服务机构、教育部门和研究所。但对于大学的物理学家来说,困难在于没有一个新成立的慈善机构承诺把资金投往物质科学。[①] 这与20年代洛克菲勒等基金会大力促进物质科学的发展,形成鲜明的对比。此外,工业界的经理们不愿将国家税收法案赠与他们的5%的税收用于纯科学的研究,因为他们要冒可能帮助竞争对手的风险。企业界更愿意向大学实验室提供设备,给研究项目提供奖学金,并资助研究项目明确的应用研究。像核物理专业,在其发展初期,很难得到工业界的资助。

美国科学共同体也不能忽视人文学者日益高涨的反科学言论,对大学科学学科发展带来的负面影响。在植物遗传学家亨利·华莱士(Henry Wallace)的督促下,[②]罗斯福总统于1933年7月31日成立了科学顾问委员会(Science Advisory Board),同时任命了9位科学院院士作为理事,其中包括地理学家鲍曼、物理学家朱厄特和物理学家密立根,并请与密立根齐名的物理学家卡尔·康普顿为委员会的主席。[③]

为了让科学家在大萧条时期能继续进行科研工作,美国一些大学打破了反对政治干预科学和教育的传统,向联邦政府寻求资助。美国物理学联合会主席卡尔·康普顿是最积极的倡导者。康普顿和他的同事,作为科学家兼政治精英,他们毫不掩饰地希望联邦政府资助学术研究。而康普顿本人始终保持一种学者的风范,忠诚兼公正,并保留其政治经营的倾向。所以,他认为,罗斯福领导下的科学顾问小组应该由公正的、非党派的人士组成。康普顿坦率地对罗斯福总统说,"如果不是根据科研项目的科学价值或功绩,来分配科研经费,那么,联邦政府对科学的支持将肯定是有害的。"[④]

科学顾问委员会的成立,是罗斯福总统尊重科学的象征,但资助的项

---

① 1920年至1929年间,美国成立了173个基金会。Thomas F. Devine, *Corporate Support for Education: Its Bases and Principles, Catholic Univ. of America Press*, Wanshington D. C., 1956, pp. 55—76.

② Wallace, The Value of Scientific Research to Agriculture, *Science*, 1933(77), p. 479.

③ Compton, Science and Prosperity, *Science*, 1934(80), p. 388.

④ Daniel J. Kevles, *The Physicists: A Scientific Community in Modern America*, Vintage Books, New York, 1978, p. 257.

目却很少在物质科学领域。康普顿在 1934－1935 年担任科学顾问委员会主席时期,曾多次向总统提交报告,要求拨出上千万美元资助民间科学研究,但均未得到采纳。与之形成鲜明对比的是,1935 年,国会通过《社会安全法》(Social Security Act),每年拨给国家健康研究所(National Institute of Health)200 万美元,用于慢性疾病和卫生的研究。1937 年,国会创立了国家癌症研究所(National Cancer Institute),它为有价值的研究项目提供资金,且不受地域限制。① 很明显,如果继续恪守传统的资助方式,物理学科在大萧条的新形势下,很难有所发展。华莱士(Henry Wallace)则批评美国科学家还守着放任主义的经济信念,不受联邦政府的干扰,他估计至少有一半的学术共同体还坚信,过去的好日子还会来临。康普顿也认为,美国科学的发展已经到了一个新的历史时期,即科学家必须有意识地与社会生活和福利相联系。②

康普顿最终发现,罗斯福及其内阁成员对大学物质科学发展不够重视,自然严重限制物理、化学学科以及物理化学等交叉学科的发展。究其原因,科学研究具有不确定性,而政治家则要求明确而具体的项目,彼此之间的矛盾难以调和。而且,30 年代初期,联邦政府尚无大规模资助私人研究和发展的经验。

然而,实施新政的罗斯福在整个救济计划中,还是帮助了科学界和教育界。1936 年,有 6 600 名研究生、125 000 名大学生以及更多的中学生得以靠政府的救济继续他们的学业,保证了教育的延续性。联邦政府还在 1935 年从六百多万名失业者中发现了六万多名科学专业人员,将他们安插在由国家资助的大学和研究中心里从事辅助性的工作。加州大学伯克利分校著名的辐射实验室(Radiation Laboratory)和麻省理工学院的一些实验室中都配备了这类人员。到 1936 年底,约有十二万大学毕业生在政府救济机构组织下工作。③

为什么作为麻省理工学院的校长康普顿,如此热衷于寻求联邦政府的资助呢? 主要原因有三:第一,大萧条时期,工业投资新技术方面较为

① Donald C. Swain, The Rise of a Research Empire: NIH, 1930 to 1950, *Science*, 1962 (138), pp. 1233－1237.

② Daniel J. Kevles, *The Physicists: A Scientific Community in Modern America*, Vintage Books, New York, 1978, p. 264.

③ 赵佳苓. 大萧条对美国物理学界的影响[J]. 自然辩证法通讯,1985,(4): 32.

保守;第二,麻省理工学院的自身定位:与工业合作,从事工业研究,限制了慈善事业对其投资;第三,最严重的是,20年代实施的技术计划(Technology Plan),严重损害了学院的独立性和教育使命,换来的却是工业不稳定的资助。况且大萧条时期外界对技术的批评是:"工程师代表的不是进步的世纪,而是文明的夕阳。"①所以大萧条对麻省理工学院的影响较其他大学更甚。于是在1933年夏,麻省理工学院考虑通过静电发电机项目,与联邦政府携手合作。一方面,联邦政府资助麻省理工学院处于"饥饿"状态的物理学和工程学。另一方面,作为回报,麻省理工学院承诺为新建立的田纳西流域管理局(Tennessee Valley Authority, TVA)发展革命性的电力传输系统。此举是将大学的专业知识,与联邦政府的管理相结合。

尽管希望颇大,双方也举行了多次有意义的谈判,但项目最终夭折了。部分原因在于,大学、联邦政府的角色彼此之间难以调和。虽然早在19世下半叶,联邦政府通过《莫里尔法案》(Morril's Act)资助大学和相关的农业实验站。但当时联邦政府较小,对大学学术、制度等方面威胁较少。而流产的合作项目,充分展示了大学与联邦政府合作,彼此之间力量过于悬殊,关系也十分脆弱。但该过程中,麻省理工学院尝试了新的组织模式:麻省理工学院的物理系和工程系负责技术,并与联邦政府签订了一份"合同(Contract)"。②

大学与联邦政府通过签订合同的方式进行合作,其意义颇为深远。的确,合同作为普遍认可的法律文本,对于美国国家科学的制度化,无论是从手段、象征性方面讲,均占据重要的意义。二战时期,美国成功地将国内民间的各类技术资源整合起来,即大学、工业等不同学科的科学家携手合作研究。这种合作研究成功的关键在于,政治家所采取的政策,充分体现了对美国科学传统文化的尊重,即科学是一项私人事业。而合同是充分尊重私人研究能力的媒介,也是资本主义市场经济的象征。一战时期就形成的"战争应该意味着研究"的理念之下,二战是美国科学发展史

---

① Larry Owens, MIT and the Federal "Angel": Academic R & D and Federal-Private Cooperation Before World War Ⅱ, *Isis*, 1990(81), pp. 194—198.

② 一般的,联邦政府出于研究的需要而求助于私人部门之时,合同通常不属于战略的选择之一。引自:J. Franklin Crowell, *Government War Contracts*, New York: Oxford Univ. Press, 1920.

上最大的研究市场,合同则是市场的媒介。二战时期的合作研究之所以快捷而有效,是因为联邦政府和院校早在十多年之前,已经开始“讨价还价”了。[1]

然而,时代的大趋势是合作,包括在科学界与联邦政府之间。当然,老一代物理学家梅瑞姆(J. C. Merriam)等承认联邦政府的资金对大学发展是个严重的威胁。朱厄特同样认为,接受联邦政府的资金,意味着大学将无可避免地受到华盛顿政治气候的不确定性影响。但是,年轻一代的科学家,比如霍普金斯大学的校长鲍曼、万·布什和康普顿本人,更愿意冒这种风险。康普顿提醒他的同事,对于处于急需资金状态的美国大学各个科学学科而言,当前存在三个资金的来源,分别是工业、慈善机构和联邦政府。而求助于三个选择的前两项,事实证明是毫无结果的。[2] 假如通过一种恰当的合作机制,尊重而不损害大学创造知识的力量和特权,比如学术自由、自治的权利,那么,联邦政府的资金能够弥补私人资源的不足,从而使得整个美国大学获得新的动力之源,而合理机制的核心环节是“合同制”。

项目流产的原因在于,田纳西流域管理局管理人员和麻省理工学院保守的技术官员之间彼此缺乏信任。应该承认,麻省理工学院较管理局更希望达成协议。但此项协议对于双方都是有利的,因为对于田纳西流域管理局来说,他们可以获得工程学的天才和新技术;而对于麻省理工学院来说,陷入窘境的工程和物理学科,将获得让接近“冬眠”的科学活动复苏的机遇。夭折的另一原因是,虽然麻省理工学院的领导人未公开承认,但他们对新系统的实用性未加检测。康普顿亦认为,该项目风险颇高,但即使是部分成功,也值得尝试研究。但麻省理工学院逐渐机警地认识到,田纳西流域管理局的电力输送计划,带有强烈的政治动机。假如接受田纳西流域管理局所要求的合同,麻省理工学院最终会被联邦政府所控制。

应该说,麻省理工学院的物理学科和电子工程学科,在校长康普敦的带领下,与田纳西流域管理局、研究公司(Research Corporation)[3]合作发展新的传输电力系统,这在美国大学史上揭开了联邦政府与大学合作的

---

① Larry Owens, MIT and the Federal “Angel”: Academic R & D and Federal-Private Co-operation Before World War Ⅱ, *Isis*, 1990(81), pp. 189—191.

② Ibid., p. 202.

③ 研究公司是一个非营利的学会,成立于1912年,处理专利权和分配利润.

序曲。虽然以失败而告终,但毕竟这样的合作先例在美国甚为罕见。在某种意义上说,麻省理工学院和田纳西流域管理局之间的合作,只是重复科学顾问委员会其他合作项目的经验教训;从积极的角度看,该案例中,联邦政府并不是作为至高无上的权威出现的,而只是作为一个利益团体进行交易,遵循市场规则。这一默默无闻的插曲揭示了一个重要的科学发展信念:大规模国家科学事业的责任和特权,很大程度上将通过合同来安排,成功与否在于如何从国家范围内经营整个学术市场,以及与之配套的合法评估系统。①

5.1.2　美国科学的延续和德国科学的断裂

回顾物理学的发展史,我们可以看到,20 世纪二三十年代,在美国大学充分认识到自身物理学科的缺陷,满足实验物理学家对理论物理学的需求,开始在量子理论及相关领域扮演极其重要的角色之际,另一件幸运的事情降临到美国科学界。德国政治气候促使德国原有科学中心失去了动力。那些科学中心在过去的十年间,曾是美国年轻一代科学家朝圣的殿堂,如今却因政治危机无法避开被瓦解的命运。其中很大一部分在美国科学界找到了工作,在更加适宜的环境下继续从事科学研究工作。

然而,在对待犹太科学家方面,美国虽然不像纳粹那么残暴,但也决不是敞开胸怀欢迎他们。相反的,美国大学历来就滋生反犹文化,一战之后则更为显著。② 比如,1922 年,哈佛大学校长劳威尔(A Lawrence Low-

① Water McDougall, *The Heavens and the Earth: A Political History of the Space Age*, New York: Basic Books, 1985.

② 影响美国大学物质科学学科发展的因素是多方面的。受到一战的影响,美国女性在 20 世纪 20 年代伊始,获得更多的学习机会。她们开始在最好的大学获得科学哲学博士学位,有的进入工业界从事技术工作。但她们不占主流。在大学工作的女性科学家,她们的晋升机会较男性科学家慢且少。引自:Patricia Albjerg Graham, Women in Academe, *Science*, 1970(169), p. 1284; 据统计,1920 年有 41 位女性获得科学哲学博士,其中有 23 位物理博士;1932 年有 138 女性获得科学哲学博士。在物理学领域,女性获得博士学位仅占总数的 3.4%。20 世纪 20 年代末期,687 位女性科学家,有 615 位尚未结婚,相当于 9 位女性科学家之中,8 位单身。而且,女性找工作特别困难。1925 年,美国著名教育家约翰·杜威的小女儿简·杜威在麻省理工学院获得物理化学博士。之后留学欧洲,并在 1927 年获得国家研究委员会的奖学金,在普林斯顿从事两年博士后研究。1929 年,卡尔·康普顿亲自帮助她推荐,但只有伯克利分校回信,说同事不愿意与女性科学家共事。引自:Daniel J. Kevles, *The Physicists: A Scientific Community in Modern America*, Vintage Books, New York, 1978, p. 205, p. 207; Luella Cole (转下页)

ell)建议限制犹太人的本科招生人数。[①] 事实上,反犹文化影响到科学界各个层面。比如海尔就反对提名西蒙·弗莱克斯纳担任国家科学院的副主席,理由是犹太裔的物理学家迈克尔逊已经担任主席一职;罗伯特·密立根为加州理工学院聘请了犹太裔物理学家埃斯普坦,但他因担忧学院无法接受两位犹太裔的理论物理学家,而放弃另外一位物理学家。[②] 虽说美国大学的学术领导人改善物理系师资的愿望颇为迫切,但他们很少愿意邀请一个有民族或宗教背景的物理学家。在量子理论引领物理学的十年革命之中,纯物理学为犹太人提供了一次千载难逢的机遇:在非犹太教的美国社会,他们赢得了职业和声望。

大萧条时期,犹太人在作为受教育者和受雇佣者两方面,均受到严重的歧视。在接受传统职业教育方面,比如律师、医生等行业,各个学校大多采取限定犹太人的入学人数。此外,工业界兴起的反犹太行动使得犹太人想成为工程师的人数急剧下降。作为补偿,犹太人渴望在教育领域,尤其在高等教育领域,寻求谋生之道。但30年代美国大学校园却迎来了反犹高峰。在高等院校内,犹太科学家的数量逐渐增多,这引起很多非犹太裔教授的怨愤。大萧条引发的日益严峻的就业形势,使得大学校长及其行政人员更不愿将职位提供给犹太人。都市犹太区的犹太人,通常被看做是粗鲁且好出风头的典型。人们认为,即使是获得博士的犹太人,仍旧缺乏基本的学术修养。[③] 较为典型的是在哈佛获得物理学哲学博士学位的尤金·菲伯格(Eugene Feenberg)的就业经历。即使在导师坎布尔大力举荐下,最初仍因他是犹太裔科学家而遭受多所大学行政人员的拒绝。[④]

(接上页注②)Pressey, The Women Whose Names Appear in American Men of Science for 1927, *School and Society*, 1929(29), pp. 96—100. 此外,美国科学界与宗教的关系也并不和谐,只有少数宗教界人士鼓励他们的孩子进入科学领域。大萧条时期,女性在学术界遭受的歧视较天主教徒更甚。

① Carey McWilliams, *A Mask for Privilige: Anti-Semitism in Ameica*, Boston, 1948, pp. 38—39.

② Daniel J. Kevles, *The Physicists: The History of a Scientific Community in Modern America*, Vintage Books, New York, 1978, pp. 211—212.

③ Samuel A. Goudsmit, It Might as Well Be Spin, *Phys. Today*, 1976(6), p. 42.

④ Carey McWilliams, *A Mask for Privilige: Anti-Semitism in America*, Boston, 1948, pp. 40—41.

一方面,30年代时期,犹太人在物理学领域取得博士学位的人数,几乎与他们日益增加的人口成正比;另一方面,1933年,德国纳粹对犹太科学家的迫害已无所顾忌。甚至德国本土的诺贝尔奖获得者,比如约翰尼斯·斯塔克(Johannes Stark)和菲利普斯·雷纳德(Philipp Lenard),公开否定犹太科学家在科学领域所做的贡献,将爱因斯坦的杰出成就贬为“纯粹是个人的异想天开”。[①] 鉴于纳粹对科学人士的迫害,1933年,美国24位学术界人士,包括17位大学校长,成立危机委员会(Emergency Committee),开始实施营救处于危险境地的德国科学家。但显然美国大学并没有完全准备好接纳如此众多的智力移民。不少美国学术人士担忧:美国大学大规模聘请德国科学家任职这一行为,可能损害本土培养的新一代物理学家的利益。实际情况是,美国大学内出现的反犹文化,使得杰出的犹太裔物理学家在美国大学生活得并不如意。比如诺贝尔物理学奖获得者J·弗兰克,于1935年成为霍普金斯大学的教授,但几年之后不得不离开前往芝加哥大学,因为该大学校长阿赛亚·鲍曼(Isaiah Bowman)使得具有犹太血统的教职人员的生活非常困难。[②]

另一方面,美国社会各界对移民至美国的科学家的救助是多方面的。危机委员会利用从犹太慈善组织、慈善音乐会和慷慨的慈善家们那儿所募的款项,帮助大学支付逃难科学家的薪水。1933—1939年间,洛克菲勒基金会为智力移民提供了50万美元的定期生活补贴。1941年为止,超过一百多名的国外物理学家在美国学术界找到了学术位置,他们大多来自德国,其中包括8名已经和后来的诺贝尔奖获得者。[③] 从中我们可以看到,政治因素对数学、物质科学,尤其对物理学发展的影响,颇为深远。从二战犹太裔物理学家所做的卓越贡献来看,美国收容欧洲难民科学家是非常明智的选择,也是不可多得巨大的历史机遇,但30年代初美国大学缺乏这种远见。我们常说美国大学文化最大的特征是“多元”,这并不是说他容纳全部优质文化而无缺陷。文化多元的实质在于,某一段时期社

---

① Mark Walker, National Socialism and German Physics, *Journal of Contemporary History*, 1989(24), pp. 63—89.

② Charles Weiner, A New Site for the Seminar: The Refugees and American Physics in the Thirties, in Donald Fleming and Bernard Bailyn, ed., *The Intellectual Migration*, Cambridge, Mass., 1969, pp. 214—215.

③ Ibid., p. 217.

会或大学拥有截然相反的两种观点,均能共存且各自实践,万一其中一种观点被发现是错误的,与之相反的观点则起到修复作用。因此,多元文化较单一文化具备更强的“自我修复”功能。

30年代大批流入美国的难民科学家,对美国物理学家的产生没有起到立竿见影的效果。因为当时很多犹太裔物理学家,把主要精力放在教学而不是研究上。[①] 此外,一些德国教授也很难适应美国大学的平等主义。他们当中那些最杰出的人物,显然非常怀念欧洲学术界“独裁式”的等级制度。但逐渐地,其中大多数人发现以民主的方式组建成的政府和社会并不完美,但无疑是最好的。尤其对于年轻的逃难科学家来说,美国大学学术制度具有明显的优势。在欧洲,一位年轻的科学家,不得不等若干年才能获得教授的资格,通常也只有教授才有研究生。而在美国大学,每一个人都是教授,大家都可以带一样多的学生,很容易有机会接触到回旋加速器,且研究资金也较为欧洲充裕。因此,“智力难民”很快就适应了美国的学科制度,成为最富有成果的科学家。再者,美国物理学家在欧洲留学过程之中,早已经与这些著名的物理学家,比如恩里科·费米(Enrico Fermi)、爱德华·泰勒(Edward Teller)、爱因斯坦等建立了良好的私人关系。

表11 重要的移民物理学家(1933—1940年)

姓名	职位	移民前所在的学院	移民年份	移民后的新机构
汉斯·贝特 (Hans Bethe)		德国图宾根大学(Tubingen) 1932—1933年	1935年	康奈尔大学
菲利克斯·布洛赫 (Felix Bloch)		德国莱比锡大学(Leipzig) 1928—1933年	1934年	斯坦福大学
瑟吉欧·德本内特 (Sergio deBenedett)		意大利帕多瓦大学(Padua) 1934—1938年	1940年	斯沃斯莫学院 (Swarthmore College)
德拜	教授	德国马克斯·普朗克研究所 (Max Planck Institute), 1934—1938年	1940年	康奈尔大学

① 赵佳苓.大萧条对美国物理学界的影响[J].自然辩证法通讯,1985,(4).

(续表)

姓名	职位	移民前所在的学院	移民年份	移民后的新机构
马克思・德尔布吕克(Max Delbruck)		德国威廉皇帝物理研究所(Kaiser Wilhelm Institute für Physik) 1932—1937 年	1937 年	加州理工学院
爱因斯坦	教授	德国威廉皇帝物理研究所(Kaiser Wilhelm Institute für Physik) 1914—1933 年	1933 年	普林斯顿高级研究所
费米	教授	意大利罗马大学(Rome) 1927—1938 年	1939 年	哥伦比亚大学
J・弗兰克	教授	德国哥廷根大学(Gottingen) 1920—1933 年	1935 年	霍普金斯大学
P・弗兰克(Philipp Frank)	教授	捷克布拉格大学(Prague) 1912—1938 年	1938 年	哈佛大学
伽莫夫		前苏联(USSR)	1934 年	华盛顿大学
莫里斯・戈德哈伯(Maurice Goldhaber)		英国剑桥大学(Cambridge) 1936—1938 年	1938 年	伊利诺伊大学
维克托・赫斯(Victor Hess)	教授	奥地利维也纳大学(Vienna) 1919—1938 年	1938 年	伊德汉姆大学(Fordham Univ.)
弗利兹・伦敦		德国慕尼黑大学(Munich) 1928—1933 年	1939 年	杜克大学
楼萨・诺德海姆(Lothar Nordheim)		德国哥廷根大学(Gottingen) 1928—1933 年	1935 年	普渡大学
尤金・拉宾诺维兹(Eugene Rabinowitz)		德国哥廷根大学(Gottingen) 1929—1933 年	1939 年	麻省理工学院
布鲁诺・罗斯(Bruno Rossi)	教授	意大利帕多瓦大学(Padua) 1932—1938 年	1939 年	芝加哥大学

(续表)

姓名	职位	移民前所在的学院	移民年份	移民后的新机构
马塞尔·沙因 (Marcel Schein)		瑞士苏黎世大学(Zurich) 1931—1935年	1938年	芝加哥大学
埃里米奥·塞格雷 (Emilio Segre)	教授	意大利巴勒莫大学(Palermo) 1936—1938年	1938年	加州大学
奥托·斯特恩 (Otto Stern)	教授	德国汉堡大学(Hamburg) 1923—1933年	1933年	卡内基研究院
利奥·西拉特 (Leo Szilard)		德国柏林大学(Berlin) 1925—1932年	1937年	哥伦比亚大学
爱德华·泰勒		德国哥廷根大学(Gottingen) 1931—1933年	1935年	华盛顿大学
维克托·威斯科夫 (Victor Weisskopf)		瑞士苏黎世大学(Zurich) 1934—1937年	1937年	罗彻斯特大学

资料来源：Roger L. Geiger, *To Advance Knowledge: The Growth of American Research Universities 1900—1940*, Oxford University Press, New York, 1986, p. 243.

除了智力移民促使美国物理学科金字塔结构的完善之外，另一个重要因素也是不可或缺的，那就是1933年之后科学杂志开始普遍使用英语写作。我们在第三章、第四章阐述了20年代量子理论最好的文章是用德文写作的。当时，美国大学为了参与量子理论的发展，纷纷加强外语，尤其是德语的学习。比如获得"美国—斯堪的纳维亚"(American-Scandanavian Fellowship)奖学金的两位年轻的物理学家尤登和林德赛，在哥本哈根留学期间，忙于翻译工作。尤登翻译了由玻尔撰写的3篇学术论文；林德赛和他的妻子一道翻译了克雷默斯(H. A. Kramers)和黑格·赫尔斯特(Helge Holst)撰写的《原子及其玻尔结构理论》(The Atom and the Bohr Theory of its Structure)，目的是把玻尔的工作更好地介绍给说英语世界的国家。① 可能的原因是他们迫于经济压力，但显然会部分分散他们原本用于学习理论物理学的精力。要知道，物理学家在30年代初，为能写出第一本英文的量子理论而感到自豪。而1933年的到来，使得最好的

① Katherine Russell Sopka, *Quantum Physics in America: the Years Through 1935*, Tomash Publisher, 1988, p. 123.

科学论文开始用英文写作,从此美国科学家不用为语言烦恼了。就拿哥本哈根玻尔研究所为例,1921—1930年十年间,玻尔研究所发表了273篇论文,约百分之四十五刊载在德国期刊上,百分之三十五在英国或美国期刊上,百分之十五在丹麦期刊上。德语作为研究所的主要外国语的情况,一直延续到1933年纳粹政权在德国建立为止。除了智力移民之外,1933年还标志这样一个转折点,从此,英语真正成了物理学的唯一的国际语言。①

5.1.3　大学物理学科专业化:成熟阶段

大萧条时期,物理学科的专业化进程并没有停滞不前。美国物理学会成员的数量持续增加,但增幅已明显放缓。1925—1930年间,学会成员从1 760名增加到2 484名,增幅为40%。而1935年,学会新增的只有360多人,增幅仅为15%。1930—1931年,学会会士从516名猛增至679名,但直到1935年之后才突破700名。② 美国物理学会的会议模式基本上继续沿袭过去的方案,只是会议时间较过去更长,并在原有的日程会议2月、4月、11月、12月的基础上,增加6月份的夏季会议。③ 其中,1933年6月,趁世界博览会在芝加哥举办之际,美国物理学会与美国科学促进会联合举办的学术会议,是具有里程碑性质的。麻省理工学院的理论物理学家斯莱特回忆说,出席会议的欧洲物理学家,玻尔、阿斯通(F. W. Aston)、杰克尼斯(J. Bjerknes)、费米等,④第一次教"美国学生"的同时,也从"美国学生"那儿学到的一样多。⑤ 与此同时,美国科学优势的建立,促使英语语言国际地位的变化。20年代美国年轻一代的物理学家,为了跟上物理学的发展,不得不下功夫学习德语。但1933年之后,政治环境以及科学环境都已发生改变,新一代母语非英语的欧洲学生,得下功夫学

① P.罗伯森. 玻尔研究所的早年岁月(1920—1930)[M]. 北京:科学出版社,1985. 131.

② Bull. Am. *Phys. Soc.* 1968(13), p. 1050, p. 1061.

③ *Phys. Rev.*, 1930(36), p. 372.

④ *Phys. Rev.*, 1933(44), pp. 313—315.

⑤ 到1932年为止,留学回国的物理学家大部分成为物理学专业的活跃分子。而在物理学专业之中,其人数已经达到2 500人,是1919年的3倍。这些物理学专业人士较他们的前辈获得更好的培养机会.

习英语。①

1920年,美国大学授予31位物理学哲学博士,而1932年则达到115名。② 1920－1932年间,大约有一千名美国青年人获得物理学哲学博士学位。其中有一百三十人左右赢得国家研究委员会的奖学金,并且大部分博士后选择在美国大学从事博士后研究工作。但大萧条对物理学科发展的影响是显著的,1933－1940年间,平均每年有44位物理学哲学博士离开了物理学职业,1929至1932年间,则平均为67人。③ 总体而言,美国物理学哲学博士群体没有大的流失。1939年,美国物理学会的成员总计达到3 600人,较1929年,职业人数扩大了50%。

此外,1931年,康普顿鉴于当前物质科学发展面临沉重的财政压力,以及5个国家物理学会④各自为阵的状态,于是他创办了美国物理联合会(AIP),并担任联合会主席一职。⑤ 联合会的目的之一是通过集中各类物理学杂志的编辑,降低成本。

1939年,物理学联合会的领导人邀请了一些工业研究实验室的主任举行会议,决定成立"应用物理顾问委员会",其成员由大公司、大学、政府科学机构、物理学团体的38名代表组成。该委员会的目的是扩大物理学在工业中的应用,促使物理学界更多地参与工业界的其他活动。随后每年都召开应用物理联席会议,围绕上述目的进行工作。1936年,物理学联合会出面组织了大型的工业物理学讨论会,各界人士有一千多人参加,其中八百多人是物理学家。会上广泛地讨论了工业物理学家的培养教育问题,讨论了物理学在工业发展中的重要性,研究了物理学在石油工业、玻璃工业、航空工业、建筑工业中的应用。后来,联合会又举办了专题讨

---

① Slater, Quantum Physics in America Between the Wars, *Phys. Today*, 1968, pp. 43－51.

② L. R. Harmon, Physics Ph. D.'s: Whence, Whither, When? *Phys. Today*, 1962(15), p. 21.

③ Spencer R. Weart, The Rise of Prostituted Physics, *Nature*, 1976(262), p. 15.

④ 五个国家物理学会分别为:美国物理学会(American Physical Society, APS)、美国光学学会(the Optical Society of America, OSA)、美国声学学会(the Acoustical Society of America, ASA)、流变学学会(the Society of Rheology, SR)、美国物理教师联合会(the American Association of Physical Teachers, AAPT)。

⑤ Karl T. Compton, The Ameican Institute of Phyiscs, *Rev. Sci. Instrum.* 1933(4), pp. 57－58; H. A. Barton, The Story of the American Physics, *Phys. Today*, 1956(9), pp. 56－66.

论会,探讨物理学在冶金纺织、汽车等工业中的应用。这种大规模的努力,使得工业物理学在工业界和大学的地位日益升高,有力地促进了工业物理学的发展。①

在期刊方面,《物理评论》杂志于30年代在篇幅和声望方面持续攀升。众所周知,一战之前,美国大学理论物理学科明显处于劣势地位。20世纪20年代,大学物理学家积极参与量子力学的发展,大幅提升了学科在理论领域的水准。至30年代初期,其理论水平已经能与欧洲同行相媲美。有些领域,比如物理化学,甚至还领先于欧洲同行。除了数量之外,质量尤其显得重要。就论文被引用的次数而言,《物理评论》杂志在1895—1914年发表的文章,每篇文章被引用的次数仅为21次,同期德国的杂志《物理学年鉴》,每篇文章被引用的次数达到169次。但在1930至1933年间,《物理评论》杂志上每篇文章被引用次数是《物理学年鉴》杂志上每篇文章被引用次数的3倍。1933年,《物理评论》成为被引用次数最多的杂志。②

大学物理学家积极从事社会活动,减少大萧条对物理学科,乃至对物质学科发展的影响。与此同时,他们继续以高昂的热情从事学术研究。30年代,单从《物理评论》杂志很难看到大萧条的影响。相反的,可以明显看到大学的研究活动从20年代后期就一直很活跃。《物理评论》杂志上发表的论文数量比萧条之前增加了近一半,其中大部分是美国高等院校物理学家的成果。在物理学领域,最活跃的前沿是量子力学的应用和核物理。尤其是核物理学,更是吸引了大批物理学家和研究生。为了开展核物理研究,美国大学掀起了建造加速器的高潮。整个30年代,美国建造了约二十台各种类型的加速器,所以核物理研究发展势头迅猛。1930年,《物理评论》杂志上关于核物理的文章占论文总数的8%,1935年

---

① 赵佳苓. 大萧条对美国物理学界的影响[J]. 自然辩证法通讯,1985,(4).

② 1920至1932年,引用次数最高的杂志是《物理学杂志》。还可以对每一位物理学家所发表的每一篇文章的引用次数进行对比。这方面可查阅:Paul Forman, John L. Heilbron, and Spencer Weart, *Physics Circa 1900: Personnel, Funding, and Productivity of Academic Establishments, Historical Studies in the Physical Sciences 5*, Princeton: Princeton University Press, 1975, p. 119;另引自:Spencer R. Weart, The Physics Business in America, 1919—1940: A Statistical Reconnaissance, in Nathan Reingold, *The Sciences in the American Context: New Perspective*, Smithsonian Institution Press, Washington, D. C., 1979, pp. 295—358.

这一比例上升到28%，1940年更达到了44%。这个统计粗略地反应出了这一领域的研究活动的增长程度。[①]

美国物理学会还考虑到，《物理评论》杂志主要发表原子物理和量子力学的文章，而这两个领域显然没有包括物理学发展的全貌。于是，1931年，学会创办了新的月刊《物理学》(Physics)，主编为约翰·泰特。该杂志主要发表一般性或应用物理的文章。1937年，该杂志改名为《应用物理学杂志》(Journal of Applied Physics)。考虑到30年代初期出现的大物理学，物理学在应用方面的发展，该杂志的创办是符合时代潮流的。1933年，美国物理教师联合会(AAPT)创办了季刊《美国物理教师》(American Physics Teacher)。[②] 同年，物理学家尤里创办了《物理化学杂志》(Journal of Chemical Physics)，并向欧洲同行开放。毋庸置疑，这本杂志的创办同样是符合当前物理学的发展历程的，因为量子理论在物理和化学之间已经架起了一座桥梁。

在培养博士方面，大萧条影响就业，不少研究生不得不延长学业，继续攻读博士，所以物理学哲学博士学位获得者的人数总体上处于上升阶段。在1933—1939年间，美国大学授予物理学哲学博士学位是正常时期的两倍。对于学院和大学来说，它们较平时更有机会选拔出优秀的年轻人，加强学科建设。虽然有的物理学哲学博士离开了物理学领域，有的进入了中学担任教学或在政府部门从事研究，大约四分之一的物理学哲学博士进入了工业部门，但绝大多数最富天才的精英继续他们的学术工作。[③]

像加州理工学院、密歇根、芝加哥等老牌量子理论中心，克服经济大萧条的影响，在培养物理学哲学博士方面始终处于领先地位。一向以技术建校为宗旨的麻省理工学院，也开始转变物理系的办学思路，开始踏进现代物理学的行列。因为新任校长康普顿聘请了哈佛的理论物理学家斯莱特、普林斯顿的莫尔斯、斯坦福的哈里森，加上物理系的原班人马，埃里斯、N·H·弗兰克、J·A·斯特拉顿和瓦拉塔，组建了非常强势的现代

---

① 赵佳苓. 大萧条对美国物理学界的影响[J]. 自然辩证法通讯，1985，(4).

② 1940年，《美国物理教师》(American Physics Teacher)改名为《美国物理杂志》(American Jounal of Physics)，现为月刊.

③ Nathan Reingold, *The Sciences in the American Context: New Perspectives*, Smithsonian Institution Press, 1979, p. 296.

物理学科,所以有能力培养现代物理学哲学博士。

大萧条直接影响到物理学哲学博士从事博士后研究工作,但给有前途的年轻一代提供一至两年的奖学金,让他们在不受任何事务干扰的情况下,从事研究工作,仍旧是美国大学培养年轻一代物理学的重要培养方式。一个明显的变化是,这些博士后奖学金获得者在 30 年代已经很少选择到欧洲留学。相反,更多的欧洲博士后奖学金获得者选择到美国高等院校从事研究活动。这不仅与当时美国宽松的政治氛围有关,而且与美国在物质科学方面的成就紧密相关。通常,加州理工学院、普林斯顿、麻省理工学院和刚刚兴起的加州大学伯克利分校,是博士后研究的首选。[①] 而洛克菲勒基金会 1929 年重组之际,原先的国际教育理事会被基金会的自然科学部(Natural Scienc Division, NSD)所取代,继续资助国内外的博士后研究项目。古根海姆纪念基金会提供的奖学金,继续资助美国物理学家到国外留学。在 1933 年欧洲智力移民到来之前,以德国为中心的欧洲高等院校,继续吸引着美国年轻的物理学家前来留学。1933 年之后,前往欧洲留学的重要性骤然下降。从 1933－1935 年,古根海姆纪念基金会 3 位物理学家总共资助了 3 位物理学家,贝里布里奇、布鲁德(R. B. Brode)和埃里斯,他们 3 人选择剑桥卡文迪什实验室从事研究。[②]

1933 年之后,伴随着智力移民的到来,美国物理学界涌入大量的德国物理学家,而美国物理学会仿佛成了德国物理学会。

5.2　美国大学"大物理学"的发展

加利福尼亚高等教育系统的各个大学分校,以核物理学科为核心的大科学,或称为"大物理学",并不是在二战期间为增加防御经费而发展壮大起来的。实际上,20 世纪 20 年代,日益繁荣的加州为了解决水力发电问题促使"大物理学"的发展应运而生。到了 20 世纪 30 年代,美国在核物理领域成就斐然,其中很重要的原因在于,在美国大学物理学科组织内部,出现了与欧洲迥乎不同的学科文化:物理学家身兼工程师双重身份。

---

① Neva E. Reynolds, *National Research Fellowships 1919－1944*, NRC, Washington, D. C., 1944, pp. 24－39.

② Katherine Russell Sopka, *Quantum Physics in America: the Years Through 1935*, Tomash Publisher, 1988, p. 233.

这与美国研究生的培养方式密切相关。因为美国研究生直到攻读物理学哲学博士才分实验和理论专业。所以,美国学生的知识背景较当时欧洲学生更为广博,尤其在实验技能方面,更胜一筹。这种培养方式,在量子力学发展鼎盛时期,毫无疑问会延迟他们参与量子力学前沿的开拓。但在研究核物理领域,美国物理学家的双重技能有助于他们占据学科的前沿阵地。那么,"大物理学"是如何在美国大学兴起的呢?为什么技术含量如此之高的领域,美国工业部门无法与大学竞争?

5.2.1　大物理学的兴起和发展:加州大学伯克利分校

"大科学"诞生在20世纪30年代的美国大学,最初与"大物理学"是同一个含义。它的特点是:纯物理学、技术和工程学表现为融合的趋势,典型的实验室是加州大学伯克利分校劳伦斯领导的辐射实验室。在该实验室之中,物理学家和工程师合作,用回旋加速器作为研究核物理的主要工具。[①] 结果,辐射实验室在短短的十年时间之内,迅速成为国际核科学研究中心。除了美国本土,世界各地的实验室竞相效仿劳伦斯的研究工作,由此为美国大学物理学科带来极高的声望。因此,作为大物理学的代表人物劳伦斯,于1940年春获得了诺贝尔物理学奖。

那么,大物理学为何会在加州大学伯克利分校物理系出现呢?首先,这归因于校长罗伯特·斯劳尔(Robert G. Sproul)的卓越眼光。20年代末30年代初,物理学发展前沿从量子理论向核物理领域转变的过程中,一向以保守著称的耶鲁大学,未能抓住学科发展的重大机遇,错失了围绕劳伦斯这类人才构建新的实验中心的机会。而作为加州大学伯克利分校校长斯劳尔则不同,他与物理学家一道,肩负强烈的使命感,要把他们的物理系发展成与东部任何一所大学的物理系相媲美,甚至能与加州理工学院密立根领导的物理系比肩。在校长斯劳尔的直接干预下,伯克利提

---

① 高压加速器的缺点:(1)电压越高,要求材料的绝缘性能越好;(2)沉重的财政负担。它要求特殊的电力服务、专门设备和安全设施。最重要的是从事科学研究的实验室场所,在当时甚至比科研资金更加昂贵。例如,加州理工学院测试实验室的建立,花费了南加州爱迪生公司105 000美元,另加每月10 000千瓦时的电能,这对美国大学物理学科的发展是一个沉重的负担。为了缓解学科所需的人力、物力和资金的压力,解决上述问题较为显而易见的方法是,分几个步骤加速粒子,而每一步只需适度的电力,最终高压能累积在粒子上.

供给劳伦斯副教授的职位,充分满足研究所需的研究生,以及有权引导研究的方向,因此,劳伦斯享有充分的自治权。劳伦斯对此颇有感慨:“我一点也不怀念在耶鲁的岁月,因为在那儿的几年,我从来没有感觉到自己相对比较重要。”[①]在劳伦斯作出初步的创新成果之时,充满抱负的校长斯劳尔,力排众议,任命年纪仅为29岁的劳伦斯为正教授,年薪5 000美元。[②]

我们知道,至二三十年代,科研职能已然成为美国大学的核心,其合法性已无需辩护。在大萧条时期,科学课程虽然遭遇人文学者的抵制,但最终未能成功。所以,大学校长在办学思想方面,已经从19世纪的整体设计,转向根据学科内在发展的规律选拔人才。尤其在大萧条背景下,大学校长斯劳尔对劳伦斯的支持无疑是最直接的。事实上,“大物理学”要求传统物理学家发生质的改变,同时必须在校长等行政领导的倾力支持下,整合各类资源,否则学科发展只能是空中楼阁而已。校长直接干预劳伦斯的晋升,展示了大学领导人对物理学科敏锐的嗅觉,与其优先发展物理学科分不开。

其次,加州大学伯克利分校物理系大物理学的发展,直接归因于劳伦斯的个人才干、魅力以及学科发展所需要的环境。为了让实验室的设备尽可能地有效运行,一个正式的等级制度形成了,它是由助理主任(Assistant Director)、组长(Crew Chief)和其他成员组成的。[③] 这一等级制度在战争时期发生了很大的变化,但战后重新恢复该制度并用之来管理更大的实验室。而且,探索核物理学规律的过程中,出现了对“技术”的强烈需求。物理系辐射实验室的“技术环境”为学科的发展提供了重大机遇,其主要包括以下研究成果:高压技术、无线电工程学、同位素分离技术和机械工程学。[④] 对于发展辐射实验室有重要意义的技术是高压输送电能。20世纪早期,加州致力于水力发电,需要把坐落在加州群山之中水电站

---

① Herbert Childs, *An American Genius: The Life of Ernest Orlando Lawrence*, Dutton, New York, 1968, p. 132.

② Daniel J. Kevles, *The Physicists: A Scientific Community in Modern America*, Vintage Books, New York, 1978, p. 229.

③ Rorbet W. Seidel, The Origins of Academic Physics Research in California: A Study of Interdisciplinary Dynamics in Institutional Growth, *Journal of College Science Teaching*, 1976(6), pp. 10—24.

④ Norman Smith, The Origins of the Water Turbine. *Scientific America*, 1980(1), pp. 146—147.

发出的电能,输送到人口密集的大都市及沿海地区,包括加州的各个大学,如加州理工学院、斯坦福大学。在无线电工程学方面,可以从辐射实验室的研究人员的知识背景了解学科发展的特点,典型的有:利文斯通(M. S. Livingston)和曾在西屋研究实验室工作过的研究生大卫·斯隆(David Sloan)在实验室建造了第一个射频振荡器(Radio-frequency Oscillator);曾在联邦电报公司工作的查尔斯·理通(Charles Litton)为大型回旋加速器制造所需的电子管。[①] 而且,作为伯克利物理学科发展的领导人物劳伦斯,还得益于加州电能和电子工业所提供的独一无二的设备和发展回旋加速器所需要的技能。这些技术资源在劳伦斯实验室的组织环境中,占据重要的地位。

那么,辐射实验室如何在大萧条时期集中物力和人力呢?在工作人员方面,辐射实验室正常运行依赖于有薪水和无薪水科研人员建造、维护和使用回旋加速器。这些无薪水的科研成员是大萧条时期的牺牲者,因其无法找到工作但愿意从事参与发展回旋加速器,在其从事物理学职业生涯中留下一道颇为醒目的履历。此外,劳伦斯无需筹集资金便能获得其他劳力资源,主要是由校外奖学金资助的博士生、博士后组成。就平均而言,某一个时间段实验室通常有3位无薪水的研究生、两位无薪水的博士后、一位周期性休假的教授和三位持有校外奖学金的研究人员。这些无薪水的研究人员,在30年代为实验室节省了15万美元的科研经费,为实验室的发展做出非常有意义的贡献。1936年之后州资助的职位、医疗资金等为劳伦斯的实验室提供定期生活津贴。[②]

辐射实验室在1938—1940年间人员达到六十人左右,相比战后大科学实验室的发展,该人数只能算是中等,但在30年代却算是相当庞大的数目了。因此,实验室通过多种方式,管理科研人员,旨在统筹他们的研究方向,抑制"小科学"的研究,把研究集中在放射性同位素领域,以及维护并促进回旋加速器的发展。实验室分配工作、全体工作人员轮流换班,均是围绕寻找新的放射性同位素展开的,这标志着物理学科发展史上新

---

① Arthur L. Norberg, The Origins of the Electronics Industry, on the Pacific Coast, *Proceedings of the Institute of Electrical and Electronic Engineering*, 1976(64), pp. 1319—1321.

② J. L. Heilbron and Robert W. Seidel, *Lawrence and His Laboratory: A History of the Lawrence Berkeley Laboratory*, University of California Press, 1989, Chapter 5.

的里程碑。此后,劳伦斯参与筹建麻省理工学院辐射实验室、加州大学圣地亚哥(San Diego)与洛杉矶分校(UCLA)的水下声音实验室,和以加速器和反应堆为研究中心的国家实验室,均参考了由他领导的实验室的团队结构。

在辐射实验室之中,这种忽视个人兴趣讲究团队合作的研究方式,逐渐成为实验室的日常制度。显然,个人成就感相对较弱,因此,个人兴趣与大科学之间的矛盾日益突出。然而这一矛盾通过许多方式被弱化了。比如,通过紧密的联系、习明纳和座谈会的方式,所探讨主题较个体研究更加广泛且深入;通过合作研究,实现个人无法完成的重要科研项目。总的说来,实验室的士气高涨。而且,当实验室的成员经历学徒之后,劳伦斯布置其研究方向并定期给予基本的生活津贴,批准研究计划和出版研究成果。尤其重要的是,他为从事回旋加速器熟练的科研人员寻找工作。而且团队交叉学科的特点,还体现在其所培养的人才的就业方面。利文斯通首先在加州大学的医院工作,在那儿他帮忙安装了一百万伏特的 X 射线电子管;斯隆最终加入工程学院;劳伦斯的兄弟约翰受雇于医学院。

劳伦斯实验室同时通过把科研人员输送到其他实验室建造或优化回旋加速器,为大科学在美国乃至欧洲大陆的发展,奠定了良好的基础。实验室 54 位日常科研人员中 29 人在其他实验室找到了工作,其中有 19 人在普林斯顿、哈佛、康奈尔、哥本哈根等大学和研究所建造了回旋加速器。他们不但把回旋加速器而且把辐射实验室的科研特点移植到别的大学的科研机构,把大科学的种子洒播在世界各地的大学。1940 年,全美国有 19 所大学的物理系拥有回旋加速器,直接由伯克利培养的学生参与筹建的有 13 所大学。伯克利物理学科的国际影响力则更加广泛。1940 年国际上有 10 所大学及研究所筹建了回旋加速器,其中由伯克利分校培养的学生直接参与的有 8 所大学或研究所。①

5.2.2　大物理学时代物理学科与传统物理学科发展的差异

伯克利物理系辐射实验室的财政资源像一面镜子,一方面折射出大物理学早期发展的特征,另一方面也反映了战前物质科学所处的政治、经

① Peter Galison and Bruce Hevly, *Big Science: the Growth of Large-Scale Research*, Stanford University Press, 1992, p. 30.

济环境的复杂性。要知道,一台回旋加速器单就一年的维护费用在14 000－18 000美元之间,超过了20年代绝大多数物理系科研经费的总和。1930－1940年间,劳伦斯辐射实验室的科研经费总计255万美元,相当于1900年资助所有学术物理学科研经费的总和(不包括购买新设备的资金),占据了1940年整个非工业物理学研究(非工业物理学研究包括联邦政府、高等教育和私人研究)总和的2%。① 考虑到所筹的科研经费,并不是在战后经济繁荣时期,而是深陷于大萧条的泥坑之中,因此这笔数目是相当可观的。尽管费用高昂,至1940年为止,美国大学拥有了21台回旋加速器,其中含有12台不同型号的加速器。② 多数回旋加速器用于医疗,尤其是生产放射性同位素,同时也用于核研究。

总体而言,回旋加速器的发明和使用,为美国大学乃至世界物理学科的发展,提供了新的机遇。而欧洲尤其是德国物理学家,在该领域的成就难以与美国物理学家的成就相媲美。另一方面,在传统物理学家看来,作为回旋加速器之父,劳伦斯牺牲掉核物理学深奥的一面,已经开始脱离"物理学家"原有的内涵了。那么,为什么美国核物理的发展与医疗联系如此之紧密呢?是什么原因促使劳伦斯这类物理学家脱离传统物理学家的轨道?

5.2.2.1　资助方式的转变

核心问题在于,大物理学发展的费用过于昂贵,已经远远超越了一所大学的承受能力。而大萧条时期,以洛克菲勒为首的基金会,其资金转向生物、生理学科和社会科学,代表人物是洛克菲勒基金会的自然科学主任沃伦·韦弗。至于物理、化学等物质科学学科,只有当他们与生物问题联系起来,才得到合法的资助。结果是,洛克菲勒基金会科学政策风向的转变,极大加重了私立大学从事物质科学的财政负担。它很快就减少了用于国家研究委员会奖学金项目的费用,并规定余下的奖学金至少一半用于资助生物科学。像物理学诺贝尔奖得主密立根,也很难从洛克菲勒基金会申请到资金,用于宇宙射线的研究。至于年轻一代的物理学家,假如

---

① Weart, Spencer, The Physics Business in America, 1900－1940: A Statistical Reconnssance, in Nathan Reingold, *The Sciences in the American Context: New Perspectives*, Smithsonian Institution Press, Washington, D. C., 1979, p. 306.

② Peter Galison and Bruce Hevly, *Big Science: the Growth of Large-Scale Research*, Stanford University Press, 1992, p. 32.

信守传统物理学家的内涵,单纯研究核物理,而与生物和生理学科毫无瓜葛,因而无法满足基金会新的资助理念,那么,最终必然迫于资金的困境而放弃核物理的研究。相反的,加州理工学院的生物学家诺贝尔奖得主托马斯·摩尔根(Thomas Hunt Morgan),则拥有充裕的研究经费。①

然而,劳伦斯发明的回旋加速器,因其在生物医学方面的成就,帮助他拓宽了核研究的资金来源。他从加州大学、化学基金会(Chemical Foundation)和研究公司,甚至从关心医疗工作的个人和其他基金会,获得资金。1937 年,联邦政府通过国家顾问癌症委员会(National Advisory Cancer Council)首次批准了三个研究项目,其中之一就是劳伦斯实验室从事核物理在生物医学方面的应用。事实上,早在 1940 年之前,用于发展回旋加速器研发资金和维护费用的 22%来自联邦政府。此外,加州大学为筹建回旋加速器提供了 40%,基金会捐赠了 38%的维护费用。因此,在二战爆发之前,联邦政府在美国大学大物理学的发展过程中扮演重要的角色。②

随着核物理在医学方面的应用,沃伦·韦弗也认识到中子辐射和放射性同位素在生物医学方面的优势,与基金会 30 年代大力促进生物学的宗旨吻合,所以他批准用于资助核研究和建造回旋加速器的资金。类似的,以资助医疗为导向的诸多基金会的经理们,纷纷效仿洛克菲勒基金会的做法,开始资助核研究。此外,核加速器在生物、医学方面的优势经常帮助物理学家筹集到来自本地和国家的资源,用于一般性促进科学的发展,并无额外的附加条件。当然,在建造回旋加速器资金匮乏的时候,大学物理学家们也曾向工业部门、联邦政府"乞讨"过时的机械设备,比如他们从美国海军那儿获得废弃的真空管。③ 除了校外的丰厚资源,加州大学伯克利分校物理系把学科发展的重点放在大物理学领域。所以,劳伦斯所能享受的科研经费预算,与其同事相比简直是天壤之别。

作为大物理学代表人物的劳伦斯,他扮演的角色与传统物理学家的角色亦颇不相同。在美国传统文化当中,崇尚"大"的文化。人们对那些

---

① Robert Olby, *The Path to the Trouble Helix*, London, 1974, pp. 440—443.

② J. L. Heilbron and Robert W. Seidel, *Lawrence and his Laboratory: A history of the Lawrence Berkeley Laboratory*, University of California Press, 1989, pp. 207—269.

③ Daniel J. Kevles, *The Physicists: The History of a Scientific Community in Modern America*, Vintage Books, New York, 1978, p. 274.

从事巨型机器建造的科学家充满敬意,而劳伦斯也乐于成为核物理学领域的公众人物,他收到了大量的奖品和荣誉学位。他还善于通过媒体宣传自己的研究,也是记者乐意采访的对象。比如1936年,实验室实现了炼金术士的梦想:将铂变成黄金。很快,这一发现出现在《时代》杂志上,他本人也成为了该杂志的封面人物。总之,劳伦斯有意识地利用舆论,为学科发展创造良好的外部环境。19世纪七八十年代,爱迪生利用新闻媒介来为自己的发现获得名声的做法,在科学界看来是不明智的,但现在核物理学家也开始效仿他的做法。①

归根结底,围绕核物理创建的"大物理学"时代,物理学科的政治论占据了学科发展的主导地位。因为大物理学发展使得大学系统自身已无力负担如此高额的科研经费。可以说,"政治论"逐渐成为大物理学发展的基础。为了保证从事新发现所需要稳定的财政支持,劳伦斯必须打消研究公司的重重顾虑,所以他不得不发展高压X射线和中子医疗法的基本原理,其主旨是吸引私人慈善资金,并最终为获得联邦赞助奠定基础。研究公司希望,通过学术科学发明的方式获取专利,为研究储备资金。而通过上述方式,劳伦斯很好地满足了研究公司的初衷,同时也符合30年代以来,慈善基金会日益增长的对癌症研究和医疗资助的趋势。因此,科学价值服从文化的和政治的价值,逐渐成为大物理学发展的显著特征。

5.2.2.2 美国大学物理系从事大物理学的优势

20年代中期,欧洲理论物理学家古德斯密特,受密歇根大学兰德尔之邀,成为该大学物理系的教职人员。他很快就发现,拥有实用背景的年轻人从事物理学研究,无论是实验还是理论物理学,较欧洲同行,均有明显的优势。要知道,在欧洲之时,古德斯密特被告知,对于一个有前途的理论物理学家,讨论他在实用方面取得的成就,是不得体的。② 应该说,古德斯密特的见解在大物理学时代,尤其合理。在量子理论发展最迅猛的时期,欧洲大学的培养模式:理论和实验、实用和理论彼此之间的分离,一定程度上让欧洲理论物理学家省下大量的时间,从而将精力全部投入理论物理学科领域,有助于多出成果。但到了大物理学时代,美国大学物理

---

① Daniel J. Kevles, *The Physicists: The History of a Scientific Community in Modern America*, Vintage Books, New York, 1978, p. 271.

② S. A. Goudsmit, *Why the Germans did not get the Atomic Bomb*, Tomash, New York, 1983.

系独特的培养方式,即研究生学习阶段仍旧不分理论和实验物理学专业,其优势逐渐开始明显。当然,问题远非如此简单。因为大物理学要求强大的技术力量,这一点似乎美国工业部门更加具有优势,而不是大学。于是,问题转变为:美国大学大物理学发展所需要的仪器,为什么不是由经验丰富的工业部门生产,而是由大学物理学科自身招募人才生产之?其优势何在?

主要有三方面的原因:(1)与工业部门比较,在大学从事科研的花费相对要少;(2)建造加速器或其他大科学设备的设计,不仅需要技术力量,以及在预算经费之内,按照计划进程完成所设定的研究项目,而且要创造一个充满活力的学术机构。该机构一方面维护新的设备,以便科研人员开展工作,另一方面,根据研究需要的变化随时改装或提升设备的性能。总之,学术机构的基础设备和学术氛围对于保持持久的科学活力,是非常有必要的;(3)小科学时期,大学的研究项目通常是由所在大学一位主要研究人员负责。作为大学的一位教师,他与学生、年轻的研究助手一起工作。假如他离开了或者对所从事的项目失去了兴趣,那么,该领域的活动就消失了。与此形成鲜明对比的是,当一所大学或多所大学联合开展大科学活动,大学负责建造科学研究设备和有效地使用设备,因而超越了某一位特定的项目领导人或实验室主任。如果项目的主管离开了,大学所要做的是快速找到其继承人。因此,从事大科学研究,建造新设备的过程中不是通常意义上的建设项目,而是创造一个综合的有组织的实体。基于上述三个理由,工业部门是无法与大学学术机构竞争的。于是大物理学在大学物理系扎下了根。此外,个人在大物理学组织中可替代性增强,除非做出杰出的成就,否则个人的成就很容易被淹没。所以,困难在于如何给从事大物理学研究的个人的成果进行评估。[①]

5.2.2.3　科学与技术之间界限的模糊性和交叉学科的诞生

大物理学是美国大学物理学科发展史上的“新物种”。我们可以从30年代促成大科学发展的环境,探求这类科学事业的缘起。其主要特征表现为:科学与技术之间界限的模糊性和交叉学科的诞生。随着辐射实验室的发展,传统科学与技术之间的鸿沟逐渐变得难以分辨。正如科学家

---

① 个人的成就、任期、论文的标准、旷工、本地设备的性能等五个方面,在大科学发展的初期,这类资料提供的并不多.

所做的,辐射实验室大物理学的进步演变成回旋加速器技术的发展。

当然,工程学家在大物理学中地位的确立是逐渐变化的。随着回旋加速器的不断发展,劳伦斯对工程学家的态度也不断发生改变。1938年,威廉·布鲁贝克(William Brobeck)和塞立贝里(W. W. Salibury)成为实验室的一员,他俩把机械工程学和真空电子管振荡器(Vacuum-tube Oscillator)领域的专业知识,用于为实验室建造直径为60至184英寸的回旋加速器。然而,从传统物理学是以发现自然规律为宗旨,变迁至以技术为核心的学科发展方向,并不是一件容易的事情。按照塞立贝里所言,劳伦斯最初拒绝他参加实验室,之所以发慈悲接受他,是因为他建议通过使用同轴感应器增加直径为60英寸的回旋加速器的电压。类似的,布鲁贝克也经历一段免费为实验室打工的时期,避开了用他的工程学问题,如改善冷却系统、有计划的保养仪器等,挑战物理学家的科学问题。[①]

但最终回旋加速器的技术成为物理学家所要研究的领域,他们吸收了无线电工程学、真空等技术,为其发展做出了卓越的贡献。[②] 可对于来自欧洲的访问学者来说,美国大学加速器实验室看起来只是把时间浪费在技术改良方面。如果不能说是非文明的,至少是以非科学的方式追求加速器机械方面的性能。然而,这种致力于加速器硬件改良的研究,就像个人服从团队的研究方向一样,从伯克利辐射实验室传播到美国其他大学的物理系,乃至传播到世界各地的研究所与大学,促使科学与技术形成一个彼此相互关联的有机体,成为大物理学时代的新信念。但欧洲物理学家尚需数十年才能接受美国大学物理学科的"新信念"。

一方面,科学与技术之间的界线变得越来越模糊;另一方面,学科之间的界线亦是如此。30年代,伴随着内科医生、生物学家、化学家和其他研究人员利用回旋加速器操纵物质,用之于科学实验、疾病治疗等领域,结果产生了新的学科分支,比如核医学(Nuclear Medicine)和核化学(Nuclear Chemistry)。

---

① Luis W. Alvarez, *Alvarez: Adventures of Physicists*, New York: Basic Books, 1987, pp. 44—45.

② J. L. Heilbron and Robert W. Seidel, *Lawrence and His Laboratory: a History of the Lawrence Berkeley Laboratory*, University of California Press, 1989, p. 261.

5.2.3 斯坦福大学物理学科信念的转变

斯坦福大学的转变始于20世纪30年中期。在这段时间内，斯坦福的物理学家和行政人员，变得非常关心所增加的研究机会以及如何提高系和大学的声望。对于大学行政人员来说，为了维护自身的声望，由工业而不是联邦政府发起的赞助是实现这些目标的最佳选择。这种观点一直持续到1946年，斯坦福大学的校长唐纳德·特瑞席德尔(Donald Tresidder)为斯坦福研究院(the Stanford Research Institute)举行开幕式，标志大学与工业亲密关系的制度化。而促使斯坦福大学物理系发生上述根本变化的原因之一是，大萧条对大学发展所造成的严重影响。

尽管大萧条来临之前，斯坦福大学尚未吸收到充分的储备资金来弥补这一颓势，[①]但在行政人员和大学董事会成员的眼里，他们领导的斯坦福大学在西海岸私立大学中，占据金字塔的尖端，与加利福尼亚公立大学并驾齐驱。但令斯坦福大学困扰的是，作为一所"自我感觉良好"的研究型大学，其声望、影响力亦日益衰退。1935年发表在《大西洋月刊》(Atlantic Monthly)上，关于美国11所顶级大学的评估之中，斯坦福竟然名落孙山。这一评估结果对于财政日趋紧张的斯坦福无疑是雪上加霜，但同时也及时敲响了警钟。[②]

30年代末斯坦福物理系的科研条件基本上能代表整所大学所面临的问题。大萧条时期，物理系的教职人员士气也很低落。他们已经排在加州大学伯克利分校、加州理工学院之后，且资金匮乏。要知道，1920年，斯坦福的校长把物理学家大卫·韦伯斯特从麻省理工学院聘请到斯坦福

---

① 20年代末开始的大萧条使斯坦福储备基金的投资收入减少了五分之一。1933年，韦尔伯校长与刚刚离开白宫的胡佛回到斯坦福，开始了一系列应急措施：降低薪水10%(不裁员)；无限期停止晋级；自然减员的空缺不再填补；取消对女学生500名的限额。大萧条还使斯坦福中途放弃了一个募捐几百万美元的计划，从而丧失了三百多万美元的洛克菲勒基金会的匹配捐赠。引自：舸昕. 从哈佛到斯坦福：美国著名大学今昔纵横谈[M]. 北京：东方出版社，1999. 416.

② Edwin R. Embree, In Order to Their Eminence: an Appraisal of American Universities, *Atlantic Monthly*, 1935(6), pp. 653—666.

任教。[①] 其基本理念是:聘请年轻而高度受人尊敬的物理学家,实现物理系课程的现代化,以及发展强势的研究项目。随后十多年的发展中,尽管卓越的大卫·韦伯斯特为改善物理系的发展做了诸多工作,但他缺乏必要的资金,因而难以与伯克利、加州理工学院竞争。至1928年,在物理学领域,加州理工学院成为国家研究奖学金的首选。30年代,伯克利劳伦斯的辐射实验室成为另一个科学中心。其发展之快,同样也受益于国家研究奖学金的贡献。[②] 那么,斯坦福物理系的发展,如何选择研究方向呢?其组织方式又将如何呢?毫无疑问,作为物理系的系主任,大卫·韦伯斯特要担负起振兴物理系的重任。他的办学思路是,希望通过模仿加州两个对手,即加州理工学院和加州大学伯克利分校,在大规模研究方面与他们展开竞争。于是,他积极地把系里的研究人员组织起来,围绕共同的研究方向而努力。

事实上,当时的斯坦福物理系由7位教职员组成,规模甚小,研究的重心放在X射线方面,但即使局限于单一的领域,资金的匮乏仍旧妨碍物理系全力以赴从事X射线的研究。30年代中期,物理学家们因无法从洛克菲勒基金会获取所需的10万美元的资助,因此不得不放弃建造300万伏X射线电子管的计划,而这个研究工程是大卫·韦伯斯特颇为钟爱的。不像劳伦斯的回旋加速器,超高压X射线电子管不易说明其在医学领域的实用价值。而30年代,基金会感兴趣的主要领域是在医学应用方面。[③]

斯坦福校长雷·韦尔伯(Ray Lyman Wilbur)对于物理系面临的困境同样密切关注,并与大学的校董成员一道忧虑大学未来的发展方向。他们与其他大学的行政人员的交流过程中达成共识:大萧条的状况凸显了可靠的捐赠资金和稳定的学费来源对于大学发展的重要性。在捐赠资金

---

① 1920年,斯坦福的校长雷·韦尔伯邀请曾在哈佛大学、密歇根大学和麻省理工学院任教的大卫·韦伯斯特来斯坦福物理担任主席。当时,韦伯斯特年仅32岁。斯坦福物理系的第一代教授面临退休,他们不仅在教学模式方面已然过时,而且研究成果甚少。因此,韦伯斯特被寄以巨大的希望发挥物理学科的研究职能。引自:Robert W. Seidel, *Physics Research in California: The Rise of a Leading Sector in American Physics*, Ph. D. diss., University of California, Berkeley, 1978.

② J. L. Heilbron and Robert W. Seidel, *Lawrence and His Laboratory: a History of the Lawrence Berkeley Laboratory*, University of California Press, 1989, p. 13.

③ Roger L. Geiger, *To Advance Knowledge: The Growth of American Research Universities, 1900—1940*, New York: Oxford University Press, 1986, p. 165.

和学费均匮乏的形势下，韦尔伯和商人兼校董主席特瑞席德尔，作为罗斯福新政的坚决反对者，从一开始就拒斥接受联邦政府资金资助的念头。当时，有几位科学家和大学的行政人员，比如麻省理工学院的卡尔·康普顿和霍普金斯的鲍曼，于 30 年代末倡导使用政府资金。韦尔伯等人相信，在和平年代接受政府的支持，无疑把私人大学放置在任由政治议程摆布的危险境地。而来自商业团体的支持看起来不会使大学受制于人。[①]然而，如何敲开商业界的大门，对于 1936 年的斯坦福来说，仍旧是一个令人困惑的谜团。

幸运的是，大卫·韦伯斯特超高压 X 射线电子管的项目虽未能成功，但其副产品却出现了。1937 年，就在斯坦福大学的物理学家不知如何解决资金问题，使得超高压 X 射线电子管项目处于搁置状态之时，拉塞尔(Russell)和西格德·瓦里安(Sigurd Varian)，物理系两位不计报酬的助手和年轻而富有抱负的物理学家汉森(William H. Hansen)发明了新颖的空腔共振器(Rhumbatron)。[②] 由于共振空腔器是专利设备，因此它对自由交流知识信息的传统提出了挑战。而且，科学家与工业人士均对之都颇有兴趣。汉森同意发明家李·弗里斯特(Lee De Forest)派遣一位工程师参观新仪器，但是大学否决了这次访问，因为大学的专利部门认为设备的细节不应该透露，并且专利隶属于大学，而从事研究的科学家作为个人必须遵守这些专利部门的指示。[③]

1937 年 7 月，汉森最初把说明空腔共振器的文章投往《应用物理学杂志》时，再次受到大学的阻扰，其目的是为了避免对商业发展的不利影响。随着新装置转化为专利，汉森的研究引起了斯坦福大学关于专利所有权的兴趣。一旦实现了，斯坦福大学对研究的理解也随之改变：从作为知识的研究过渡到作为财富的研究。就像万·布什为麻省理工学院制定的专

---

① 1937 年，韦尔伯作为美国大学学会的主席组织探讨了大学与联邦政府关系问题，在会上他作了专题发言，阐述了关于联邦政府资金的支柱对于私立大学潜在的危险。引自：Charles Dorn, *Promoting the "Public Welfare" in Wartime: Stanford University During World War Ⅱ*, American Journal of Education, 2005, pp. 103—109.

② 该设备通过共振效应，以较低的费用加速电子产生 X 射线。其核心技术是谐振电路：一种带有电感和电容的电路，选择其电感及电容以允许在某一频率下的最大电流.

③ Peter Galison and Bruce Hevly, *Big Science: the Growth of Large-Scale Research*, Stanford University Press, 1992, p. 50.

利政策一样,[①]大学从创造知识,到将知识视为大学的财富,此举意味着改变斯坦福大学的办学传统。在20世纪早期,很少有院校制定了正式的专利政策。因为对于大多数院校来说,专利与传统理想的大学,追求客观真理相违背。

微波小组意识到速调管在航空安全方面的重要应用,尤其是国家军事用途之后,认为新发明有助于吸引赞助者,从而缓解资金紧张的压力。拥有核心竞争力的微波小组不久就成功了。一家重要的航空和探照灯设备制造厂,斯佩里陀螺仪公司对新发明非常感兴趣,并考虑到假如新装置落到其他公司手里,将威胁斯佩里公司的生意,所以他们希望是速调管唯一的赞助商。从1938年上半年开始,斯佩里公司每年向斯坦福物理系提供2万美元的研究经费。速调管的发明也为发明者以及大学带来收入可观的专利版税。[②]

对于斯坦福物理学家和校长韦尔伯来说,斯佩里公司所提供的研究条件是难以抗拒的。而且,与公司合作符合校长韦尔伯的初衷,同时也暂时赢得了物理系系主任大卫·韦伯斯特的认可。最初,物理学家们对斯佩里公司要求不公开发表研究成果持保留态度,因为这触及大学如何评估教师研究业绩的问题。但是这一问题不久就得到有效的解决。因为大卫·韦伯斯特担保在评估物理学家晋升的过程中,应用研究工作与纯研究同等对待。保密问题得到满意的解决之后,年轻的物理学家们,一方面获得慷慨资金的资助从事感兴趣的研究,另一方面资助者还保护他们的发明并将其投入市场,由此获得可观的版税。于是,物理学家和斯佩里公司的合作渐入佳境。

鉴于早年向洛克菲勒申请经费所遭遇的冷落,大卫·韦伯斯特面对斯佩里公司慷慨的经费计划时接受了该公司所提的保密条款:禁止物理学家发表相关的研究成果。此举显然违背大卫·韦伯斯特早年所接受的

---

① Larry Owens, MIT and the Federal "Angel": Academic R & D and Federal-Private Cooperation Before World War Ⅱ, *Isis*, 1990(80), p. 203; Charles Weiner, Patenting and Academic Research: Historical Case Studies, *Science, Technology & Human Values*, 1987(12), pp. 50—62.

② Stuart W. Leslie and Bruce Hevly, Steeple-building at Stanford: Electrical Engineering, Physics, and Microwave Research, *Proceedings of the Institute for Electrical and Electronics Engineers(IEEE)*, 1985(73), p. 1171.

教育,但物理系与斯佩里公司合作带来的负面影响被其相当有利的经济条件所补偿了。要知道,大卫·韦伯斯特自从1910年在哈佛读研究生时,他就坚持在哈佛占主流的观点,即学术物理学家的目的在于寻找新的物理定律,而不是从事实用方面的研究,这就是为什么他竭尽全力试图装备超高压X射线电子管的动机之一。假如通过从事应用研究获得的资金补贴学术研究,那么,大卫·韦伯斯特一直想从事超高压X射线电子管的研究可能有机会重新启动。①

大卫·韦伯斯特的想法其实较为普遍。一直以来,许多科学家同样心存疑惑:为什么不把在大学实验室内作出的有用的新发现,申请技术专利,然后把所得的版税用于纯研究?尽管研究公司和威斯康星校友研究基金会(Wisconsin Alumni Research Foundation, WARF)颇为赚钱,但是学术界也有不少成员反对通过专利资助纯研究的方案,因其阻碍了在重要研究领域自由地交流信息,对大学科学发展无疑会造成巨大的伤害。截至30年代末期,大约二十四所顶级的院校和大学成立了机构,负责教职人员申请新专利之时,不会通过专利获取的利润支持研究。但少数几所大学,比如伊利诺伊大学、明尼苏达大学、加州理工学院、麻省理工学院、哥伦比亚大学、普林斯顿大学、斯坦福大学、耶鲁大学和康奈尔大学,依靠专利的版税从事研究。② 斯坦福等大学是在"突破"传统科学精神之下,发展出的新型大学。而许多顶级大学,坚守学术的底线,不愿违背了最初的大学办学思想。

从斯坦福战前微波实验室的发展案例,可以看到,大学惟有通过发展科学取得声望,至于发展基础研究还是实用研究,孰重孰轻,并不是根本性的问题。关键在于,哪个方向更能吸引资金,更能让学校获得更高的排名,这样的发展就更加有意义。斯坦福在30年代面临生存危机之时,受到物理学家与斯佩里公司合作的影响,斯坦福大学决定进一步发展大学

---

① 到19世纪末,哈佛大学校长艾略特已经成为纯科学研究坚定的支持者。并且在哈佛实验室的科学家忠实于"纯研究比实用研究更高级"信念,任何和工业相关的研究对于从事纯研究的科学家来说是一场灾难。与哈佛相比,麻省理工学院寻找与工业之间的合作。引自:John W. Servos, The Industrial Relations of Science: Chemistry at MIT, 1900—1930, *Isis*, 1980(71), pp. 531—549.

② A. A. Potter, Research and Invention in Engineering Colleges, *Science*, 1940(91), pp. 4—7.

与私人工业之间的联系。正当大学校长及行政人员开始讨论如何完成这一目标时,珍珠港被袭的新闻突然间打断了这次会议,①但却为战后斯坦福的发展定下了基调。

5.3　美国大学"大物理学"的发展对二战的影响

对于以物理、化学为核心的物质科学学科而言,第二次世界大战是其重要的转折点。尤其对于物理学科来说,具有划时代的意义。美国物理学共同体经过20年代初期跟踪量子理论的发展,到20年代晚期参与前沿阵地的开拓,以至于从根本上改变了美国大学物理学科理论物理学落后的局面。到了30年代,美国大学以加州伯克利辐射实验室为代表的物理系,创造出新的学科信念,即改变了传统物理学家的内涵,出现精通工程学和物理学的新型物理学家。当然,这种新型的学科信念过于新颖,因而它在美国大学并未得到广泛的认可和实践。比如,斯坦福大学物理系老一代物理学家大卫·韦伯斯特就难以接受这种学科文化。此外,大萧条时期,以麻省理工学院物理学家和工程学家为代表,尝试与联邦政府合作,并以"合同"作为合作的媒介。虽然此举未能成功,但为万·布什如何动员战时全国的研究机构提供了思路。

5.3.1　30年代大物理学的发展对战时雷达和原子弹研究的影响

1939年,德国入侵波兰,标志着第二次世界大战全面爆发。面对德国军队横扫欧洲战场的气焰,保持中立姿态的美国亦倍感战争的压力。我们知道,自一战以来,国家研究委员会与海陆军的关系处于休眠状态。这种状态一直维持到1934年。密立根在一次军事聚会上说道:"防御研究应该是在和平时期,而不是战争时期所做的工作。当你陷入困境之后,才从事防御研究,则因步伐太慢而无法完成。"②1938年,联邦政府资助的国家资源计划委员会(National Resource Planning Board)提交了一份报告,陈述了当前在大学中从事科学研究存在的问题:绝大多数科学研究主

---

① Charles Dorn, Promoting the "Public Welfare" in Wartime: Stanford University During World War Ⅱ, *American Journal of Education*, 2005, p. 106.

② Daniel J. Kevles, *The Physicists: A Scientific Community in Modern America*, Vintage Books, New York, 1978, p. 289.

要关注个人的兴趣,很少与国家的需要结合起来。该报告充分暴露了美国为此次战争准备明显不足。①

美国科学家参战的热情颇高。资格较高的科学家,比如密立根,亲身经历过一战对科学的促进作用,对从事军事科研兴致颇高。哈佛校长科南特(James B. Conant)亦是参与科学备战的积极分子。作为社会主义者和反战人士,阿尔伯特·爱因斯坦,1933年之前还曾强烈反对科学家服务于军事部门。但在1933年之后,爱因斯坦的态度发生了戏剧性的变化,他公开宣称,用军事武装西方的民主是当前唯一的选择。② 1938年,大约一千三百名美国学者和科学家,代表美国167所学术院校,发表共同宣言,谴责法西斯对科学事业的破坏。③

5.3.1.1　创建新颖的科研组织方式

1940年5月,纳粹德国采用闪电战,在短短的二十天时间内入侵荷兰、卢森堡和比利时,进而占领了巴黎,紧跟着向英国本土发动进攻。严峻的战局迫使美国"如果不参战,至少也要全力来帮助英国。"④因此,如何在尽可能短的时间内,组织美国民间科学家进行军事研究,成为事关战局成败的大事。1940年6月13日,曾担任麻省理工学院副校长的万·布什,时任国家航空咨询委员会主席和卡内基研究院院长,向罗斯福总统建议:由一个科学团体负责动员整个美国科学共同体的力量,参与到为战争服务的科研活动中来。它的作用是在激励、扩展和协调作为现代战争之根本的基础研究方面,发挥直接的作用。1940年6月27日,罗斯福总统赞同设立国防研究委员会(National Defense Research Committee, NDRC),由布什担任主席一职。

得到罗斯福总统的授权之后,布什马不停蹄地为组织科研力量奔波。他请麻省理工学院的校长卡尔·康普顿、哈佛校长科南特、贝尔电话实验室主任朱厄特和加州理工学院的物理学家托尔曼等人为国防研究委员会

---

① *National Resource Planning Board Research-A National Resource*. Washington. D. C. 1938, p. 167.

② Otto Nathan and Heinz Norden, *Einstein On Peace*, New York, 1960, p. 90.

③ Daniel J. Kevles, *The Physicists: A Scientific Community in Modern America*, Vintage Books, New York, 1978, p. 287.

④ [美]阿瑟·林克,威廉·卡顿. 1900年依赖的美国史(上)[M]. 北京:中国社会科学出版社,1983. 302.

的成员。从委员会成员的组成来看,它是以麻省理工学院杰出科学家为主要班底。那么,布什为什么要筹建这样的班底呢?是任人唯亲还是符合当前战争的需要?

首先,就朱厄特而言,作为贝尔电话实验室的主任,既通晓技术又充分认识到基础研究的重要性。而且,他作为麻省理工学院的董事,曾竭力鼓励实验物理学家康普顿担任麻省理工学院的校长,希望凭借康普顿的声望和能力,将现代物理学的基础研究和麻省理工学院的传统技术优势结合起来,把麻省理工学院带到美国大学的金字塔顶端。并且,布什本人也是身兼基础研究和实用研究两个领域。这是符合一战时期的战争经验:基础研究服务于实用研究的理念。其次,这些人都是坚定支持联邦政府资助大学科研的新派人物,他们在关于美国如何参战以及如何组织战时科研力量等方面观点相似。他们认为,这场战争是一场高度技术化的战争,美国大学必须在战时科研中承担重要的任务。由政府资助并负最终责任,由民间科学家从事国防研究,是战时科研的最佳体制。该制度是在"公共责任和专家控制之间寻找两全之策"。[①] 再次,布什为国防委员会确定的工作原则是,既不是建立自己的实验室,也不是直接参与研究,而是把研究项目以"研究合同"的方式交给有能力的大学或公司。这种组织方式标志着联邦政府与大学建立起一种新型的合作关系。而布什这一想法显然是继承了30年代麻省理工学院在研究静电发电机项目的经验:与联邦政府签订"合同"。毫无疑问,作为麻省理工学院的校长康普顿、董事朱厄特和布什,都充分认识到合同制的优越性。至于哈佛校长科南特,最初建议采用一战的做法:建立国家实验室,征调科学家入伍。对于布什的设想,科南特后来写道:"我永远不会忘记,当我听到这个革命性的办法时,我感到有多惊奇。"[②]事实上,布什在担任华盛顿卡内基研究所所长兼国家航空顾问委员会(National Advisory Committee for Aeronautics, NACA)的主席之时,就与大学学术团体和工业实验室,签订研究合同,同时也把部分研究项目给予个人。到1940年底,国防研究委员会总共向32所大学、19家工业公司签订了132个合同。在其成立一年之后,它任用了

---

① 卢晓东. 联邦政府与美国研究型大学的发展[D]. 北京:北京大学教育学院,1995. 13.

② James B. Conant, *My Several Lives: Memoirs of a Social Inventor*, New York, Harper and Row, 1970, p. 236.

约二千名科学家,其中75%是美国一流的物理学家、50%是一流的化学家,并为他们提供了1 000万美元的资助。

表12　和科学研究与发展部签订的合同数额在三百万美元以上的大学

大学	合同数	总额
麻省理工学院	75	116 941 000
加州理工学院	48	83 452 000
哈佛大学	79	30 963 000
哥伦比亚大学	73	28 521 000
加州大学	106	14 385 000
霍普金斯大学	49	10 572 000
芝加哥大学	53	6 742 000
华盛顿大学	2	6 562 000
普林斯顿大学	17	3 593 000

资料来源:Roger Geiger, *Research and Relevant Knowledge: American Research Universities Since World War Ⅱ*, Oxford University Press, 1993, p. 31.

至1941年5月,由于总统紧急基金会已无法满足国防研究委员会不断增长的财政需求,为此,罗斯福总统批准成立了由国会直接拨款的科学研究与发展部(Office of Science and Research Development, OSRD),而将原来独立的国防研究委员会作为其主要的执行机构,并由布什担任科学研究与发展部的部长。这个科研管理机构,虽然存在的年头较短,但对美国研究型大学的发展产生了重要的影响,主要表现为:(1)它开启了联邦政府向大学提供科研管理费的先河;(2)明确专利权的归属:规定专利权归研究机构和发明者个人所有。该条例不仅结束了多年来有关专利权的纷争,同时进一步刺激了大学和企业的科学研究;(3)为研究型大学的发展提供大量的经费,如表12所示。尤其是那些处于金字塔顶端的研究型大学,它们不仅是科学研究与发展部的合同大户,也是主要的受益者。[①]

5.3.1.2　原子弹和雷达实验室的组织文化

朱厄特、卡尔·康普顿、科南特和布什等美国杰出的科学家都认识到,战争将是一场高度技术化的竞赛。更要紧的是,1939年,奥地利的迈特纳、弗立施提出铀裂变的解释,并预言每次核裂变会释放大量的能量。

---

① 谷贤林. 美国研究型大学管理研究[D]. 北京:北京师范大学教育学院,2005. 38—39.

这一发现促使世界各国的物理学家思考“原子弹(Atomic Bomb)”的可能性。他们担心支持纳粹的德国杰出物理学家,比如海森堡、菲利普斯·雷纳德等,利用可怕的核能为之服务;在雷达研究方面,1930年海军研究实验室(Naval Research Laboratory, NRL)的劳伦斯·哈兰德(Lawrence H. Hyland)在工作中偶然发现了雷达原理。但直到1935年雷达研究才获得重视,1938年其才获得研究的优先权。

原子弹和雷达两个科研项目,是美国科学史上第一次经历的最庞大且最复杂的研究项目。两个研究项目雇佣的科学家和工作人员分别为1 400人和1 200人,国防研究委员会分别投入了20亿和15亿美元的科研经费,即所谓的大科学研究的典型代表。其中,原子弹的研究采用分散模式,而雷达研究则采用集中模式,被安排在麻省理工学院的辐射实验室内。[①] 然而,这场技术化的战争最独特的地方在于,科研项目的负责人是物理学家,而非工程师。其原因是什么?

早在二战爆发之前,“大物理学”所具备的特点已经初步在加州大学伯克利分校辐射实验室形成。伯克利大学各种环境因素的汇合,包括高压技术、无线电工程学、同位素分离技术和机械工程学等,促成了大物理学在其辐射实验室的出现,并由于战争所带来的美国科学更大环境的转变,使得大物理学得到更为广泛的传播。它象征大学乃至国家的声望。影响大物理学发展成功与否的因素有:交叉学科是否有效、类似于军事化的等级制度、指导委员会和资金,所有的因素在战前的辐射实验室之中,

---

① 国防研究委员会于1941年秋,开始致力于原子弹的研制工作。在此后的第一年,原子弹研制工作主要分散在各个大学的实验室进行,比如芝加哥的冶金实验室进行链式反应研究;加州大学伯克利分校劳伦斯的实验室主要利用回旋加速器提炼高纯度的^{235}U。1943年中期以后,整个研制工作主要集中在洛斯阿拉莫斯的特别武器实验室,该实验室是由联邦政府与加州大学签订合同进行管理。几个主要的研究小组由加州大学伯克利分校的劳伦斯、奥本海姆、哥伦比亚大学的尤里和芝加哥大学冶金实验室的阿瑟·康普顿分别领导。随着各个研究环节上的突破,研究工作从实验室转移阶段进入了大规模工业生产阶段,原子弹研制工作的管理也从科学研究与发展部转移到曼哈顿区,其领导人物是准将莱斯利·格罗夫斯(Leslie R. Groves);研制雷达系统需要分别研究并优化磁电管、天线、无线电发射装置、接收装置、调节器等设备。许多杰出的科学家都被征调到辐射实验室,比如罗彻斯特大学校长杜布里奇担任实验室主任,伊利诺伊大学的物理系主任卢米斯做杜布里奇的助手,哥伦比亚大学的拉比也参与其中。转引自:张东海.美国联邦政府科学政策与世界一流大学发展的研究[D]. 北京:北京师范大学教育学院,2005. 32.

均扮演着重要的角色。而战争为辐射实验室的大物理学模式提供了取之不尽的资金。

我们知道,即使经过20世纪20年代,美国顺应量子理论的发展,大力培养理论物理学家。但美国大学物理学家群体仍旧是实验科学家占据支配地位。在所有美国物理学家从事的科学领域,他们充分显示自身具有"应用科学家"和"工程师"的天赋。他们的应用技能源于30年代满足实验科学的需要。大萧条导致科研经费的匮乏,劳动力大幅贬值,因此惟有依靠研究生自制真空管等电子设备,而不是花钱购买之。① 有的实验物理学家从头到脚设计和建造他们所使用的仪器和电子电路。美国大学物理学科培养的实验室物理学家,还有另外一个重要的特性:他们掌握颇为深厚的理论功底,因为美国大学研究生学习的前两年课程,并不区分理论物理学家和实验物理学家。对于理论物理学家而言,与实验室物理学家紧密联系使得他们更为熟悉机械系统、仪器、材料和实验技术。这是培养学生方式的组成部分,另外也是出于在大学物理系获得学术地位的需要。因为美国大学物理系在聘请大学教师时,他们通常需要在技术、物理学两方面均有所涉及的科研、教学人员。②

此外,另一个因素严重影响理论物理学家的发展,因为只有大学才招聘他们,而在30年代,这类工作非常稀缺。面对如此残酷的竞争市场,只有那些最优秀的理论物理学家才能生存下来。其中,做出杰出工作的物理学家有:约翰·惠勒(John A. Wheeler)、费瑞、瑟伯、巴丁、欧纳斯·赫瑞(Conyers Herring)、塞兹、威利斯·兰博(Willis E. Lamb)、菲利普斯·莫里森(Philip Morrison)、埃米尔·科诺皮斯(Emil J. Konopinski)、罗伯特·克里斯蒂(Robert Christy)、莫里森·罗斯(Morris Rose)、罗伯特·马赛克(Robert Marshak)。所有这些理论物理学家都是纯科学家和应用科学家的混合体。

而且在建造回旋加速器的过程中,物理学家需要另一种被证明是非常有价值的品质:学会为科学研究进程制定计划,学会如何分工合作。物理实验室在战争时期,由政府提供所需的资金,他们要学的是如何有效的

---

① J. L. Heilbron and Robert W. Seidel, *Lawrence and His Laboratory: A history of the Lawrence Berkeley Laboratory*, University of California Press, 1989, pp. 25—44.

② Peter Galison and Bruce Hevly, *Big Science: the Growth of Large-Scale Research*, Stanford University Press, 1992, p. 177.

利用经费。所有这些天才,都被安排设计和建造雷达设备、原子堆、核反应堆和原子弹,其中许多有用的装置来自物理学家的杰作。像物理学家劳伦斯所具备的杰出工程师的能力,更是得到众多工程师的极大认同。他们指导雷达设备、爆炸信管(Proximity Fuse)和原子弹的生产过程。况且很少有相关的工业部门有能力建造新型雷达系统,所以研究实验室的任务之一是,由物理学家监督遍及全国的承包亚合同的科学家设计和生产所有的零件。[1]

战争将伯克利形成的物理学科的新文化得到工程师的普遍认同,因为工程学学术共同体发现,他们可以从物理学家那儿学到很多。这种情况之所以会发生,原因在于,作为理解自然特性的科学,较以往过去任何一个时代以更加紧密和更为复杂的方式,影响现代工程学的发展。物理学家之所以是杰出的应用科学家和工程师,凭借的是他们能把对微观世界的理解,转变成有使用价值且肉眼可见的技术装置。像贝特、费米和其他物理学家通过扩散方程(Diffusion Equation)描述中子与原子核的相互作用,而方程的解直接用于指导核反应堆和原子弹的建造。很明显,工程教育必须更新才能跟上战时发展的需要。这意味着,美国传统大学培养工程师的传统方式已经过时了。而作为现代意义上的物理学家,他们已经不再将自己的研究领域局限在寻找物理学规律,还应当包括工程学。这势必要影响大学的组织结构。

5.3.2　布什的"保存名单"对物理学科发展的影响

伴随着雷达和原子弹的研制,二战很快演变成物理学家的战争。1942年早期,科学研究与发展部(OSRD)资助物理学科发展是资助化学学科的4倍。化学家和工程师对于发展武器是不可缺失的,但物理学家组成了高级研究和陆军的精英团体。甚至珍珠港爆发之前,大约一千七百位物理学家从事防御研究工作,约占物理学职业人数的四分之一,但却包括了四分之三的最杰出的物理学家。至1942年秋,对物理学家的需求达到大学每年培养物理学家的三倍至四倍的人数。1943年春,堪萨斯州(Kansas)州立学院的海盟·麦克米伦(J. Hammon McMillen)评论说:

---

① Henry E. Guerlac, *Radar in World War Ⅱ*. Los Angeles: Tomash Publisher, 1987, p. 6.

"几乎一夜之间,物理学家从不太重要被提升到和橡胶、食堂和咖啡一类经过精选的稀有物种的一员。"[1]1943 年夏季,陆军、海军和科学研究与发展部,共同清点了它们优先完成科研项目所缺的科学人员情况,结果是物理学家短缺 315 名,而化学家仅缺 17 名。

为了缓解物理学家的短缺,陆军部和海军部(the War and Navy departments)、美国教育署(U. S. Office of Education)、州督导(state superintendent),甚至驻扎在当地的美国军区为此事出谋划策,比如提出改善中学物理课程,鼓励更多的学生学习物理学。在此背景下,西屋公司拉开了其著名的科学天才研究的序幕,每年授予 20 个奖学金以支持这项研究。陆军、海军和国会建立了各种专业训练项目,主要是培养诸如在雷达领域的科技人才。科学家们和教育家们渴望变革进一步深化,他们极力敦促当局使用联邦政府的经费资助学生上大学,科南特便是他们当中杰出的代表人物。他们还强调,军事征兵活动不能以牺牲年轻科学家的培养和招聘为代价。[2]

5.3.2.1　布什的"保存名单"

早在一战时期,美国就专门讨论过科学家在战争时期是否有兵役豁免权的问题。1917 年,海尔通过英国著名物理学家卢瑟福,向牛顿·贝克(Newton Baker)部长提交了一份备忘录,其主要观点是:科学家已经处于短缺,在如此紧要时期,将颇具天赋的物理学家送往前线,无疑是极大的浪费。但贝克明确反对给予某一群人特殊待遇,他甚至告诉海尔说,这些人作为战士和作为科学人士一样重要。军队的法律顾问认为,科学家拥有兵役豁免权是非法的行为。许多高级军官认为,科学家拥有兵役豁免权是不明智的。据说,总统本人也认为,保护科学人士的措施,其实是给富家子弟开绿灯。[3] 一战时期,由于美国参战较晚且战争持续时间较短,参战的程度不深,因此上述未成大问题。但二战则完全不同。

随着盟军在欧洲开辟第二战场进入实施阶段,按预定的军事计划,美军缺编整整 20 万人。而且,军队的平均年龄已经超过二十五岁。美军的

---

① Daniel J. Kevles, *The Physicists: The History of a Scientific Community in Modern America*, Vintage Books, New York, 1978, p. 320.

② Ibid., pp. 320—323.

③ Ray Lyman Wilbur, *The Memoirs of Ray Lyman Wilbur, 1875—1949*, ed. Edgar E. Robinson and Paul C. Edwards, Stanford, 1960, p. 247.

征兵计划开始威胁到从事科学研究与发展部的科学队伍。实际上,18—25岁的美国男性公民组成了最有战斗力的士兵队伍。然实际情况是,在这个年龄段的所有保留单身的,体格健康的男性公民因职业需要而延迟服兵役了。这类延迟服兵役适用于从事防御研究的科学家,而且同样适用于1945年7月之前在科学领域如物理学,获得学位的研究生和本科生。但从事征兵工作的军官对大学中的年青人颇有微词。作战部副部长罗伯特·哈特森(Robert P. Patterson)认为,一旦战事吃紧,大学生应该和其他人一样入伍参战。1943年11月,鉴于诺曼底(Normandy)登陆计划日益临近,战事日益严峻,美国国会调整"职业性"延期服兵役政策:服兵役的年龄从18—25岁升至18—26岁的男性公民,并缩小了延期入伍的职业范围;废除所有没有必要的职业公告;取消所有本科生延迟入伍条款。此外,在申请"职业性"延期入伍时,18—26岁的任何男性,需要由新成立的内务委员会代表批准,方能生效。而在1944年4月中旬成立的新内务委员会中,并未包括科学研究与发展部的代表。

新制定的征兵条款对年轻人是否延期服兵役采取强硬措施,使得科学研究与发展部的领导层陷入混乱。其部分原因在于取消本科生延迟服兵役的权利,意味着切断了受过训练的新技术人员的供应源。更重要的是,征兵条款中对二十六岁以下男性公民获取延迟服兵役所加的限制,严重威胁到国防研究中的每一个主要的科研项目,包括从事新型的航空汽油到雷达的研究和咨询项目。以麻省理工学院雷达辐射实验室为例,近五百名科学家的年龄在二十六岁以下,事实上他们当中每一位的研究工作都是无可替代的。这批年轻科学家的前景被蒙上一层不确定的阴影,其焦虑的情绪波及了科学研究与发展部的各个实验室,本该专心致志地从事科学研究的时间和精力,转而讨论征兵事宜,因此极大影响了其从事科学研究的士气。某化学权威杂志的编辑强烈抨击新的征兵条款,斥之为:"阴谋!"①

两个儿子已投身于战争服务部门的万·布什,对科学研究与发展部的顾问委员会(Advisory Council)强调时说:"在科学队伍之中,尤其要保护那些能胜任科学研究工作的年轻人,因为他们的经验和杰出的技术才

① Irvin Stewart, *Organizing Scientific Research for War: The Administrative History of the Office of Scientific Research and Development*, Boston, 1948, pp. 272—275.

干,使得重要的战时研究和发展得以继续。”而且确保科学研究与发展部各个实验室持续的活力,本身是必要的。布什带着他的任务来到五角大楼,以近乎吵闹的方式为自己的主张辩护,并提出要求:科学研究与发展部理应参与新成立的内务委员会,以便拥有审批延期服兵役的权利;军方要继续保护布什 1943 年所列的“保存名单”,其人数总计 7 500 名重要的科学家——这份延期服兵役的名单曾得到军方和地方官员(Civilian Official)的高层人士的批准。最终,陆军和海军部长向布什许诺,兵役制度将全面保护“保存名单”。此外,科学研究与发展部进入新的内务委员会。作战部副部长哈特森自己也承认,“保存名单上的人数并不多,而且就当前的形势下,他们的价值是如此之巨大,无论如何,他们的工作不应该被打断或干扰。”美国军方很好地履行了对“科学”的承诺。1944 年春以来,保存名单上年龄低于二十六岁的科学家,没有一位被征兵入伍。甚至 1945 年 2 月份,因职业而延迟入伍的年龄升至 29 岁。然而,保存名单上年龄低于三十岁的科学家未尝有一人入伍参战。

5.3.2.2　像办研究型大学一样管理辐射实验室和原子弹基地

受到布什“保存名单”而免除兵役的 7 500 名年轻一代的科学家们,在二战时期所受的教育是颇为独特的。首先,他们成为学科新信念的载体,并切身体验不同学科背景之间如何相互启发。因此,在麻省理工学院的辐射实验室和建造原子弹的各个实验室内,物理学和工程学学科交叉的信念在年轻一代物理学家之中得到广泛的传播;其次,实验室的活动类似于大学暑期研讨班。从事战时研究的科学家,包括刚获得学士学位的“学徒”,以及国内的、逃难的和英国的物理学家,他们当中很多的名字已经刻在教科书上了。比如,从哈佛获得博士学位的弗雷德里克·霍夫曼(Frederic de Hoffman),他到达洛斯阿拉莫斯(Los Alamos)①从事研究的感受,就像是与全美国所有高级教职人员和欧洲的物理学家一道,参加最伟大的“期中考试”。尽管格罗夫斯(Groves)准将基于安全原因,对学术互动有所限制。但是,在洛斯阿拉莫斯的科学基调是由奥本海姆决定的。他拒绝隔离不同的实验室,每周各个实验室汇报研究进展,并且向每一位

---

① 洛斯阿拉莫斯:美国新墨西哥州中北部一个无法人地位的社区,位于圣菲市西北。1942 年被选作核研究基地,生产了第一批原子弹。从 1947 年至 1962 年原子能委员会统治着这个城镇.

研究人员开放。而且科学家们还进行丰富的娱乐活动,比如滑雪、远足或者是猜字谜。同样的,在李·杜布里奇(Lee DuBridge)的领导下,麻省理工学院的辐射实验室也像一所大学,所有新颖的想法得到广泛的分享,并欢迎大家提供古怪而不乏启发的点子;[①]再次,年轻科学家享受到独特的学术氛围:即使目标颇为明确的研究机构之中,同样要给予科学家适当的自治权。虽然从事雷达和原子弹研究的科学家,其学术自由、自治受到一定程度的限制,但在麻省理工学院实验室,杜布里奇深谙物理学家对独立性的偏爱,故而给予适当的尊重,只在关键政策方面使用其权威性。类似的,深知科学研究不确定的特点,奥本海姆同样允许泰勒从事热核反应的研究,最终促成泰勒成为氢弹之父。

5.4　战后美国大学物理学科的发展

二战期间,美国大学校园内出现了各种军事实验室,比如麻省理工学院辐射实验室、芝加哥冶金实验室、哈佛的无线电研究实验室等,它们是以物理学、工程学为核心的新型军事科学实验室,其不仅保证了军事研究项目在较短的时间内获得突破性的成果,且成为战后美国政府资助大学研究的重要方式之一,极大地促进了军事科学技术以及大学自身的发展。据哈佛校长科南特估计,大约有一万七千名硕士、博士和一万五千名学士卷入这场战争。一直要到1950中期,美国大学培养博士学位的能力才有可能恢复到战前正常水平。人才资源分析家根据战前的增长率,以及战时造成的停滞状态,对物理学科的发展前景做出了预言。他们认为,单就工业增长的需求来看,1953年在物理学科领域将缺少2 000名博士,且无法期望从欧洲获得大量的智力移民。[②]这无疑为美国大学物理学科研究生层次的发展提供新的机遇。

在此期间,大批精英科学家聚集在一起,更进一步将加州大学伯克利分校辐射实验室创造的学科新信念,向年轻人以及大学行政人员传播。而布什的"保存名单"保障科学人员的生命安全之时,无疑为大学和平时

---

① Daniel J. Kevles, *The Physicists: The History of a Scientific Community in Modern America*, Vintage Books, New York, 1978, pp. 329—331.

② http://www.nsf.gov/about/history/vbush1945.htm, 2008—03—08.

期的发展奠定良好的基础。与此同时，战争完全改变了联邦政府与大学之间的关系。曼哈顿、雷达等科研项目实施成功，说明了由政府组织从事具有战略意义重大的军事研究项目的优越性，从而开创了二战期间乃至冷战时期联邦政府大力支持大学从事军事研究的新局面。假如遵循“谁买单谁点菜”(Who pays the piper calls the tune)的资助原则，那么，资助人，比如战后的联邦政府，无疑会全面影响大学物理学科的发展。外界非学术的标准不仅有机会介入研究项目的选择和决定的过程，而且物理学科在自治方面，也将受到联邦政府的影响。由此可知，在新的历史时期，“大学”这一历史概念在美国有了新的内涵。

5.4.1　大学物理学科资助方式的转变

二战结束之后，大学校长、行政人员和政治型物理学家，重新评价以物理学为核心的物质科学学科发展的资助方式。针对大学科学研究与联邦政府之间关系问题，美国学术界形成两个派别。一派以物理学家万·布什(Vannevar Bush)和朱厄特为首的，竭力想恢复战前评价颇高的大学科学制度。在他们的众多报告中，反复强调战争期间科学体制暂时的断层现象，提倡从联邦政府大规模资助的科学项目“回归”到私人、慈善资助的传统模式，并且资金由荣誉性质的顾问委员管理；另一派则相反，代表人物为劳埃德·贝克纳(Lloyd Berkner)，属于战后新一代科学行政管理人员。贝克纳主张科学研究扮演着军事和纯研究双重的角色。他不但抵制解除联邦政府、军事部门与科学的联系，而且他还认为，在新形势下两者之间的关系在大规模研究的基础上，更加繁荣。① 这场物理学家的战争也唤醒了在洛斯阿拉莫斯研究的新一代科学家，他们显然更倾向认同贝克纳的观点。他们认为，既然大学、工业的科学家有责任承担防御研究，那么，联邦政府也有责任资助基础研究和教学，因为国家的安全最终依赖于此。而且，大物理学时代已经把认识论与政治论紧密地融合在一起。就其规模而言，大物理学或是大科学，脱离社会需求是无法生存的。况且，工业部门的资助无法满足它发展的需要。

5.4.1.1　联邦政府对大学物理学科的资助

两战之间，美国大学之所以最终未能得到联邦政府的大力资助，很大

---

① Peter Galison and Bruce Hevly, *Big Science: the Growth of Large-Scale Research*, Stanford University Press, 1992, p. 14.

程度是因为科学家担心学科发展受制于政治。物理学家康顿声称,“我们所处的形势是,一帮满脑子都是政治的内阁成员,正在谋划把一批忠诚而成就非凡的科学家,排除在学术界之外……事实上,整个国家都弥漫着政治家对科学家的不信任感。”[①]正是这种态度,二战之前,大学科学家对私人基金的资助更为亲睐。当时联邦政府尚未找到确切的理由资助大学的科学研究。[②]

两战之间的数据统计表明,物理学家在30年代获得的科研资金总体上呈上升趋势。截至1940年底,物理学家在《物理评论》发表的文章,其中有三分之一的成果主要感谢基金会的资助。[③] 此外,美国军方在和平时期倾向于将资金投入军事技术部门,而不是大学实验室。但二战时期,美国军事部门已经改变了这种看法。1940至1945年间,主要由大学的科学家,尤其是物理学家与工程学家在联邦政府的战事动员之下,集中研究雷达和原子弹,彻底改变了联邦政府对待科学的态度。战争的硝烟尚未散尽,科学研究与发展部(OSRD)、国会议员与军事各个部门,已充分肯定大学和军队之间的联系和合作,对于国家防御工作至关重要。他们认为,即使是在和平时期,彼此之间需要继续维持在二战时期建立的良好关系。[④]作为军事研究与发展的主管,阿瑟·特鲁多(Arthur Trudeau)将军认为:“基础研究,也就是明天的应用研究,是技术进步的关键。”[⑤]原子弹的诞生

① Paul Forman, Behind Quantum Electronics: National Security as Basis for Physical Research in the United States, 1940—1960, *Historical Studies in the Physical and Biological Sciences*, 1987(18), p. 183.

② A. Hunter Dupree, *Science in the Federal Government: A History of Policies and Activities to 1940*, Cambridge, 1957, p. 373;

③ N. Reingold, ed., *The Sciences in the American Context*, Washington D. C., 1979, pp. 295—358, pp. 311—313, pp. 347—348.

④ D. J. Kevles, Scientists, the Military, and the Control of Postwar Defense Research: The Case of the Research Board for National Security, 1944—1946, *Technology and Culture*, 1975(16), pp. 20—47; Paul Forman, Behind Quantum Electronics: National Security as Basis for Physical Research in the United States, 1940—1960, *Historical Studies in the Physical and Biological Sciences*, 1987(18), p. 155.

⑤ Arthur G. Trudeau, Research for Survival, American Society of Civil Engineers, *Transactions*, 1962(5), pp. 20—39.

进一步确证了这种论调。[①]

实际上,二战结束不久,除农业部门之外,所有联邦政府对大学研究的支持都是由军事服务机构提供的。其中,具有重要意义的是海军研究部(the Office of Naval Research),它从 1945 年开始与大学校园内的单个科学家们建立了研究关系。海军上将福尔(Furer)的战时参谋机构之中,有一批热心支持基础研究的职员,他们是一群聪明、富有想象力且足智多谋的海军军官,其中大部分获得了科学哲学博士学位。他们担任的职务,用暗语说是"猎狗"(Bird Dogs),也就是在海军从事武器的保养和维修工作。在战争中期,"猎狗"开始提出一个计划:筹建和平时期的海军研究机构。在他们的计划中,该部的职责不仅是资助海军,而且还资助合格的民间实验室。条件是,这类基础研究对于发明激进的新式武器是非常有必要的。[②] 1945 年 5 月,"猎狗"成为海军部长福雷斯特尔(Forrestal)新成立的研究部的成员,他们开始有机会把他们的想法付诸实施。1946 年,国会把新成立的研究部作为常设机构,称之为海军研究部。

1945 年秋,担任海军研究部的主管海军上将鲍恩(Harold G. Bowen)组织一批官员,到全国各个著名大学游说,许诺给予丰厚的研究资金。该行为很快就引起大学科学家,尤其是物理学家的警惕。他们担心军事部门的介入可能干涉传统大学的学术自由和自治,结果科学家的研究是出于军事目的而不是科学兴趣。但海军研究部开出了优厚的条件:第一,海军资助大学的研究并尊重大学的研究方式;第二,海军还同意他们资助的研究将是非秘密的和可公开出版的;第三,最主要的是海军允许研究者本人提出研究计划。如果计划被认为是合理而有利可图,海军将没有限制或不加干涉地进行资助。[③] 这些优厚的条件即使对于一流研究型大学,如哈佛大学、芝加哥大学、加州大学等大学,亦颇具诱惑力。

---

① 政府直接出资在大学兴建科学实验室,例如能源部在普林斯顿大学和斯坦福大学,分别建立等离子体物理学实验室和直线加速器研究中心,国家航空航天局在加州理工学院和威廉—玛丽学院分别建立了喷气推进实验室和空间辐射效应实验室。它们一般由大学管理,专利权归学校或个人。引自:何晋秋,曹南燕. 美国科技与教育发展[M]. 北京:人民教育出版社,2003. 337.

② Bruce S. Old et al., The Evolution of the Office of Naval Research, *Phys. Today*, 1961 (14), p. 32.

③ 於荣. 冷战与美国大学的学术研究(1945－1970 年)[D]. 北京:北京师范大学教育学院,2006. 70.

5.4.1.2　慈善基金资助的衰落

在慈善基金会方面,虽说洛克菲勒基金会出于自身的利益,从1933年就放弃了促进物质科学的进步,但还继续资助原子物理和核物理学科,因为劳伦斯将核物理与医学和生物学联系起来,其中包括1940年资助劳伦斯建造184英寸的回旋加速器。但于1946年,鉴于联邦政府对大学丰厚的资助,而且海军办公室所提供的资助尤其诱人,最初几乎是未加限制,此举进一步弱化基金会的作用,因此洛克菲勒基金会的项目主任沃伦·韦弗建议,原则上谢绝物理学家向基金会申请原子物理和核物理领域的研究项目。[①] 令人惊讶的是,得到捐赠的大学与基金会竟然也达成"共识"。1946年麻省理工学院得到洛克菲勒捐赠的10万美元用于研究洛克菲勒微分分析仪(Rockefeller Differential Analyzer),该项目的目的是进一步发展布什战前的电子仪器设备。但在第二年夏天,麻省理工学院把这笔资金归还给基金会,因为物理学家和电子工程师准备全力以赴地投入由海军资助的,且资金更为雄厚的电子数字计算机(Electronic Digital Computer)的研究项目。[②]

在为数众多的基金会之中,科特雷尔(F. G. Cottrell)领导的研究公司扮演着独特的角色。30年代,主要基金会,比如洛克菲勒基金会,转向资助生物、医学领域。大学物理学科的发展唯有与生物、医学联系起来,才能获得资助。而研究公司却积极资助物理学最先进、最昂贵的实验工作,包括加州伯克利劳伦斯的回旋加速器和哥伦比亚大学拉比的原子束设备。战争临近结束之际,研究公司仍不忘原有的角色,利用其手头的资源筹措了250万美元的资金,用于和平时期的研究。战争结束后最初的一两个年头,这笔资金主要由大学的物理学家所掌握,对于战后大学物理学科的发展做出了颇有意义的贡献。然而,至1950年,从原子能委员会(Atomic Energy Commission, AEC)和军事部门获得了数万乃至数十万的科研资金,使得研究公司提供的不足一万美金的资助金额变得无人问津。联邦政府的巨额资金注入大学的科学研究,传统基金会的贡献及影

---

① Paul Forman, Behind Quantum Electronics: National Security as Basis for Physical Research in the United States, 1940—1960, *Historical Studies in the Physical and Biological Sciences*, 1987(18), p. 186.

② L. Owens, Vannevar Bush and the Differential Analyzer, *Techonogy and Culture*, 1986(27), pp. 63—95.

响显著下降,以至于各个基金会的官员反复思量,他们是否有必要继续资助大学物质科学学科的发展。

事实上,早在1941年秋,距离珍珠港事件尚有数月之余,麻省理工学院的校长康普顿就确信,与联邦政府签订的防御合同,预示着美国战后大学科学和工程学即将迎来新的繁荣景象。战争结束之后,甚至连康普顿对麻省理工学院与军事部门签订了如此众多的合同而颇感惊讶。[①] 因此,他和他的同事感觉自己处于卖方市场(Seller's Market),大学物理学科就其资金而言,进入了"黄金时代"。他们甚至认为,他们能够沿袭传统大学学术自由、自治的传统。类似的,哥伦比亚大学的物理学家拉比,一方面从海军研究部获得用于研究原子核的设备;另一方面单从军事信号公司(Army Signal Corp)就获得每年25万美元的资助,用于他在哥伦比亚大学辐射实验室的应用研究,包括高频雷达和分子束的基础研究。因此,拉比也产生与麻省理工学院物质科学家类似的"幻觉":他能自主地利用军方提供的资金,从事以物理学自身发展为目的的研究。[②] 但新成立的由陆军将军组成的研究和发展部(Research and Development Division of the Army General Staff)的主任奥伦德(Aurand)将军,对此有完全不同的看法。他认为大学、工业和基金会等机构,在军方的组织下,正在有秩序地为军事部门服务。[③]

面对联邦政府提供的丰厚科研资金,恪守传统大学信念的管理层,已然无法说服物理学家坚守传统的非联邦政府资助的学科发展模式。康奈尔的物理学家莫里森于1946年秋写道:"物理学家知道,当前的形势是错误并且是危险的! 他只是因为缺乏资金才被迫与军方合作。他所需要的支持已经超越了大学所能承担的负荷。假如海军研究部提供了一个很好的合同,他很难拒绝。这种结果必然是糟糕的!"[④]然而,有的物理学家回

---

① K. T. Compton, Contributions to Science by the Research Laboratory of the General Electric Company, *Science*, 1941(93), pp. 100—101.

② J. S. Rigden, *Rabi: Scientists and Citizen*, New York, 1987, pp. 190—191.

③ Major General H. S. Aurand, The Army's Research Program: Role of the Research and Development Division, War Department General Staff-organization for the Future, *Mechanical Engineering*, 1946(68), pp. 785—786, p. 833.

④ S. S. Schweber, Shelter Island, Pocono, and Oldstone: The Emergence of American Quantum Electrodynamics After World War Ⅱ, *Osiris*, 1986(2), pp. 265—302, esp. pp. 284—285.

忆说,物理学家面对军事资金,就像溺水的人去抓"稻草",且顾眼下能否及时开展科研工作,而不顾未来是否会受到军方的钳制。对于个体科学家而言,资金的有无直接关系到科学能否顺利进行。学术自由和自治有时是第二位。更何况,海军研究部给予了非常优厚的条件,尤其未对研究成果设置任何保密措施。作为科学界的代言人物理学家杜布里奇也曾发出警告:"当科学发展仅靠从武器发展项目的餐桌上掉下来的面包屑聊以度日,那么,即使这些面包屑能够提供足够的营养,科学也正朝着日益保密的沉闷氛围下展开,似乎这种命运已经注定了。"当杜布里奇担任加州理工学院校长之后,他似乎完全认清了当前的形势,立即着手打扫"面包屑",哺育加州理工学院那一窝嗷嗷待哺的科学家。①

因此,尽管大多数大学管理层高度重视学院的独立性,但他们已经很难抵制来自军方和科学家的双重压力。一方面,军方握有胡萝卜式的高额研究合同;另一方面,大学自己的科学家,尤其是物理学家,他们迫切需要只有军方才能提供的研究设备。最重要的是,作为科学界的代言人,排在前三位的分别为物理学家、电气工程师和应用数学家,大多希望继续与军方保持战时的伙伴关系。甚至在冷战早期,比如1947年春,美国总统科学研究小组(Scientific Research Board)的主席约翰·史梯曼(John R. Steelman)的调查报告表明,200所美国大学的科学家,大约有百分之五十二的人从事导弹研究。② 大学对军方的抵制力量等到朝鲜战争爆发,最终彻底被瓦解了。1951年见证了联邦政府资助的研究项目全面影响了整个国家大学的发展进程。截至1953年,13所美国顶级的私人大学获得的科研资金,来自联邦政府的资助达到了25%(不包括与联邦政府签订的研究合同)。尽管大学占据卖方市场,但迫使科学家"出卖劳动力"的内部压力空前高涨,因此,学术界已经无法有效地自我控制了。哥伦比亚大学的拉比以及物理系的同事终于认识到,整个传统大学与政府之间的关系,终因政府的资金充斥大学而彻底颠覆了,军方已有效地影响甚至控制大学物理学科的研究方向。③

---

① L. A. DuBridge, Science and National Security, California Institute of Technology, *Atlantic Monthly*, 1949(10), pp. 26—29.

② John R. Steelman, *Science and Public Policy: A Report to the President, 5 Vols*, Washington, D. C., 1947, p. 205, p. 234, p. 244, p. 247.

③ J. S. Rigden, *Rabi: Scientists and Citizen*, New York, 1987, p. 191.

5.4.2　大学校长办学思想对物理学科发展的影响

30 年代初期,劳伦斯辐射实验室回旋加速器研究小组的出现,标志着美国物理学科的发展进入“大物理学”阶段。我们可以看到,大物理学与以往研究不同的特点之一是,其研究任务颇为清晰、明确,比如麻省理工学院辐射实验室雷达和曼哈顿工程原子弹的研制工作。但具体到某一所大学,它却很难确定学科的研究方向。尽管如此,我们仍旧可以通过对比不同类型的大学,它们是如何给学科定位的,以及由此影响大学与工业及军事部门之间的关系。其中,较为典型的是麻省理工学院和康奈尔大学。[①]

5.4.2.1　不同办学思想的形成与发展

麻省理工学院自办学之日起,便将其定位为一所职业学校,强调培养学生的企业家精神。20 世纪 20 年代,麻省理工学院的领导人出台了“技术计划”(Technology Plan),目的是加强学校和工业之间的联系。在此计划的基础上,麻省理工学院设立了工业合作与研究部(Division of Industrial Cooperation and Research),旨将麻省理工学院在科学和工业方面的经验以及创造力“借给”工业部门,并换取酬劳。二战期间,麻省理工学院辐射实验室和工业部门的紧密联系,有效地实践战前“工业与学术”相结合的办学思路。与此同时,上千万美元的联邦政府资金注入实验室,使得麻省理工学院和军事部门的关系日益紧密。二战爆发之初,麻省理工学院的康普顿校长理所当然地认为,技术主宰战争。他尤其强调,在更为复杂电子系统方面的竞赛是本次大战胜负的关键。他认为,麻省理工学院能够并且应该在这次战争之中扮演主要的角色。到 1943 年为止,麻省理工学院获得了 2 500 万美元资金的政府合同。战争结束之时,康普顿对校董说:“麻省理工学院这类院校在危机时期,对我们国家的价值是非常巨大的。其价值等同于一支舰队或者是一支军队。”[②]事实上,二战结束之后,在短期之内,以辐射实验室为模本的院校不断地涌现。在这些院校中,由联邦政府资助为主的科学事业,正以颇为激进的方式重塑物质科学

---

① 康奈尔大学是一所混合型大学,兼具私人和公共的特征。第一任校长是安德鲁·怀特(Andrew Dickson White).

② Peter Galison and Bruce Hevly, *Big Science: The Growth of Large-Scale Research*, Stanford University Press, 1992, p. 8.

的研究特点。

需要说明的是,一方面,“技术计划”经过20年代的发展,反而使麻省理工学院与工业的合作陷入困境。其一,既然麻省理工学院与工业合作,自然无法获得资助基础研究基金会的支持;其二,通过与工业合作获得更多资金的计划,实施得并不理想;其三,所培养的人才,未能适应工业部门的需要。另一方面,工业部门在20世纪前30年的发展过程之中,导致它对具有基础科学、数学和基本工程原理深厚的工程技术人才的需求迅速增长。而这种人才工业企业自己无法培养。因此,最重要的技术学院有责任也有可能突破传统工程教育的计划,引进更多的基础科学。显然,美国工业的发展对工程教育提出新的要求,麻省理工学院的领导人敏锐地看到了这一需求。为适应这种情况,需要有新的教育家来领导工程教育和更新原有的模式。作为通用电器公司总经理兼麻省理工学院理事会执行委员会主席斯伍帕(Gerard Swope)相信,老技术学院的时代已经结束,新技术需要基础研究和应用。他问康普顿是否可以出任麻省理工学院院长的时候。康普顿最初并不情愿,他和朱厄特详细讨论了是否接受这一席位。朱厄特提出了给人印象深刻的论据,说明基础科学的重要性,尤其是物理学。与斯伍帕进一步会晤,最终使得康普顿渴望接受这一富有挑战的使命。①

康普顿上任后立即着手改造麻省理工学院的物理系,以适应现代物理学的发展。他从哈佛大学请来29岁的物理学家斯莱特担任物理系主任;又聘请了斯坦福大学的实验物理学家哈里森担任实验物理研究室主任,从而大大加强了麻省理工学院理科的教学和研究力量,使理科系从原来只承担基础课教学任务的辅助系,上升为与工科系地位平等的教学和科研基地。那么,康普顿对麻省理工学院的改造,效果究竟如何呢?我们可以从麻省理工学院物理学教授兼教授会主席莫尔斯的评语中窥见。他在赞扬康普顿院长的一段话中写道说:“纯科学们接受了工程课题,他们被鼓励到工业实验室中去。结果,毕业出去的工程师能进行科学研究工

① James R. Killian, Jr, *The Education of a College President-a Memoir*, MIT Press, 1984, pp. 422—423. 转引自:张成林,曾晓萱. MIT工程教育思想初探[J]. 高等工程教育研究,1988,(1).

作,学纯科学的毕业生能胜任工业科研工作。"[①]这也符合30年代美国大学物理科的新特点,即物理学家同时具备工程师的技能。

与麻省理工学院办学思想形成鲜明对比的是康奈尔大学,自办学伊始,它便限制大学朝着军事化和商业化的方向发展。二战爆发之时,康奈尔的反应与麻省理工学院相差甚远。究其原因,要与其校长埃德蒙·戴(Edmund B. Day)的办学思想密切相关。

20世纪30年代,作为社会科学家和经济学家的埃德蒙·戴,担任康奈尔大学的校长。在戴的就职演讲中,他认为有不少力量的存在,使得大学难以继续把智力职能放在首要的位置。其中力量之一是当前博雅教育传统的衰落。而这一传统是怀特(Andrew White)赋予康奈尔的。[②] 大学惟有在允许学者团体独立的氛围中才能发展。虽然埃德蒙校长同样反对法西斯的暴行,但他把"世界看成是男人和女人,希望和挫折等术语,因此他认为价值、承诺和道德比机械装置和技术更为重要。"[③]结果,他坚持美国需要的不仅仅是武器,她必须改善公民的社会和经济状况。为此,大学通过强化文化生活,即传统博雅教育所内含的基本价值,对社会、经济做出贡献。在物理学科方面,埃德蒙的思想意味着大学倾向于支持基础研究,事实上康奈尔大学物理学科的发展确实偏离了应用研究的轨迹。[④]

二战爆发之后,尽管战争研究项目引发的大物理学改变了麻省理工学院和康奈尔的科研规模,但两所大学沿着彼此分离的轨道上持续发展。麻省理工学院集中在军事应用方面的电子学、核反应堆和核动力领域的研究,并且把物理学科与工程学紧密结合起来。与之形成对照的是,康奈尔物理系开始建造粒子加速器,从事更少以应用为目的的研究。

---

① James R. Killian, Jr, *The Education of a College President-a Memoir*, MIT Press, 1984, pp. 159－160. 转引自:张成林、曾晓萱,MIT工程教育思想初探[J],高等工程教育研究,1988,(1).

② Day Edmund Ezra, *Inaugural Address, In Proceedings and Address at the Inauguration of Edmund Ezra Day*, Ithaca, N. Y.: Cornell University, 1937, pp. 25－41.

③ Peter Galison and Bruce Hevly, *Big Science: The Growth of Large-Scale Research*, Stanford University Press, 1992, p. 9.

④ 康奈尔大学物理系聘请了欧洲最好的理论物理学家之一汉斯·贝特,和劳伦斯的同事斯坦利(M. Stanley),他曾经在伯克利参与建造最早的回旋加速器。到30年代中期,康奈尔大学物理系组建了美国国内最强的核物理小组,并致力于该领域长达数十年的研究.

在大物理学的背景下，康奈尔的核研究实验室延续大学博雅教育的传统。①

5.4.2.2　战后两所大学核物理学科发展的不同模式

正当物理学家与工程师商讨两学科之间的关系之时，麻省理工学院的行政人员以电子实验室为模板，开始筹划建立核物理专业。实验室于1945年秋成立，由扎卡赖亚斯(Jerrold Zacharias)担任主任，因为他曾经在洛斯阿拉莫斯主持过一个核研究小组。实验室从事核科学和工程学研究，其目的是鼓励从事核能和微观粒子领域的应用研究，并进行跨系合作研究。

与麻省理工学院发展模式相反的是，康奈尔大学核研究实验室(Laboratory of Nuclear Studies)的建立，是由对核领域基础研究颇感兴趣的教职人员主动向行政领导请缨的结果。在洛斯阿拉莫斯从事科研的康奈尔大学的教师，于1945年的春夏两季，对康奈尔未来的发展进行了漫长的讨论，最终形成一个建议，提交给校长埃德蒙·戴。1945年9月24日下午，由系主任，物理学家吉布斯带领全体康奈尔大学的物理学家与校长会晤，倾听校长关于发展康奈尔战后物理学科的发展计划。物理学家也极为坦诚地告诉校长，尽管他们当中有很多人受到其他大学、实验室的聘请，从事核物理学的研究，但他们宁愿呆在康奈尔，并希望大学能为物理学家从事这个富有挑战的科学领域，提供充足的机遇。埃德蒙承诺在一个月之内答复物理学家的建议。

结果，埃德蒙校长决定全力支持物理系核物理学科的发展。他首先承诺用大学可使用的资金建造一个加速器。1946年9月，在他的说服下，

---

① 尽管麻省理工学院和康奈尔两所大学差异颇大，但它们亦共享很多相似性。两所院校在30年代早期，科学系均经历了重大的变化。美国高等教育系统内主要的院校，物理学科以及相关的学科，如化学，均受到量子理论不同程度的冲击。大萧条时期，物理学科学术共同体面临严峻的竞争，惟有最好的才能生存。而且，20年代末，美国已经拥有一批杰出的物理学家，其中理论物理学家有：贝特、布洛赫、奥本海姆、爱德华·泰勒、维格纳等；实验物理学家有：费米、劳伦斯、拉比等。30年代，这批物理学家主要是在美国本土，培养了一批新一代物理学家。战争给了他们一个展示自身力量的机遇，并在此过程中，他们获得了权利。研制雷达装置和原子弹的物理学家，从事实验所需的资金和设备均不受预算的限制。结果，战争期间物理学家在技术知识和技能方面得到很大的提升。物理学家作为战后出现的新“物种”，他们以充满自信、果敢的特点出现，而且分布广泛，拥有其他科学家无可比拟的资源优势.

大学董事会一致投票赞同拨款120万美元，指定把这笔资金用于支持核研究项目。戴在写给巴赫的信中说道："在我的任期之内，虽然董事会作出各种各样的决议，但没有一个决议对于康奈尔物理系的发展比这次的更加重要，更能影响美国科学研究的前景。"①1946年10月，康奈尔核物理学的研究实验室再次接到喜讯：海军研究部与核研究实验室签订合同，资助实验室建造加速器所需的费用。1948年10月实验室改名为"纽曼核研究实验室"之时，建造电子回旋加速器的工作已展开。

在洛斯阿拉莫斯从事核研究的经验是美国大学战后物理学科发展的重要财富。除了康奈尔、麻省理工学院直接受其启发，建立核实验室。类似的研究中心也在其他大学建立起来。较为典型的还有芝加哥的核实验室。战后大学核实验室的成立，可以说是尽力"复制"洛斯阿拉莫斯的科研氛围：团队意识、从事物理学研究的愉悦和享受。尤其是在洛斯阿拉莫斯，实验室物理学家与理论物理学家紧密合作研究，相互启迪，促使战后新诞生的核实验室，实验和理论科学家两者之间建立亲密的伙伴关系。

的确，战后海军研究部的科学政策，使得许多大学的科学研究受益。同样的，康奈尔和麻省理工学院在建立核研究实验室的过程中，它亦扮演了极为重要的角色。但是，麻省理工学院的核科学和工程学研究实验室，接受了保密的需要，并在实验工作中某些方面，需要减少科学信息的交流。对麻省理工学院来说，这些保密措施并不陌生，因为早年它与工业合作研究活动中已有此要求。此外，由联邦政府资助的麻省理工学院实验室中，保密条款更是司空见惯。在核科学和工程学研究实验室，关于核反应堆的最初课程是为海军军官开设的，他们是操纵核潜艇的成员，开设课程所需的材料最初都被列为密级。而在康奈尔大学，纽曼核研究实验室继续坚守传统的大学内涵，致力于新知识的生产和传播。它对由军方资助的研究项目，所造成的对大学办学思想的潜在危害十分敏感。1945年在康奈尔大学任教的物理学家莫里森相信，物理学家认识到当前形势的危险性，接受来自军方的资助是错误的。他害怕的是，物理学家可能被迫接受资助。要知道，战争教给物理学家的是，得到良好

① Peter Galison and Bruce Hevly, *Big Science: The Growth of Large-Scale Research*, Stanford University Press, 1992, p. 178.

资助的科学研究能极大地增加其有效性,而且他们从事的研究领域,不再可能由一小组成员就能完成。他们需要大型仪器,比如反应堆、回旋加速器、同步加速器和电子感应加速器等,这些需求已经超越了一所大学所能担负的负荷。似乎在新的历史时期,接受军方的资助已经难以挽回。但莫里森坚持认为,科学应该在一个公认的独立的地方发展,因此他要求建立国家科学基金会。[①] 显然,莫里森的办学思路与埃德蒙·戴的办学思路颇为吻合。

不同的管理模式把麻省理工学院和康奈尔引向不同的发展道路。在麻省理工学院,学术政策最先由高级行政人员、董事会的行政委员提出并决定;而在康奈尔大学,类似的学术政策最初是由自治的教师提出来,向行政和董事会申请批准。于是,麻省理工学院核科学和工程学研究实验室的创立是由康普顿校长等行政人员作出决定的,而在康奈尔的纽曼实验室,是由下面的物理学家率先推动的。

两所学院不同的领导风格,同样反映在他们各自核研究实验室的对外交流的方式上。在康奈尔,物理学家与外界的活动,主要是以私人的方式,而不是以实验室的名义与之合作。典型的例子如物理学家汉斯·贝特,他参与政府的研究活动,以及作为工业部门的顾问,属于个人私事。而麻省理工学院的物理学家,比如扎卡赖亚斯,属于典型的学术企业家。他依靠其与学院的联系和主任的职位,以及凭借学院为之提供的资源,参与联邦政府的科学事务。

两所院校在战后发展的许多方面是十分相似的。战争积累的经验,促成工程学课程的更新,应用科学的项目在康奈尔也获得制度化,而麻省理工学院的项目则得到增强。在物理系内部,出现了老一代物理学家与新一代英雄式的核物理学家之间的斗争。核物理学家从洛斯阿拉莫斯返回大学校园,建造由海军研究部、原子能委员会资助的实验室,其资助力度是前所未有的。麻省理工学院的核科学和工程学研究实验室,1946 至 1947 年度的预算就超过一百万美元,接下来一个年度的预算则达到 1 441 100美元。康奈尔的情况也类似,巴赫于 1945 年建议筹建的核物理

---

① Peter Galison and Bruce Hevly, *Big Science: The Growth of Large-Scale Research*, Stanford University Press, 1992, p. 179.

研究的预算,总计达到 200 万美元。[①] 在康奈尔,贝特于 1945 年 2 月起草了为了解决权力斗争的方案,成立 3 人领导小组管理物理系各个学科的发展。这个方案安排系主任劳埃德·史密斯(Lloyd Smith)管理全体教职人员和教学,巴赫负责半自治的纽曼核研究实验室,贝特作为两者之间的协调者和缓冲剂。[②]

5.4.3　物理学科组织形式和职能的变化

战事临近结束之时,美国大学加紧规划战后的发展蓝图。对于美国大多数顶极大学,都面临重大的变化。首先表现为各个大学竞相争夺人才。像康奈尔大学物理系,其大多数顶尖的物理学家在联邦政府或工业实验室中,从事战时研究工作。战事尚未结束,他们大多数受到大量的外来"诱惑"。1944 年,贝特和巴赫收到罗切斯特大学盛情邀请,但最终未能成行。而劳埃德·史密斯受普林斯顿大学之邀而离开了康奈尔大学。同样的,哈佛、加州理工学院、伯克利分校等一系列大学纷纷展开行动,聘请被奉为时代英雄人物的物理学家们。[③]

5.4.3.1　模仿战时的组织形式和文化

除了选拔人才之外,大学开始考虑模仿战时的研究经验,发展大学的物理、工程等学科。显然,加州大学伯克利分校辐射实验室科学研究工作的组织方式,是对现代大科学文化的重要贡献。尽管受到二战的干扰和扩充,但伯克利的研究模式在其后高能物理实验室得到发扬和拷贝。作为大物理学工作小组的样板,辐射实验室的"合作研究"和"交叉学科"背景组成的研究团队,被证明是加速器实验之中持久的"物种"。其成员在组织和领导麻省理工学院雷达实验室中同样富有影响力。

可以说,麻省理工学院辐射实验室铸就了军事、工业和大学的合作关系,对战后的科学研究影响颇为深远。战后,除了学科资助发生了改变,

---

① 其中,150 万美元用于建造 300 万电子伏特的高能电子加速器,50 万美元用于快中子反应堆,30 万美元用于购买安置设备的房子,20 万美元用于购买新增加的设备,额外的 10 万美元用于招聘新的科研人员。戴和校董会成员基本上接受了这一建议。引自:Peter Galison and Bruce Hevly, Big Science: the Growth of Large-Scale Research, Stanford University Press, 1992, p. 180.

② 三人被称之为圣父、圣子和圣灵.

③ Peter Galison and Bruce Hevly, *Big Science: The Growth of Large-Scale Research*, Stanford University Press, 1992, p. 169.

更重要的是,物理学科延续了战前出现的学科信念,并且得到普遍的认同,融入到战后大学物理学科、工程学科发展的计划当中。麻省理工学院的物理系主任约翰·斯莱特说:"麻省理工学院的许多科学家已经认识到,在微波领域,科学与技术之间相互影响,并且我们开始制定战后的计划,试图延伸这方面的相互影响。"①1944年夏,斯莱特开始与康普顿、J·A·斯特拉顿讨论如何利用辐射实验室给予的机遇,建议在微波电子学领域加强各个系之间的联系。他设想新的实验室将采用辐射实验室的模式,但规模较小,大约只需要七十名工作人员,主要由工业资助。斯莱特的建议赢得麻省理工学院学术共同体和行政人员的普遍认可,于是麻省理工学院的董事会委员拨出5万美元维持电子实验室的运行。②

对于麻省理工学院颇为有利的因素是,二战胜利不久,总统杜鲁门(Truman)便通过行政命令的方式,将科学研究与发展部的资助延续到1946年6月30日为止,为的是让军队分发给各个实验室的军事合同得以继续。在宽限期内,麻省理工学院继续收到运行辐射实验室所需的资金。更要紧的是,J·A·斯特拉顿则比斯莱特更加欣赏麻省理工学院辐射实验室的研究模式。他说服国家研究与发展委员会,让电子研究实验室(Research Lab of Electronics, RLE)开始接管辐射实验室的基础研究部,安排军事信号公司(Army Signal Corp)的合同,以每年60万美元的资金资助该实验室的研究项目。他也直接利用麻省理工学院与辐射实验室的关系,为电子研究实验室招募几位高级研究人员,包括扎卡赖亚斯、杰路姆·维斯纳(Jerome Wiesner)和许多优秀的年轻人作为研究助手和研究生。他同时用低廉的价钱为新实验室购买到辐射实验室珍贵的实验设备。

与劳伦斯不同的是,J·A·斯特拉顿从一开始就认识到军事资助的价值。所以,电子研究实验室早期的研究项目反映出军事方面的兴趣与定位,比如微波电子、通讯与物理学,和为海军部门研究导弹项目。J·A·斯特拉顿认为工业资助对实验室的发展将是长期而持续的,为此他从实验室创立伊始就积极寻求公司的资助。他所寻求资助的公司,比

---

① A. Michal McMahon, *The Making of a Profession: A Century of Electrical Engineering in America*, New York, 1984, p. 122.

② J. C Slater, *History of the Physics Department at MIT*, American Philosophical Society, Philadelphia, n. d., 1948.

如斯佩里陀螺仪公司和美国无线电(RCA)等公司,均是战争期间与辐射实验室联系最紧密的。尽管共同劳务(Joint Services)资助份额很快达到每年150万美金,但工业资助的经费仅占实验室预算的很小份额。电子研究实验室研究兴趣后来走向多元,从信息理论到固体物理学、计算机科学。[①] 但至少在战后发展的头十年,电子研究实验室主要是确立麻省理工学院在微波领域的领导地位,旨在满足军事要求。

需要强调的是,1946年创立的电子研究实验室,在麻省理工学院学术研究组织内是一种新的组织形式,具有里程碑的意义。在其影响之下,麻省理工学院各系之间成立合作研究中心。当然,这些中心的出现并不是要取代传统的系结构,而是对其进行有益的补充。它们为科学与工程学彼此相互促进提供了一个共同发展的平台。从更广泛的意义上说,新中心为纯研究和实用研究彼此互利奠定基础。

除了麻省理工学院的电子研究实验室,较为成功的要数斯坦福的物理系。交叉学科的思想不仅在物理学家汉森、布洛赫等物理学家的职业生涯中生根,而且得到斯坦福电气工程师特曼[②]的认可和支持。特曼清楚地认识到,战后的几年内是斯坦福大学发展的分水岭。他对一位大学的高级行政人员说,“我相信,在这段时期我们要么巩固我们潜在的力量,为斯坦福将来成为西部的哈佛奠定基础,要么我们将沦落到达特茅斯大学的境地,在国家生活中只有哈佛影响的2%。”[③]赶上哈佛是特曼的梦想,但在战后麻省理工学院是斯坦福的目标。于是,斯坦福以微波实验室为契机,将各个学科整合在一起。此后,斯坦福将学科发展战略放在交叉学科实验室,分别建立了电子研究实验室(Electronic Research Laboratories)、高等物理实验室(High Physics Laboratory)、线性加速器中心(Linear Accelerator Center)、应用物理学部(Applied Physics Division)和材料科学中心(Center for Material Science)。[④]

① A. Michal McMahon, *The Making of a Profession: A Century of Electrical Engineering in America*, New York, 1984, pp. 242－279.

② 特曼在二战时期担任无线电研究实验室的主任,附属于麻省理工学院辐射实验室,致力于反雷达装置的研究。汉森二战时期作为国家研究人员在麻省理工学院辐射实验室.

③ Stuart W. Leslie, Playing the Education Game to Win: The Military and Interdisciplinary Research at Stanford, *Historical Studies in the Physical Sciences*, 1987(181), p. 57.

④ Ibid., p. 56.

老一代物理学家大卫·韦伯斯特与以汉森为首的年轻一代物理学家的斗争过程中,失去了物理系的主任一职,预示着斯坦福重新诠释了大学的内涵。传统的大学是学者的团体,但斯坦福登上大学的"尖塔"求得卓越的过程之中,最终把大学诠释成一项充满竞争的商业活动。因此,教育也成了一项竞争性颇强的商业。

斯坦福管理部门早在1945年就已经批准创立微波实验室,可在人员配备方面,汉森的发展计划较麻省理工学院的电子研究实验室的发展计划逊色得多。① 其中关键的人物是麻省理工学院的J·A·斯特拉顿,他与斯坦福的汉森类似,最初作为一名电气工程师,之后转而研究物理学,整个学术生涯从事两个领域交叉学科的研究。② 30年代后期,麻省理工学院小组,就像斯坦福汉森领导的小组,讨论如何把合作研究作为今后研究的一种模式。1939年电气工程系的年度报告之中,其主席哈罗德·海森(Harold Hazen)指出,麻省理工学院的微波专业已经从学院内部各个系之间的合作,学院与工业、军队之间的合作中得到益处。③ 调速管研发提供给麻省理工学院和斯坦福小组非常重要的接触机会。作为航空导航的工具,其首次实用性能的验证就在麻省理工学院的实验室进行的。

事实上,麻省理工学院与辐射实验室的关系为其微波小组带来的便利条件,远比汉森、特曼预计的要少得多。尽管麻省理工学院管理该实验室,但它主要由其他大学的科学家负责,比如罗切斯特大学的杜布里奇、伊利诺伊的鲁密斯和哥伦比亚的拉比。在为实验室配置人员的过程中,这些首席科学家没太注意到麻省理工学院在微波工程学方面的卓越成就。海森曾经苦涩地回忆道:"就整体而言,美国大学工程学不具备科学所拥有的智力身份,因此,工程系开拓性的工作,以及那些做了开拓性工作的工程师对麻省理工学院辐射实验室的影响,还不如那些从外面来的刚愎自用的科学家。颇具讽刺意味的是,我们小组经常看到,科学家一方面不愿意利用我们麻省理工学院工程学系曾经做过的研究,另一方面又

---

① 麻省理工学院的电子研究实验室是在系之间共同组建的,而斯坦福的微波实验室虽然强调交叉学科,但仍旧属于物理系.

② 斯特拉顿后来领导麻省理工学院的电子研究实验室,并于1959年被任命为麻省理工学院的校长.

③ A. Michal McMahon, *The Making of a Profession: A Century of Electrical Engineering in America*, New York, 1984, p. 122.

重复我们早年所犯的错误。”[①]

此外,美国其他众多名列前茅的大学,亦充分认识到传统工程学培养存在的缺陷。康奈尔于 1948 年建立了工程物理学系(Department of Engineering Physics),提供一类更有效的教育和培训,目的是在基础科学与工程学鸿沟之间搭建一座桥梁。所提供的五年学习课程,是将一般培养物理学家的方式与工程师所需的技术原理结合起来。[②] 战后,万·布什主持一个专家小组调查哈佛的工程学教育,在其调查报告的序言中写道:“工程学与应用科学家的界线正在变得模糊。处在前沿的工程师,正变得越来越有资格被认为是科学家。而应用科学家,因为战争的压力和战后的发展,也已经是成就卓越的工程师了。”[③]在哈佛,反映这种变化的是,1946 年工程科学系(Department of Engineering Sciences)改名为工程科学和应用物理系(Department of Engineering Sciences and Applied Physics)。1949 年,哈佛建立了新的工程科学部(Division of Engineering Sciences),[④]它是由本科生水平的工程系和应用物理系,以及研究生水平的工程系组成。1951 年,工程科学部改名为应用科学部(Division of Applied Science)。最终,美国大学众多科学实验室,成为以交叉学科为特征的研究场所。[⑤]

其他一些大学,尽管在战争合同名单上名列前茅,科研经费充实,但他们未能成功地利用联邦政府的资金给予的机遇,发展出第一流的学科。其中几所著名的大学,如霍普金斯大学,尽管他们获得了巨额国防科研经费,实际上已经丢失了作为科学和工程学的学术中心地位。

---

① Stuart W. Leslie, Playing the Education Game to Win: The Military and Interdisciplinary Research at Stanford, *Historical Studies in the Physical Sciences*, 1987(18), p. 65.

② Peter Galison and Bruce Hevly, *Big Science: The Growth of Large-Scale Research*, Stanford University Press, 1992, pp. 172－175.

③ J. H. Van Vleck, Blurred Borders of Physics and Engineering, *Journal of Engineering Education*, 1955(12), pp. 366－373.

④ *Report of the Dean of the Graduate School Engineering to the President of Harvard University for the Year 1946/7*, Official Register of Harvard University 1949(46), p. 390.

⑤ Stuart W. Leslie, Playing the Education Game to Win: The Military and Interdisciplinary Research at Stanford, *Historical Studies in the Physical Sciences*, 1987(18), p. 74.

5.4.3.2 教学与科研相统一原则的维护与挑战：以麻省理工学院和斯坦福为例

二战结束之后，除了物理学科的新信念在大学物理学科和工程学科传播并影响到制度层面之外，传统大学“教学与科研相统一的原则”，也面临新的考验。教授们参与战时研究的过程中，养成了“大手大脚”的习惯，他们同样希望战后从事科学研究不应受到财政的束缚。较为典型的是，麻省理工学院辐射实验室的年轻物理学家们，在缺乏实验仪器时，已经习惯于签字即可，而这种新仪器的购买在战前需要大学主要教职人员，经过一番唇枪舌战才行。此外，令大学的行政人员颇感焦虑的是，参与防御研究的科学家，尤其是被比喻成“超人”的物理学家，很多不愿负担大学沉重的教学任务，更无法适应大学有限的设备预算和低廉的薪水。[①]

不可否认，为了赢得战争，麻省理工学院的辐射实验室是非常有效的工具。假如单纯考虑大学的声望，在和平时期继续维持辐射实验室的发展，对麻省理工学院的显然是一个不错的选择。1944年，J·A·斯特拉顿收到来自工业部门颇为优厚的薪水承诺，并免于大学沉重的教学任务，促使他考虑未来的事业。为了留住J·A·斯特拉顿，斯莱特可以通过辐射实验室的模式，也就是允许他主要从事科学研究的方式来挽留他。但是，斯莱特认为，这种方式不适合在和平时期管理大学。因为大学的本质是由教授和相关人员共同培养学生，而要以适当的方式履行这一使命，则必然要求有足够的教授，或者较少的学生，因为只有这样才能有效地让师生彼此保持接触。而决定一所大学高级科研人员数量的基本原则是：“教学与科研相统一”。也就是说，没有谁在大学中只承担研究工作，而无教学任务。作为物理系的系主任斯莱特，他从一开始就打消了创立与物理系平行的独立研究学院或实验室的想法。所以，和平发展时期，像辐射实验室，无法在麻省理工学院取得合法的地位。于是，问题就转化为给物理系招聘多少科研人员，以及需要何种类型的人才。天性较为保守的斯莱特，对于物理系的财政方面，并不奢望太多，教师数量也是取决于教学负担。但随着许多退伍老兵在《退伍军人法》(G. I. Bill)的授权下，进入大学学习。麻省理工学院物理系本科生、研究生的注册数量有较大的增加。

---

① Daniel J. Kevles, *The Physicists: A Scientific Community in Modern America*, Vintage Books, New York, 1978, pp. 340—341.

因此,战后的第一个学期,物理系就任命了 25 位研究助手(Research associate),他们是博士候选人,战时曾在联邦政府实验室工作。此外还招收了其他研究生,总数达到九十人左右。①

此外,J·A·斯特拉顿面临被工业部门挖走之际,物理系的科研人员建议创立电子研究实验室,由 J·A·斯特拉顿担任主任。新创立的实验室作为物理系与电子工程系一项合办的工程(Joint Project),前提是电子应用研究在电子工程系,而基础研究保留在物理系。按道理说,一旦战争结束,这意味着科学发展研究办公室(OSRD)停止资助辐射实验室,那么电子研究实验室(RLE)将承担起它的科研活动。这一计划最大的特点是,新创立的实验室是由两个学术系共同管理的,而不是类似于辐射实验室,作为一个分离的独立组织。该组织满足斯莱特的要求,即麻省理工学院新成立的学院,其成员必须从事教学活动,并且是由原有的系任命,否则可能破坏"教学与科研"相统一的原则。这一设想得到电子工程系的主任哈罗德·海森的认可。而校长康普顿和詹姆斯·凯廉(James R. Killian)早在 1943 年已经拨款 5 万美元,用于扩展麻省理工学院在电子学领域的活动。在成功挽留 J·A·斯特拉顿之后,电子实验室顺利诞生了,其人事任命权在物理系和电子工程系。物理系首先在微波领域设立了几个新的职位,目的是要确保辐射实验室和新实验室之间的连续性。其中扎卡赖亚斯和阿尔伯特·希尔(Albert Hill)接受了物理系的聘任,而维斯纳加入了电子工程系。他们 3 人均是辐射实验室的科研人员。②

而在斯坦福大学,尽管关于筹建微波实验室的冲突平息了,但是,如何发展斯坦福战后物理系的争论以新的方式出现了。问题起因于被唐纳德·特瑞席德尔授予权威的汉森,聘请了特曼颇具天赋的学生爱德华·吉通(Edward Ginzton),担任实验室的副主任和助理教授。吉通是一位从未担任学术研究工作的工程师,在斯坦福获得博士学位之后就前往斯佩里公司工作。汉森考虑到吉通与斯佩里公司长期的联系,兼之吉通能力出众,是实验室副主任的恰当人选。然而,吉通缺乏教学经验,这对于大卫·韦伯斯特和系主任柯克帕特里克来说是个大问题。而且,吉通的知

---

① J. C. Slater, *History of the Physics Department at MIT*, American Philosophical Society, Philadelphia, n. d., 1948.

② Peter Galison and Bruce Hevly, *Big Science: The Growth of Large-Scale Research*, Stanford University Press, 1992, p. 176.

识是高度专业化的,这意味着他不适宜教授普通物理学课程,以满足战后日益增加教学的需要。在另外一场争论中,大卫·韦伯斯特与汉森、布洛赫讨论一位年轻物理学教授的命运,其尽管具有非凡的教学天赋,但尚未表现出研究方面的才能。大卫·韦伯斯特的观点是,大学不仅需要优秀的科研人员,也一样需要好的教师。显然,大卫·韦伯斯特不同意布洛赫的观点:优秀的研究者自然是优秀的教师。他指出,布洛赫的观点是在20世纪初为了保护研究的基础上提出来的,在当时大学校园内,科学研究还是一项年轻的事业。二战结束之后,则是教学而不是研究需要受到应有的保护。①

对于大卫·韦伯斯特和柯克帕特里克而言,汉森和布洛赫坚持任命吉通为助理教授,是对物理系一贯以来提供本科生教育传统的一大威胁。大卫·韦伯斯特甚至惊恐地认为,任命一位无需承担教学任务的助理教授的建议,对于那些一方面担任本科生教学,另一方面从事研究的教职人员来说,是很不公平的,因为大学教师的晋升很大程度上根据研究成果。同样让他俩感到不可思议的是,选择吉通为物理系成员的过程尚未与系里的其他成员商量过,甚至连系主任也不知情,这种行为无疑是对斯坦福物理系传统的重大叛逆。对此,柯克帕特里克试图通过由整个系的教职人员来决定任命,但这种努力最终是徒劳的。除了已经与物理系和校行政人员日渐疏远的大卫·韦伯斯特之外,没有哪个物理学家愿意干涉微波实验室的人事聘任。

两位年轻的科学家已经从二战从事的研究之中,认清了物理学发展的新方向,所以积极推动微波实验室的发展。随着物理系关于教学与科研之间孰重孰轻之争的进一步发展,布洛赫和汉森总结早期微波实验室建立的经验,决定直接求助于斯坦福校长。他们与代校长阿尔文·埃瑞区(Alvin Eurich)举行了秘密会谈(1947年1月特瑞席德尔突然去世),最终埃瑞区同意解除柯克帕特里克物理系系主任的职位。② 这一决定不仅

① Rebecca S. Lowen, Transforming the University: Administrator, Physicists, and Industrial and Federal Patronage at Stanford, 1935—49, *History of Education Quarterly*, 1991(31), p. 382.

② Rebecca S. Lowen, Transforming the University: Administrator, Physicists, and Industrial and Federal Patronage at Stanford, 1935—49, *History of Education Quarterly*, 1991(31), p. 383.

为布洛赫和汉森在聘请人事方面提供了更大的自由度,而且也为他们提供了机遇:通过为斯坦福赢得最高科学荣誉,提升物理系的声望,而使之处于全美物理系的塔尖。至此,斯坦福大学脱离了传统大学的运作模式。

结 语

现代大学作为一个学术组织，通过基本的组织单位“学科”，与科学的发展相联系。学科承担着大学基本的职能：教学、科研和服务。因此，学科是大学办学思想、制度最直接的承担者。大学之间的竞争实质是学科之间的竞争，对世界一流大学的评价，也只有落实到学科层面才有意义。因此，一部现代大学史的核心是学科发展史。对于美国高等教育而言，1876 年霍普金斯大学的建立，对学科发展具有重要的历史意义，因为这是美国大学史上首次从制度上要求创造知识作为学科发展的任务。

但从 1876 年至 1913 年，美国大学物理学科在创造现代理论物理学知识方面，全面落后于欧洲。究其原因，主要是因为物理学科在师资、学生生源、教学（尤其是数学教学）、课程设置和学科信念等方面，全面落后于欧洲大学和研究所。直到 1913 年前后，美国大学才开始强烈关注现代理论物理学的发展。20 世纪 20 年代，美国大学一方面为了保持传统实验物理学的优势，另一方面为了克服学科在理论物理方面的缺陷，逐渐加入到现代物理学的发展中去。美国物理学家参与现代物理学发展的途径主要有三种：其一，通过传统的交流途径，比如出版的论文、书籍和会议；其二，留学欧洲；其三，邀请欧洲著名的物理学家前来讲学，并聘请年轻的欧洲物理学家来美国大学工作。到 20 年代末期，美国大学物理学科的师资力量、培养物理学哲学博士的能力、课程设置和教学均达到欧洲标准，因此，年轻一代的物理学家有能力与欧洲物理学家一起，推动物理学前沿的发展。而 30 年代大物理学组织的出现与发展，确保了美国大学物理学科在世界领先的地位。曼哈顿工程的顺利竣工，标志着美国科学达到世界科学的顶峰，并影响战后大学的组织结构。

（一）美国大学物理学科发展的瓶颈和机遇

19 世纪后半叶，霍普金斯大学的成功和榜样作用，以及哈佛大学为首的选修制的推行，促进了耶鲁大学、哥伦比亚大学、威斯康星大学等著名的传统学院和州立大学改造成为现代大学。然而,以物理、化学等为核心的物质科学学科的研究职能在美国高等教育系统内得到普遍的认同,是一个艰难的过程。在这一时期,大学各个物质科学学科基本上承担传播知识的任务,而不是强调它的进步。就教育系统内部而言,大学物理学科除了严重缺乏一流的师资之外,主要还有其他五个方面的因素阻碍物理学科研究职能的发挥:第一,美国高中物理教学较为薄弱,大多数学生进入大学之前没受过良好的物理教育。第二,负责美国中小学教育的教师大多是业余的,且教师团体很不稳定。第三,中等教育与高等教育之间的关系混乱。从一开始,美国高等院校与中等教育之间并不衔接,它们设置的课程并不要求学生入学之前有所准备。直到 1891 年,美国教育学会任命了一个"十人委员会",才开始研究中学与大学的衔接问题。[①] 第四,在高等教育领域层面,学生和教师可获得的奖学金数量非常之少。大部分年轻一代难以负担本科阶段的教育,更不用说留学欧洲攻读研究生。总的说来,在该阶段,出于对科学的热爱,献身于科学事业的年轻人非常之少。第五,美国大学物理学科的纯研究主要侧重实验物理学,对理论方面的纯研究不够重视。1910 年,美国大学仅有一个数学物理教授的职位,而同一时期西欧就有五十多名数学物理教授,其中德国占 16 名。翻开物理学史,可以看到,除了世纪之交的吉布斯以外,美国直到 20 年代前期,还没有一位重要的理论物理学家。[②] 在 20 世纪 20 年代最辉煌的时期,美国物理学科仍旧以实验物理学著称于世。

美国传统实用主义哲学对物理学科发展影响颇深。布鲁贝克(John S. Brubacher)认为,霍普金斯大学聘请了从事学术研究的科学家和数学家,意味着"美国高等教育开始主要以认识论哲学作为合法存在的根据。"[③]事实上,这种把认识论作为美国高等教育的合法性基础,很快就水土不服。美国大学与德国大学不同的地方在于,纯研究在德国不需要通过政治论为其辩护,但美国传统的实用主义哲学要求认识论必须与政治论结合起来,否则学科发展无法找到持久的赞助人。19 世纪下半叶,凭

---

① 吴式颖. 外国教育史教程[M]. 北京:人民教育出版社,1999. 557.

② 赵佳苓. 美国物理学界的自我改进运动[J]. 自然辩证法通讯,1984,(4).

③ 布鲁贝克认为,"在建国初期,高等教育所据以存在的合法性根据主要是政治性的。我们把学院和大学看作是提供牧师、教师、律师和医师的场所。"引自:[美]约翰·S·布鲁贝克. 高等教育哲学[M]. 王承绪等译. 杭州:浙江教育出版社,1998. 16.

借少数几位慈善家将私人财富用于筹建大学,美国高等教育迎来新一轮繁荣时期。但20世纪前十五年,慈善基金会从一般性地资助大学过渡到资助特定的研究所,并坚持"教学与科研"相分离的原则,导致大学各个科学学科很难获得资助。并且,研究型大学在促进基础研究的过程,无法满足基金会"促进人类福利的目的"的宗旨,于是物质科学学科尤其是物理学科在纯研究方面逐渐失去动力。同样的,对学术物理学家并不信任的工业部门,自然也很少资助大学纯研究。

一战前夕,美国年轻一代的物理学家逐渐认识到原子物理是现代物理学重要领域之时,却苦于学科缺少资助人,他们主要通过阅读期刊论文跟踪学术前沿。而且,以量子论和相对论为代表的现代物理学处于创始阶段,自身无法从政治论角度论证其合法性,因此学科发展缺乏赞助人和民众的欣赏是十分自然的。结果是,一方面,民众不认为孩子上大学是人生发展道路上非常有意义的经历,这直接导致物质科学学科难以吸引到最优秀的学生;另一方面,量子理论作为新兴的物理学科,根本无法得到工业界和慈善基金会的广泛资助。而美国众多私立大学将科学作为私人的事业,不受联邦政府的管辖,因此也不会得到政府的资助。

一战给予美国大学学术物理学家、化学家和数学家一次重要的机遇,即从政治论的角度论证认识论的合法性。在海尔等科学家的争取下,美国大学学术物理学家积极参与一战的研究工作,他们在潜艇、火炮定位等方面全面战胜了爱迪生领导的海军顾问委员会,为学科发展赢得广泛的资源。他们与工业界、慈善基金会建立紧密的联系,彼此分享合作研究的理念,为罗兰于1883年提出的加强纯科学研究赢得广泛的认可,具体表现为以下几个方面:(1)学科认识论通过物理学家参与战争得到"合法化",即得到民众、工业界和联邦政府的认同,为量子理论在美国大学的传播获得资助奠定基础;(2)学科研究职能优先于教学。慈善家不再坚持"教学与研究"相分离的理念,开始全面资助大学的基础研究,为学科研究职能的发挥创造良好的条件;(3)纯研究的内涵进一步扩大;(4)海尔等物质科学家基于个人的学科信念,设计出美国科学发展的蓝图,核心内容是合作研究和交叉学科的发展,为战后学科发展提供指南;(5)大学注册人数激增;(6)工业与大学之间的关系得到改善,为年轻的物理学家提供了广阔的就业市场。

应该说,实用主义哲学对美国大学以物理、化学为核心的物质科学学科的发展具有双重影响。从消极的意义上讲,实用主义哲学使得美国科学严重依赖于欧洲新的理论思想和训练;从积极方面讲,其一,美国科学集中在应用方面导致实验科学的繁荣,并在量子理论发展过程之中始终保持传统的学科优势;其二,实用科学的繁荣为经济发展奠定了基础,而经济的发展为滋养教育和基础研究提供动力。20 世纪 20 年代美国慈善基金会为大学提供丰厚的科研经费和博士后奖学金,很大程度上受益于美国经济的发展。而德国研究型的大学基础研究占绝对主导地位,以至于足以伤害实用的发展,①这对德国经济的发展颇为不利。这一弱点体现在 20 世纪二三十年代德国大学和研究所缺少先进的实验设备,很多物理学家的理论分析强烈依赖美国大学所提供的实验数据,或者直接到美国来做科学实验,验证其理论的有效性。

(二) 制度的优越性及其创新

19 世纪下半叶,美国学生不愿选择物理学而选择工程学,除了受到传统实用主义哲学的影响之外,还受到 19 世纪末从欧洲传来的物理学科"完成论"的影响,以致于科学学科和人文学科的师生都认为物理学科是一门死学科,已经没有发展前景。因此,许多未来的物理学家最初选择电气工程学,但随着他们的兴趣发生变化之后,他们进入了物理学领域。选修制为他们提供了自由选择的权利,但强调纯物理学研究的学科,确实很难吸引到优秀的学生。从物理学完成论的观点来看,美国实用主义哲学倒是符合时代发展,反而是 19 世纪末不断创建的研究型大学,与美国物理学科信念相互矛盾。但从现代物理学的发展来看,19 世纪末美国研究型大学的涌现,为 20 世纪物理学科的发展奠定了基础。

19 世纪末至 20 世纪初,美国大学发展独特的地方在于它们采用了"系"结构,而不是德国大学的讲座制。也就是说,在美国大学,这些数目不多的物理学家虽然信奉经典物理学,但并没有完全控制物理学科整个研究方向,所以美国年轻一代的物理学家远比欧洲年轻的物理学家有更大的选择权。他们有条件通过阅读欧洲编辑的杂志,学习新的物理学,这

---

① Larry I. Bland, The Rise of the United States to World Scientific Power, 1840—1940, *the History Teacher*, 1977(11), pp. 75—92.

在当时已较易获得。而且,每七年一次的学术休假年,对于美国大学物理学家了解学术前沿是非常重要的。

美国大学除了"系"制优越于欧洲大学及研究所的讲座制之外,在量子理论发展的重要时期,它在制度上不断创新,其中最重要的是博士后奖学金、客座教授讲席和暑期研讨班。

制度创新一:博士后奖学金。该奖学金是由洛克菲勒基金会资助的,国家研究委员会负责授予的,把钱投资给那些有前途的物理学家和化学家,让他们自由选择在美国院校完成博士后研究工作。① 一方面考虑到美国幅员辽阔,大学分布甚广,单纯资助东部或西部地区的高等院校是不明智的,而资助个人有助于促进美国大学彼此之间良性竞争的形成;另一方面,美国不少院校已经启动卓越计划,博士后奖学金获得者的出现,将有助于进一步改良高等院校的教学和科研状况。在审核程序上,国家研究委员会的理事,根据申请人研究计划的特点,以及他们所选择院校的声望,判别申请人是否有资格获得资助。而且,奖学金的授予具有强烈的指向性,它强有力地引导美国年轻而优秀的物理学家应该从事何种特性的研究。② 1924年,洛克菲勒基金会创立的国际教育理事会,其授予的奖学金允许获奖者留学欧洲,从而使得美国大学在争取博士后奖学金获得者方面,面临国际竞争的压力,进一步增加了学科国际化竞争的意识。而且获得奖学金的博士后可以利用这笔资金,全身心地投入研究,摆脱沉重的教学任务。1910年和1930年相比,美国大学教师总体研究时间并没有发生大的变化,但博士后奖学金有助于整体美国物理学家增加更多的研究时间。

制度创新二:客座教授讲席和暑期研讨班。为数众多的美国大学在无法获得长期聘任到理论物理学家的情况下,它们通过客座教授的方式,邀请欧洲著名的物理学家前来讲学,让众多美国师生能够尽快了解现代物理学取得的一系列突破性的成就;在暑期研讨班方面,密歇根大学的暑期研讨班最为成功,它为量子理论在美国大学的发展做出重要的贡献。而且,它第一次把学生与欧洲、本土优秀的物理学家之间非正式的学术交

---

① Daniel J. Kevles, George Ellery Hale, the First World War, and the Advancement of Science in America, *Isis*, 1968, 59: pp. 427—437.

② Daniel J. Kevles, *The Physicists: The History of a Scientific Community in Modern America*, Vintage Books, New York, 1978, p. 219.

流制度化，也就是减少报告人正式报告的时间，让他们拥有大量的闲暇时间用于创造性的思考，并在自由活动的过程中与年轻一代的物理学家交流不成熟的思考。

此外，鉴于20年代早期美国量子理论物理学家数量有限，于是很多美国大学共享重要的理论物理学家。在解决教学负担过重的问题上，研究型大学采取了多种政策，其中之一是带薪休假制度，让教授能定期完全地投身研究工作。

(三)“教学与科研”相统一原则的层次性

20世纪20年代末期，美国大学，比如加州大学伯克利分校、加州理工学院、普林斯顿大学、密歇根大学、哈佛大学和麻省理工学院，出现世界一流的理论物理学中心。这些中心往往由一两位重要的理论物理学家组成，而大学围绕他们组建研究小组，使之成为世界理论物理学的中心。那么，美国在19世纪下半叶出现了吉布斯这位理论物理学巨擘，但耶鲁大学为什么没有因为他而孕育出理论物理学中心呢？究其原因，既有耶鲁大学校长及行政人员对其不够重视，也有吉布斯本身个性的缘故。吉布斯拥有天才的思考力，可惜他从来都不邀请学生参与他的研究，因而没有学生了解他的思考过程。缺失了这笔财富，耶鲁大学即使拥有吉布斯这类物理学家，仍旧无法培养出一流的理论物理学家，更无法形成理论物理学的中心。结果，他的学生最终都是实验物理学家。相反的，密歇根大学首次在美国筹建了一个持久的理论物理学研究中心，为美国大学理论物理学科的发展提供了一个经典的范例，即持久的理论小组和独特的暑期研讨会。

通常，物理学杂志上刊登的文章是物理学家较为成熟的想法，而美国物理学家很少有机会了解到之前不成熟的思考。暑期研讨班就是提供这样的机会，从彼此并不成熟的思考中学习。在理论物理学领域，在富有创造性的人之间交流思想显得尤其重要的。而且，这些人大多数是年轻人，他们的思想不受传统的羁绊，有的想法处于半完成状态，尚未确定。当然这些想法通常是错误的或者是缺乏启发性的。但这些不成熟的思想，时不时引起大家对原子和分子的特征更深入地思考。甚至随后的几年，科学杂志上的许多文章的思想源于研讨会上的讨论。因此，这种聚会取得了国际性的影响,而不是地区性的。从密歇根大学暑期研讨班的经历说明,大学学科发展的重大财富在于,是教师在获得最后的成就之前,学生有幸参与教师的整个思维过程,甚至在探索过程之中彼此形成互动。学生错过了解教授提出富有解释力的理论之前的思维,是巨大的资源浪费。这方面的知识,学生只有与教授日常的交流之中才能获得。这说明,我们虽然可以从课程设置、期刊论文研究美国物理学科发展的进度,但课程和期刊无法说明学科发展的潜力。从中我们得出的结论是,美国大学物理学家之所以能参与量子理论的发展,除了阅读杂志上最终写出的文章,更重要的是,他们还掌握文章尚未成型之前作者的思考,并参与其中的讨论。

上述过程谈的是在研究生层面上教学与科研的统一性,也就是伯顿·克拉克曾经在阐述现代大学中科研与研究生教育的关系时表述的观点:"科研本身能够是一个效率很高和有效的教学形式。如果科研也成为一种学习模式,它就能成为密切融合教学和学习的整合工具。"①从本科教学层次上来讲,教学与科研相统一的原则通常理解为:"教师把教学和科研结合起来,并且既教本科生又教研究生,从而大大提高了本科教学质量。"②

根据大学教师研究成果以及学生的参与度,我们将研究生层面的"教学与科研相统一的原则"分为三个层次:第一,学生积极参与教师的研究,了解教师的研究过程,且研究成果国际领先;第二,教师拥有一流的研究成果,并把研究成果及时传授给学生,但无学生参与研究过程;第三,师生一同进入新的研究领域。美国大学物理学科从边缘走向世界一流,正是从较低的第三个层次逐渐过渡到前两个层次。

1895年至1907年间,芝加哥大学实验物理学家迈克尔逊在现代物理学诞生之际,由于他秉持物理学的完成论,并没有及时围绕新的物理学组织第三层次上实践"教学与研究相统一的原则",培养新一代的物理学家。直到1908年至1911年间,美国大学物理教师采用讲座与习米纳相结合的方式,与学生一同进入量子论,就是在第三层次上进行现代物理学理论

① 伯顿·克拉克. 探究的场所——现代大学的科研和研究生教育[M]. 浙江:浙江教育出版社,1995. 287—292.

② 王英杰. 大学校长与大学的改革和发展——哈佛大学的经验[J]. 比较教育研究,1993,(5).

的“教学与研究相统一原则”的实践。当“教学与研究相统一的原则”的实践只停留第三个层次时，美国大学的师生一同成为欧洲物理学家的学生，学科发展处于跟踪时期。在理论物理学领域，美国本土一直到 1927 年之后，才真正进入前两个层次。遗憾的是，19 世纪的吉布斯已经达到第二个层次，也就是将国际领先的研究成果展示给学生，但却未能在第一个层次进行实践，从而错失一个理论物理学中心。

20 世纪 20 年代初期，美国本土物理学家无法完成前两个层次“研究与教学相统一原则”的实践之时，美国慈善基金会资助的奖学金和大学的讲座席位，帮助美国大学物理学家和学生了解到最新的研究，但大多是在第二个层次。要在美国大学形成真正的物理学中心，必须拥有第一层次的“教学与研究相统一的原则”的实践。从“教学和科研相统一原则”的三个层次，我们可以清楚地看到，美国物理学科处于世界发展的何种水平，以及学科如何从边缘走向成熟，最终引领世界物理学发展的历史轨迹。也就是说，物理学科专业化从“初始阶段、依附阶段、参与阶段到成熟阶段”，也是随着“教学与研究相统一的原则”的实践从第三层次过渡到第二和第一层次的过程。

(四) 学科新型组织：大物理学

30 年代早期，加州大学伯克利分校辐射实验室围绕核物理学科，创造了“大物理学”组织，改变了传统物理学家的内涵，出现了精通工程学和物理学的新型物理学家，使得物理学发展发生了重大的改变：从传统寻找物理学规律到注重技术的发展。这种新型的学科信念，将全面影响大学的组织和培养方式。事实上，在整个西方物理学科发展史上，大物理学组织是一种以前从未被认识到的新型组织。在该组织内部，纯科学、技术和工程学之间发生了“化学反应”，形成一种“你中有我，我中有你”的依存关系。它也是一种新型的实践，一种新的方式从事物理学研究。因此，物理学家也被赋予与以往迥乎不同的内涵：他不仅参与学科组织方式的演变，研究学科理论和实验紧密联系的问题域，而且为工程师发明新仪器的过程中指点迷津。有的物理学家身兼工程师一职，掌握尖端技术领域最渊博的知识，具备革新的能力，并能灵活地运用这些先进技术，顺利推进整个研究计划。此外，物理学家除了需要筹措数额颇巨的科研经费之外，还得具备企业家的素质,即组织不同学科背景的科学家合作研究,开发大学之外的技术资源,以及引领世界物理学科发展的方向,并承担巨大的科研风险。

那么,为什么会在美国大学出现与欧洲传统物理学迥异的学科信念呢?这种新型的学科信念,强调实验结果和实用的功效,在方法上讲究实际的和功利的,而不是像传统物理学家只关注物理学规律,更不像爱因斯坦和玻尔讲究物理理论美学上的和谐。这种方法扎根于美国的实用主义哲学,且与美国大学培养物理学哲学博士的方式密切相关:在研究生学习阶段,美国大学不分理论物理学和实验物理专业,因此理论物理学家和实验物理学家都有理论和技术的学科背景,这是欧洲物理学家所不具备的。

在大物理学组织发展之前,系制和讲座制之间的差别颇为显著。但在大物理学时代,美国系制度下同样衍生出类似于德国的讲座制模式。因为在大物理学组织之中,实验室通过多种方式管理科研人员,旨在统筹他们的研究方向,抑制小科学的研究。它的发展改变了科学家从事科学研究的基本特性:从以个体为主的研究转向团队合作,并在团队中形成学术等级森严的组织。随着大物理学研究的推进,经常以牺牲个人自治为代价。一些科学家抗议,另一些科学家逃离他们认为的作坊式的工作方式。此外,当新的科学成果获得时,团队如何改变研究方向?当赞助商与科学家持不同的意见时,由谁控制研究?这些问题自始自终伴随着大物理学的发展。而作为项目的负责人,几乎全面控制个体的研究方向,并且,个人的成就在大物理学时代较难评价。

此外,交叉学科的繁荣是大物理学组织发展的显著特征之一,它涉及两方面:交叉学科产生的条件和交叉学科的评价。其实,早在大物理学诞生之前,量子理论的发展促进了数学、化学和物理之间交叉学科的发展。在量子理论风靡的20年代,普林斯顿大学的数学家奥斯特瓦尔德将数学系和物理系搭在一块,试图创造出物理和数学之间的交叉学科,但并未成功。最终普林斯顿的数学系走向了纯数学研究。[①] 与之形成鲜明对比的是,普林斯顿大学聘请的欧洲物理学家维格纳,由于他本人拥有良好的数学背景,将群论与量子论结合起来,开创了新的研究领域。类似的,加州

① Loren Butler Feffer, Ostwald Veblen and the Capitalization of American Mathematics: Raising money for Research, 1923—1928, *Isis*, 1998(89), pp. 474—497.

理工学院物理化学家诺耶斯培养的学生鲍林，正是在交叉学科背景下成长起来的。他将数学、化学和物理三者结合起来，从而提出共价键理论。上述实践表明，交叉学科发展的基础首先是个人具备交叉学科的背景；其次，只有当两个或更多的不同领域的知识在解决某些特定问题上变得相互联系起来时，富有成效的交叉学科研究才能得以发展。在组织层面上让物理系和数学系的师生一起交流，不是以学科发展的内在问题为导向，这种促进交叉学科的方式，最终容易走向形式。而劳伦斯辐射实验室是围绕研究核物理问题发展起来的，物理学和工程学交叉学科的诞生是回旋加速器发展内在的要求所决定的，并非是预设的，且符合美国大学独特的培养方式——理论物理学家和实验物理学家都有理论和技术的学科背景。

关于交叉学科评价方面，较为典型的是斯坦福大学物理系在交叉学科方面的发展。大萧条时期，斯坦福物理系在模仿劳伦斯辐射实验室大物理学发展的过程中，出现了交叉学科的产品。然而，与劳伦斯实验室相比较，交叉学科的发展在斯坦福物理系发展困难重重。两个实验室主要的差别在于，在辐射实验室之中，劳伦斯同样致力于交叉学科，所以成果不受更高物理学家的评价，故而交叉学科在辐射实验室很快就得到认可。但在斯坦福大学，交叉学科的成果是年轻物理学家参与模仿劳伦斯辐射实验室“大物理”过程之中，产生的意外成果。而评价这项成果是否有必要在斯坦福继续研究下去，却是老一代传统的物理学家，所以交叉学科的发展在斯坦福大学面临危机。这时，交叉学科能否在斯坦福大学顺利发展，依赖的是校长对大学自身的定位，从而可能全面影响大学的制度和组织。斯坦福物理系交叉学科的发展，还受益战后海军研究部的资助。当年长的物理学家控制科研经费妨碍年轻一代的物理学家从事交叉学科的研究之时，年轻一代的物理学家用联邦政府的资金，从老一代物理学家“购买”自治，从事他们感兴趣的交叉学科领域的研究。从这方面来讲，联邦政府并非总是以干涉学科自治的方式出现。

在大物理学发展背景下，昂贵的科研经费使得学科自治受到严重的影响。斯坦福大学物理系在模仿劳伦斯的辐射实验室，同样产生类似于德国讲座制的组织。所不同的是，老一代物理学家不认可学科发展出现的新方向，并控制资金不让年轻人从事该领域的研究，严重影响年轻一代物理学家的学术自治权。而劳伦斯辐射实验室因为取得丰硕的研究成果和丰厚的科研经费的资助,掩盖了年轻一代物理学家失去学术自治所带来的负面影响。

(五) 物理学科发展对大学内涵的影响

19世纪下半叶,美国高等教育系统处于兴建研究型大学以及传统大学转型时期,大学发展典型的特征是大学校长和行政人员对大学的影响至深。1900—1930年间,大学在确立学科的研究职能之后,学科发展更多的是依靠系主任及其研究人员,尤其在一战结束之后,美国大学物理学科迎来基础研究的繁荣时期。而且,这一时期,大多数私立大学与联邦政府保持距离,不受华盛顿政治气候的影响,因而物理学家在“享有一定程度的自治和学术自由”的环境中,探索微观领域的高深学问。然而在大萧条时期,美国不少大学遭遇财政危机,于是大学校长对大学的影响力又逐渐增大,有的大学甚至改变大学传统的办学思路。此外,20世纪20年代末,在学科研究职能得到普遍认同的背景下,美国大学校长从20世纪初强调研究职能转向为特定学科寻找领导人。比如加州大学伯克利分校的校长,就是从耶鲁大学聘请了物理学家劳伦斯,从而将伯克利分校建成世界大物理学发展的中心。

20世纪20年代的小科学时期,美国大学通过慈善基金会提供的科研经费从事科学研究,符合洪堡对大学的定位,“大学的教师和学生应甘于寂寞,不为任何俗务所干扰,完全沉潜于科学”,[①]但大萧条却改变了这一切。为了让科研活动开展起来,大学物理学家可以牺牲部分自治和学术自由;为了学科声望,大学也能改变传统的办学思路,比如麻省理工学院谋求联邦政府的资助;斯坦福在30年代开始转变传统,积极寻求与工业和联邦政府的资助。从斯坦福三四十年代物理系的发展来看,声望成为该大学首要考虑的因素,至于发展基础研究还是实用研究,孰重孰轻,并不是根本性的问题。关键在于,哪个方向更能吸引资金,更能让学校获得更高的排名,这样的发展就更加有意义。在这一时期,“什么是大学?大学应该有什么样的人组成,教学与科研相统一的原则是否需要重新定

① 陈洪捷. 德国古典大学观及其对中国的影响[M]. 北京:北京大学出版社,2006. 31—32.

位?”这些都将受制于大学的声望,其实也是由大学当时的生存状况所决定的。一方面大萧条促使某些大学科研经费匮乏,另一方面大物理学时代的来临,科研更加昂贵。在大学为声望而“活”之时,大学便可以类似于工厂或企业,只是大学出售的是学生和知识产品,而工厂或企业出售的是商品。当然,像哈佛大学和耶鲁大学等老牌大学,即使在大萧条时期,科研经费仍旧较为充裕的情况下,无需为声望担忧之时,还能保持传统的办学思路。①

一直以来,有不少科学家心存疑惑:为什么不把在大学实验室内做出的有用的新发现,申请技术专利,然后把所得的版税用于纯研究?尽管研究公司(Research Corporation)和威斯康星校友研究基金会(WARF)颇为赚钱,但是学术界大多数成员反对通过专利资助纯研究的方案,因其阻碍了在重要研究领域自由地交流信息,对大学科学发展无疑会造成巨大的伤害。时至30年代末期,美国少数几所大学,分别为伊利诺伊大学、明尼苏达大学、加州理工学院、麻省理工学院、哥伦比亚大学、普林斯顿大学、斯坦福大学、耶鲁大学和康奈尔大学,依靠专利的版税从事基础研究。②这些大学的物理系就是在突破传统大学内涵的基础上发展出的“新”大学。而其他许多顶级大学,恪守大学是传播并创造普遍知识的传统,不愿用专利反哺纯研究。

早在20世纪20年代,麻省理工学院就出台了“技术计划”,与工业部门开展合作。但这种做法不被美国众多顶级大学所认可,甚至被视为异端。因为传统大学是创造并传播普遍知识的地方,所以与工业合作的麻省理工学院得不到慈善基金会的资助。大萧条时期,斯坦福等大学将本来用于共享的知识产品用于申请专利,而大学行政人员参与管理专利,将其视为大学的财富之时,大学的性质随之发生了改变,即从创造普遍知识转向创造财富,大学也就成了生意场所。传统大学是创造普遍知识并传播普遍知识的理念进一步被美国一些大学所摒弃。

物理学科的发展也不断改变大学与联邦政府之间的关系。尤其是二战之后,由于物理学家和广大工程师通过合作研究制造了原子弹,直接的

---

① 王英杰. 论大学的保守性——美国耶鲁大学的文化品格[J]. 比较教育研究,2003,(3).

② A. A. Potter, Research and Invention in Engineering Colleges, *Science*, 1940(91), pp. 4—7.

结果是联邦政府要垄断大学创造的核知识,此举严重威胁到核物理学家之间正常的学术交流,甚至是人身安全。30年代之前,美国私立大学对联邦政府的赞助充满警惕,但战争改变了大学和联邦政府的态度。于是,大学不仅走向商业化,甚至联邦政府要控制大学的知识,将之提到国家安全的高度,因此大学传播普遍知识的理念进一步受到影响。但核物理领域的知识和其他普通知识一样,核物理学家也需要通过交流才能促进它的发展。战后联邦政府全面干预大学核物理学科的发展,标志着学科发展的政治论达到新的高峰。除了核物理学科之外,战后海军研究部未加诸多限制的情况下资助大学的科学研究,使得大学以物理学为核心的物质科学学科,度过了短暂的蜜月期。

除了联邦政府、工业和大学之间的关系发生了根本性的变化之外,物理学家和社会之间也发生了重大的变化。洪堡认为,大学的教师和学生应甘于寂寞,不为任何俗务所干扰,完全沉潜于科学。[1] 这种大学的定位只适合于小科学时代,不适合大物理学时代科学家的角色。在大物理学时期,万·布什成为政治型科学家,而回旋加速器之父劳伦斯则成为企业型科学家。而且,人文学者在大萧条时期甚至发出暂停大学科研活动的呼声,这种舆论对科学发展颇为不利,所以,劳伦斯在从事核物理研究之时,和舆论界保持良好的沟通,显得尤其重要。

当"学科的学术声望"成为大学首要追求的目标时,大学的内涵发生重要的转变,就连大学赖以发展的基本原则——教学与科研相统一的原则,在"声望"面前也遭遇挑战。20世纪初,教学与科研相统一的原则是美国研究型大学建校的基础。所以,20世纪初美国慈善基金会坚持教学与科研相分离的原则,必然引发基金会与大学之间的矛盾,但大学并没有因此作出妥协。此后,教学与科研相统一的原则一直到延续到美国大学参与二战之前的研究。二战时期,布什通过合同制的方式,将军事研究设立在大学。这段时期,大学实验室主要是从事军事研究。这种组织方式对二战之后美国大学发展影响颇为深远,以至于教学与科研相统一的原则遭遇冲击。麻省理工学院虽然遭遇冲击,但最终还是继续恪守这一原则的基础上发展新的学术机构。斯坦福大学物理系则例外,它首先任命

---

① 陈洪捷. 德国古典大学观及其对中国的影响[M]. 北京:北京大学出版社,2006. 31—32.

了从事研究而无教学任务的纯科研人员，从而打破了传统大学“教学与科研相统一”的基本原则。

在管理模式方面，美国大学呈现多元化特征。但仔细分析，其实多元化的管理模式均遵循“自下而上”的办学原则，即根据学科发展的内部规律，大学校长和行政人员做出相应的回应。加州理工学院的校长密立根，他本人就是物理学家，通晓学科的发展，并与行政权利融合在一起，所以办学思路直接是以学科发展为基础，将“自下而上”学科发展特点和“自上而下”行政管理模式融为一体。类似的，麻省理工学院于1930年聘请康普顿担任校长，也采用“自上而下”的管理体制，也就是关于如何发展麻省理工学院的设想，基本上由行政人员做主。但从康普顿个人来说，仍是“自下而上”管理方式。康奈尔大学则是由物理学家自己来选择学科发展的方向，校长和行政人员只是起到促进作用，所以学校发展的动力来自学科内部，校长和行政人员只是在尊重学科内部发展规律的背景下进行管理。20世纪30年代，斯坦福大学物理系的发展较为特殊，之所以最终斯坦福大学走向和工业合作，固然是对交叉学科发展的回应，但却是以牺牲传统物理学家的利益为前提。

总的说来，1876年至1950年间，物理学科的发展改变了美国大学的传统：从创造和传播普遍知识向创造财富过渡。学科声望成为大学首要追求的目标，大学也不再必须是学者的社团。在这样的背景下，教学与科研相统一的原则在某些大学遭遇挑战，甚至被摒弃。在大学和工业、联邦政府之间的关系日益紧密的过程之中，学科的政治论占据主导地位，因此物理学家的角色变得更加世俗，与经济生活融为一体。而且，美国的系制度在大物理学时代同样衍生出类似于德国的讲座制，学术自治面临内外双重威胁。

（六）新型大学理念“分享错误”——基于准波普尔知识概念

20世纪各国争创世界一流大学的过程中，众多学者对大学理念做出了阐述，比如雅斯贝尔斯（Karl Jaspers）的《大学之理念》（Idea of the University, 1923）、奥尔特加（Ortega Y. Gasset）的《大学的使命》（Mission of the University, 1930）、弗莱克斯纳（Abraham Flexner）的《现代大学论：美英德大学研究》（Universities: American, English, German, 1930）、赫钦

斯(Robert M. Hutchins)的《理想的大学》(the University of Utopia, 1936)、科尔(Clark Kerr)的《大学的功用》(Uses of the University, 1963)等,其哲学基础可归纳为"认识论"和"政治论"两种。[①] 然而,上述论著未能回答,在遵从学术自由、学术自治的背景下,为什么有的学科带头人能带领学科团队一道开拓知识的疆土,而有的学科带头人却只是一枝独秀,后继乏人?本文认为,上述众多学者的大学理念主要是恪守传统知识概念的内涵,即知识是经过辩护的真信念(Justified True Belief),[②]而未能从"准波普尔知识"概念出发丰富大学理念的内涵。

准波普尔知识概念可定义为:"知识是围绕问题提出的经过辩护的假设。"[③]准波普尔知识概念不仅认同柯林伍德将问题纳入到知识概念之中,而且还认为提出问题并能论证其为真,本身就可能是一种知识。爱因斯坦(Albert Einstein)认为,"提出一个问题往往比解决一个问题更重要,因为解决一个问题也许仅是一个数学上的或实验上的技巧而已。而提出新的问题,新的可能性,从新的角度去看旧的问题,却需要有创造性的想象力,而且标志着科学的真正进步。"[④]在准波普尔知识概念看来,爱因斯坦是在强调"答问逻辑"这类知识。而且,科学家在创造两类基本知识"答问逻辑"和"问答逻辑"之时,均是通过"试错法"。

作为促进人类进步的科学家,其实每天的研究工作就形式而言是非常之简单,也就是创造上述两类知识并加以检验,但其要以高深的学科知识为基础,并且往往每天都要制造出大量的错误假设。当然,科学家既可以独自完成科学研究,无需他人参与,也可以将其思考与人分享,任由同事、学生对之加以批评,发现错误,从而激发团队的思考——这是一种"分享错误假设"的过程。前者是"传道授业解惑型"教师,教给学生的都是真理——尽管也会犯错,通常能保证科学家个体自身的优秀;后者是"分享

---

① [美]约翰·S·布鲁贝克:《高等教育哲学》,王程绪等译,杭州:浙江教育出版社,2001年,第13页.

② Edmund L. Gettier, Is Justified True Belief knowledge? Analysis, Vol. 23, 1963, pp. 121—123.

③ 周志发:《教学案例"新解"与"新课改"评估体系的改良——基于柯林武德、波普尔的知识论》,《教育科学》2007年第2期.

④ [美]爱因斯坦、英费尔德:《物理学的进化》,上海:上海科学技术出版社,1962年,第66页.

错误型"教师,[①]能带动整个团队的发展。而且,在西方科学史上,就有两位风格迥异的天才式人物,分别是耶鲁大学的吉布斯(Josiah Willard Gibbs),"传道授业解惑型"的典范,和哥本哈根学派的创始人尼耳斯·玻尔(Niels Bohr),"分享错误型"的典范。"所谓大学者,非谓有大楼之谓也,有大师之谓也。"[②]然而,大师的存在只是暂时保持了该学科的领先地位,不一定具有可持续性。因为作为美国大学19世纪末唯一的理论物理学大师吉布斯,其学生在理论物理方面毫无建树,而玻尔的学生却引领量子理论前沿的发展,而且哥本哈根大学理论物理研究所一度成为量子理论的朝圣地。其最终衰落并非是个人的能力,而是知识自身的发展逻辑所决定的。

吉布斯是19世纪后半叶美国最伟大的理论物理学家,甚至可称为理论物理学的巨擘,他写的文章迄今为止尚未被发现有任何错误。吉布斯于1863年在耶鲁获得应用科学和工程学博士学位,此后三年在耶鲁担任教师。1866年即27岁之时吉布斯出国留学,于1969年回国。经过两年的独立学习与研究,1871年他被任命为耶鲁大学的无薪理论物理学教授。此后近十年,他做出了被大物理学家麦克斯韦(James Clerk Maxwel)认可的重要成就。可一直到1879年5月,吉布斯收到霍普金斯大学校长吉尔曼(Daniel Coit Gilman)的邀请之后,耶鲁大学才认识到他的价值,出面挽留他,并第一次考虑给他发薪水。[③] 更令人惊讶的是,吉布斯作为美国19世纪末最伟大的理论物理学家,其学生均为实验物理学家。究其原因,既有耶鲁大学校长及行政人员对其不够重视,也有吉布斯本身个性的缘故。

吉布斯拥有天才的思考力,但他性格孤僻,不爱说话,"他从来不愿化费一点力气宣传他自己的工作;他对于能够解决自己脑海中所存在的问题便感到满足,一个问题解决之后,接着他又着手思考另一个问题,而从来不愿想一想别人是否了解他究竟做了些什么。"加之"他的论文很难看懂,他很少接引范例帮助说明他的论证。他所导出的定律的含义时常留

---

① 周志发、林斌:《重建教师概念:"分享错误型"教师》,《学术界》2010年第3期.

② 黄延复、刘述理:《梅贻琦教育论著选》,北京:人民教出版社,1993年,第10页.

③ Daniel J. Kevles, *The Physicists: The History of a Scientific Community in Modern America*, Vintage Books, New York, 1978, pp. 32—34.

给读者自己推敲。”[1]在培养学生方面,过着离群索居生活的吉布斯只带了几位研究生,尽管当学生向他请教之时,他颇为热心地讲解他的观点,学生也能从他的言谈之中,听得出是位大物理学家在说话。但是,吉布斯从来都不邀请学生参与他的研究,他向学生展示的学术成果都是“成品”而不是半成品。[2] 因而没有学生了解他的思考过程,无法了解他是如何试错的,以及从哪些错误的假设中得到启发。缺失了这笔财富,耶鲁大学即使拥有吉布斯这位物理学巨擘,仍旧无法培养出一流的理论物理学家,更无法形成理论物理学的中心。吉布斯显然没有认识到,学生如何尽可能地掌握学科前沿存在的错误假设,是导师非常重要的责任。或者说,学生如何掌握足够多世界一流的错误假设,这已成为其能否在该领域做出贡献的前提条件。

吉布斯的不合群还体现在他不愿意与同行打交道。1899 年 5 月 20 号,美国物理学会在纽约召开了第一届会议,参会的成员有 38 人中,其中 36 人来自美国高等院校。[3] 一向不合群的吉布斯因个性原因,习惯于同各个组织保持距离,因而谢绝参与。[4] 1903 年吉布斯去世之后,美国大学理论物理学的发展更是雪上加霜,原因在于他并没有留下一个富有创造力的理论小组。然而,偏偏在 20 世纪初,理论物理“悄悄地”占据学科发展的中心地位。回顾 19 世纪美国物理学科的发展,以及 20 世纪初美国大学为缺乏一流的理论物理学家和物理学中心发愁,我们不妨设想一下,假如吉布斯更加合群一些,且愿与学生、同行“分享错误”,理论物理学或许已经于 19 世纪末在美国大学扎下了根。

与吉布斯个性形成鲜明对比的是丹麦物理学家,“哥本哈根精神”领袖尼耳斯·玻尔。1921 年玻尔在丹麦哥本哈根大学创立的理论物理研究所,很快成为量子理论研究的发源地,和培养青年物理学家的基地。据

---

① 赵蕊恩、肖良质:《不求闻达、唯求真知的一生——美国物理学家吉布斯传略》,《自然杂志》1985 年第 6 期.

② Lynde Phelps Wheeler, Josiah Willard Gibbs: The History of a Great Mind, New Haven and London: Yale University Press, 1962, pp. 46—106.

③ E. Merritt, Early Days of the Physical Society, Rev. Sci. Instrument. 1934(5), pp. 143—148.

④ Ernest Merritt, Early Days of the Physical Society, Rev. Sci. Instrument. 1934(5), pp. 143—148; Frederick Bedell, What led to the Founding of the American Physical Society, Phys. Rev. 1949(75), pp. 1601—1604.

统计,20 世纪 20 年代到玻尔研究所工作一个月以上的学者共 63 人,来自 17 个国家,其中 10 位先后获得诺贝尔奖。[1] 之所以有如此多的年轻科学家获得诺贝尔奖,这与研究所独特的"哥本哈根精神"是密切联系的。物理学家雷昂·罗森菲尔德曾经作为玻尔的助手,将哥本哈根精神归纳为"一种在判断和讨论方面有着完全自由的最卓越的精神。"[2]

哥本哈根精神显然回答了这一问题:"怎样使一个集体在讨论问题中能相互启发、相互激励,从而使集体远胜于一个个不接触别人的简单总和。"[3]但如果将"哥本哈根精神"理解为"平等、自由地讨论和相互紧密合作的浓厚的学术气氛";或者是,"高度的智力活动、大胆的涉险精神、深奥的研究内容与快活的乐天主义的混合物";或者是,"哥本哈根精神玻尔思想的一种表达,它既具有不可超越的想象力,又具有极大的灵活性和完整的智慧鉴赏能力,它能无比迅速地领悟任何新思想的关键和价值,"[4]本文认为,这种表达并没有发现哥本哈根精神的第一推动力,那就是作为学派领袖玻尔,除了具有卓越的高智商之外,更重要的是他愿意与同事、学生"分享错误",或者说是他习惯于"出声地思考"。

就其研究风格而言,玻尔一生大部分时间内,都是通过和别人讨论来学习新科学的,阅读还在其次。[5] 玻尔的学生内维尔·莫特受到了玻尔搞物理学的那种风格的感动:"当[玻尔]有一个新想法时……他就到研究所中来,并把他的想法告诉他所能找到的第一个人……人们的一半工作就是讨论。"[6]有一个小故事很好地证明了玻尔善于"分享错误",也善于承认错误。有一次玻尔试图说服两个青年人相信他的一种观点。在长时间的讨论以后他没有成功,然后他就分别和他们谈话。当这样还不行时,他就很失望地问他们道:"难道你们连一点儿也不同意我的话吗?"过了一段时

---

① [丹]罗伯森:《玻尔研究所的早年岁月(1921—1930)》,杨福家译,北京:科学出版社,1985 年,第 157—159 页.

② [比]罗森菲尔德:《量子革命—雷昂·罗森菲尔德文选》,戈革译,北京:商务印书馆,1991 年,第 88—89 页.

③ 龚放:《从思维发展视角求解"钱学森之问"》,《教育研究》2009 年第 12 期.

④ 杨福家:《哥本哈根精神》,夏中义编:《大学人文读本:人与世界》,桂林:广西师范大学出版社,2002 年,第 224—225 页.

⑤ [美]阿布拉罕·派斯:《尼尔斯·玻尔传》,戈革译,北京:商务印书馆,2001 年,第 159 页。

⑥ 同上,第513 页。

间后,他又回来告诉他们说他错了。[①] 相似的,在玻尔撰写学术论文之时,他通常会说:"让我们试着看看我们知道些什么,并且尽我们所能地把它们表述出来。"于是一份初稿就被起草出来,接着马上就对它进行批判,于是无数的修饰和改正就盖满了纸面。但是突然间,这篇好不容易搞出来的整篇文章又会被作废。等到第二份稿子被撰写出来了,又对其进行同样的批判。[②] 与吉布斯掩盖了整个研究过程不同,玻尔的过程均与研究人员共享。事实上,坦诚自身的错误,已经成为玻尔个性中最自然的一部分,即使他已经取得大师级地位之时,他也始终坚持这一风格。

玻尔显然知道过多地敞开思维过程,同行会发现他提出的错误假设并不总是具有启发意义。1961年5月,玻尔最后一次访问苏联,当他在一次讨论会上作报告后,有人问他,为什么你能在自己周围聚集那么多具有创造性才能的青年物理学家?玻尔回答说:"可能因为,我从来不感到羞耻地向我的学生承认——我是傻瓜。"[③]由此可见,"分享错误型"教师的确需要勇气。与玻尔相类似的有美国氢弹之父泰勒(Edward Teller)。他进实验室都要问问题,每天至少提十个问题。但是往往有八九个问题是错的,而他的伟大创造就是在那一两个问题上。[④] 与此同时,学生也在反驳泰勒的错误假设过程中得到启发,受到教育。总的说来,在科学史上,大多科学大师都乐于承认错误,比如钱学森导师冯·卡门(Theodore von Kármán)曾经向钱学森认错过,[⑤]但能像玻尔、泰勒等热衷于敞开思维过程,从对方的反馈之中获得灵感的科学家并不多。

从吉布斯、尼耳斯·玻尔较为经典的案例分析可知,现代大学除了继承中世纪学术自由、学术自治的传统之外,承担教学、科研和服务的职能,

---

① [美]阿布拉罕·派斯:《尼尔斯·玻尔传》,戈革译,北京:商务印书馆,2001年,第69页.

② [比]罗森菲尔德:《量子革命—雷昂·罗森菲尔德文选》,戈革译,北京:商务印书馆,1991年,第90页.

③ 自然辩证法通讯杂志社编:《成功与失败:科学人物评传》,北京:中国科学院自然辩证法通讯杂志社,1980年,第79—80页.

④ 杨福家:《大学的使命与文化内涵》,《现代教育论丛》2008年第2期.

⑤ 冯·卡门为人谦虚,勇于承认学术上的错误。一次跟钱学森对一个科学问题的见解不同而引起争论。当时,冯·卡门发脾气了,甚至把东西摔到地上。钱学森不声不响地离开了。第二天下午,冯·卡门忽然来到钱学森的工作间,脸上露出歉意,说道:"昨天下午,你是正确的,我是错误的。"引子:叶永烈:《走进钱学森》,上海:上海交通大学出版社,2009年,第12页.

以及拥有大师、优秀的学生和充足的科研经费之时，只能保证该大学暂时处于世界一流大学。若要持久保持世界一流的地位，大学理念还要倡导学科带头人具备“分享错误”的精神。学科带头人所提出错误假设的质量和数量，决定学科当前发展的水平。而他是否有兴趣与学生、同事分享错误，决定着大学学科未来的发展前景。当学科带头人将自己的思维封闭起来，不愿在成果出来之前向同事、学生开放，他们将失去一次非常重要的学习机会，而学科领导人也失去被批判的机会。缺乏这样的沟通，学科团队的成长将非常之缓慢。

从方法论的意义上讲，“分享错误”的大学理念与科学的基本方法“试错法”是一致的；从评价体系上讲，有的教授因提出了错误但新颖的假设而获得教授职称，其中最具典型意义的是量子理论的发展史。自 1913 年尼耳斯·玻尔提出旧量子论以来至 1925 年底量子力学的建构，物理学家经过十多年的探索，走了不少弯路。但众多物理学家凭借错误的量子论文成为量子理论的重要人物，且均未因发表了被最终证明是错误的文章而被剥夺教授席位，因为科学本身就是看谁能提出更有新意但可能错误的假设，并不一定要求是终极真理。正如诺贝尔物理学奖得主汤川秀树(Hideki Yukawa)所说：“当回顾理论物理学的历史时，我们说得过分一些几乎可以称之为错误史。在许多科学家想出的所有理论中，大多数是错误的，因而没有生存下来。只有少数正确的理论才继续生存。仅仅考虑这些现存的理论，会给人形成一种不断进步的印象，但是，没有少数成功背后的许多失败，知识就几乎不可能有任何的进步。”①由此可见，参与创造错误假设的能力并发表一系列相应的成果，是科学能力的体现，这就要求科学政策做出调整，即科研管理部门必须认识到科学研究是试错的过程，允许课题研究失败，但要求科研人员真诚地与同行分享错误，而不是因为害怕此次课题研究失败而影响到下一次申请，进而篡改数据，做出貌似成功的研究。

从新型大学理念“分享错误”的视角来看，尼耳斯·玻尔是以近乎完美的方式践行该理念，从而创建了世界闻名的哥本哈根学派。就当前中国大中小学的教育实践而言，教师权威的建立是基于教师是真理的化身，

---

① [日]汤川秀树：《创造力与直觉：一个物理学家对东西方的考察》，周林东译，石家庄：河北科学技术出版社，2000 年，第 54—55 页.

而未认识到提出新颖而错误的假设本身就是一种创新。我国在21世纪创建世界一流大学的过程中,需要实践新型大学理念"分享错误",即学科带头人得完成从传统的"传道授业解惑"教师向"分享错误型"教师的转型。[①]

① 周志发、林斌:《重建教师概念:"分享错误型"教师》,《学术界》2010年第3期.

图书在版编目(CIP)数据

美国大学物理学科教学、科研史研究:1876—1950年 / 周志发著.
--上海:华东师范大学出版社,2012.3
ISBN 978-7-5617-9221-6

I. ①美… II. ①周… III. ①高等学校—物理学—教育史—美国—1876~1950
IV. ①O4-171.2

中国版本图书馆 CIP 数据核字(2012)第 004352 号

美国大学物理学科教学、科研史研究(1876—1950 年)
周志发 著

责任编辑 倪为国
特约编辑 钱 健
封面设计 卢晓红
责任制作 肖梅兰

出版发行 华东师范大学出版社
社 址 上海市中山北路 3663 号 邮编 200062
网 址 www.ecnupress.com.cn
电 话 021-62450163 转各部门 行政传真 021-62572105
客服电话 021-62865537 (兼传真)
门市(邮购)电话 021-62869887 地址 上海市中山北路 3663 号华东师范大学校内先锋路口
网 店 http://hdsdcbs.tmall.com

印 刷 者 上海市印刷十厂有限公司
开 本 787×1092 1/16
印 张 17.5
字 数 290 千字
版 次 2012 年 3 月第 1 版
印 次 2012 年 3 月第 1 次
书 号 ISBN 978-7-5617-9221-6/G·5515
定 价 35.00 元

出 版 人 朱杰人